Spring Boot 2

Boot 2
プログラミング入門

One of the radical features of Spring Boot is that
most Spring Boot applications need very little Spring configuration;
no requirement for XML configuration and absolutely no code generation.

著 掌田 津耶乃

秀和システム

■**本書で使われるサンプルコード・プロジェクトは、次のURLでダウンロードできます。**

http://www.shuwasystem.co.jp/support/7980html/5347.html

■**本文中の表記について**

①《ModelAndView》.addObject(名前 , 値)

のような表記は、《 》で囲まれた部分にそのクラスのインスタンスが入ることなどを示しており、《》内の名称がそのままコード内で使われるわけではありません。

②ディレクトリ（フォルダ）の区切り記号は「\」（バックスラッシュ）に統一し、「￥」（円記号）は用いません。

③コードとしては改行していなくても、紙幅の都合でコードを改行して掲載している場合には、↵ という記号で示しています（例えば124ページのリスト3-5）。

⚠**Caution**

■**本文中の表記について**

本書は、Spring Boot 2.0.0.M7で動作確認を行っています。ただし、内容は正式版（2.0.0.RELEASE）で使うことを前提に記述してあります。このため、正式リリース前のマイルストーン版で使用する場合はリストの修正が必要です。本書160ページ掲載のコラム「**マイルストーン版の利用について**」を読んでご利用下さい。114ページ掲載のコラム「**マイルストーン＆スナップショット用リポジトリ**」も参照して下さい。

■**本書について**

本書の内容は、主に Windows と macOS に対応しています。

■**注意**

1. 本書は著者が独自に調査した結果を出版したものです。
2. 本書は内容に万全を期して作成しましたが、万一ご不審な点や誤り、記載漏れなどお気づきの点がありましたら、出版元まで書面にてご連絡ください。
3. 本書の内容に関して運用した結果の影響については、上記にかかわらず責任を負いかねますのであらかじめご了承ください。
4. 本書およびソフトウェアの内容に関しては、将来予告なしに変更されることがあります。
5. 本書の例に登場する会社名、名前、データは特に明記しない限り、架空のものです。
6. 本書の一部または全部を出版元から文書による許諾を得ずに複製することは禁じられています。

■**商標**

1. Spring、Spring Framework、Spring Boot、SpringSource、Spring Tool Suite は、Pivotal Software, Inc. の商標です。
2. Eclipse は、Eclipse Foundation, Inc. の商標です。
3. Oracle、Java およびすべての Java 関連の商標は、Oracle America, Inc. の米国およびその他の国における商標または登録商標です。
4. Apache、Tomcat は、Apache Software Foundation の登録商標です。
5. Microsoft、Windows 10 は、米国 Microsoft Corp. の米国およびその他の国における商標または登録商標です。Windows の正式名称は、Microsoft Windows Operating System です。
6. その他記載されている会社名、商品名は各社の商標または登録商標です。

はじめに

Web アプリケーション開発の最新技術を、この手に！

　Webアプリケーション開発におけるフレームワークの重要性は、改めて説明するまでもないでしょう。多くの言語で、たくさんのフレームワークが登場しました。が、そうした百花繚乱の感があったこの世界も、次第に淘汰され落ち着きを取り戻しつつあります。

　Javaの世界においても、ほぼデファクトスタンダードとなるフレームワークが固まりつつあります。それが、Spring Frameworkの開発元がリリースする「**Spring Boot**」です。

　Spring Frameworkには、以前から「**Spring MVC**」というWebアプリケーションフレームワークがありました。また、データーベース利用のための「**Spring Data**」など、開発に必要なものはたいてい揃っています。これらを統合し、より使いやすくてスピーディに開発を行えるようにしたのが、Spring Bootです。

　Spring Bootは2018年、ver. 2.0が正式にリリースされ、大幅に機能アップされます。2.0は、Java 8/Java EE 7以降対応となっており、最新のSpring Framework 5をベースに構築されます。またSpring SecurityやSessionなどのオートコンフィグレーション強化や、リアクティブ開発のモジュールサポートなど全体的な機能強化も図られています。

　新バージョンのリリースは、「**気にはなっていたけれど、まだ触っていない**」という人にとって、学習を開始する絶好の機会といってよいでしょう。

　本書は、2016年に出版された「**Spring Bootプログラミング入門**」の全面改訂版です。基本的な構成はほぼ同じですが、Spring Boot 2をベースにする形で全面的に見直しをしました。

　Spring Bootでは、STS(Spring Tool Suite)という専用開発ツールを利用するほか、ビルドツールを使った開発も広く使われています。前書ではApache Mavenによる開発のみサポートしていましたが、本書では利用の広がりつつあるGradleによる開発についても解説しました。

　Spring Bootは、JavaのWebアプリケーションフレームワークの分野では、ほかを引き離す勢いで浸透しつつあります。個人的には「**JavaによるWeb開発は、Spring Boot一択**」でいいように思えます。JavaによるWeb開発の新たな標準ともいえるSpring Bootを、ぜひこの機会に試してみて下さい。

2017年12月

掌田　津耶乃

目　次

Chapter 1　Spring開発のセットアップ　1

1.1　サーバー開発とSpring Boot　2
Spring Bootとは？　2
Spring Bootを選ぶ理由　4
Spring Frameworkの概要　5
Spring FrameworkによるWebアプリケーション開発とは？　8

1.2　Spring Framework開発環境の準備　9
Spring Tool Suiteを入手する　9
STS利用の注意点　12
STSのインストール　13
EclipseへのSTSのネットワーク経由インストール　14
STSの日本語化について　18
macOS版STSへの組み込み　22

1.3　STSを使おう　23
STSを起動する　23
基本画面と「ビュー」　25
そのほかのビューについて　29
パースペクティブについて　31
そのほかのパースペクティブを開く　32
パースペクティブの種類　33

1.4　プロジェクトの作成から実行まで　36
プロジェクトとは？　36
Springレガシープロジェクトを作成する　37
Mavenプロジェクトとは？　41
STSのエディタと支援機能　42
tc Serverによるアプリケーションの実行　45
作成されたアプリケーションについて　48
プロジェクトの基本構成　49
「src」フォルダの構成　51

Chapter 2　Groovyによる超簡単アプリケーション開発　53

2.1　Groovy利用のアプリケーション　54
Spring Bootとは？　54
Spring Bootアプリケーションについて　54
GroovyアプリとJavaアプリ　55
Spring Boot CLIの用意　56

目次

Groovyスクリプトを作成する..58
app.groovyを実行する..59
Groovyクラスの定義について...60
HTMLを表示する..62

2.2 Thymeleafを利用する..63

テンプレートの利用..63
Thymeleafを利用する..65
コントローラーを修正する..66
ControllerとThymeleaf..67
Groovyでもテンプレートは書ける！..68
GroovyによるHTMLの記述..69
<div>タグと<a>タグ..70
どのテンプレートを使うべきか？..72

2.3 ビューとコントローラーの連携..73

ビューに値を渡す..73
コントローラーを修正する..74
日本語は文字化けする？..75
フォームを送信する..77
コントローラーを修正する..78
GroovyからJavaへ..80

Chapter 3 JavaによるSpring Boot開発の基本   81

3.1 Maven/Gradleによるアプリケーション作成..82

ビルドツールとSpring Boot..82
MavenとGradle..82
Mavenのセットアップ..83
Mavenでプロジェクトを生成する...86
プロジェクトの内容をチェックする..90
Mavenによるコンパイルと実行...91
Gradleのセットアップ..93
Gradleでプロジェクトを作成する..96
Gradleのファイル構成..97
Gradleのビルドと実行..97

3.2 STSによるプロジェクト作成の実習..98

STSでMavenベースのプロジェクトを作る...98
プロジェクトの内容をチェック！...102
プロジェクトを実行してみる...104
Spring Bootアプリケーションの仕組み..105
pom.xmlを調べる...106
pom.xmlの基本形...107
Spring スタータープロジェクトのpom.xml.......................................110

V

目　次

Spring Bootのタグを整理する...112
pom.xmlをコピー&ペーストして利用する.................................115
STSでGradleを利用する..117
Gradleプロジェクトを作成する 119
プロジェクトの構成 122
プロジェクトを実行する...123
build.gradleの内容...124
Gradleコマンドによるプロジェクトの違い................................126

3.3 RestControllerを利用する 127

MyBootAppApplicationクラス 127
MVCアーキテクチャーについて 129
コントローラークラスを用意する..130
HeloControllerを作成する 132
RestControllerについて...133
@RequestMappingについて...134
パラメータを渡す 135
パス変数と@PathVariable..136
オブジェクトをJSONで出力する..137

3.4 ControllerによるWebページ作成.................................140

ControllerとThymeleaf 140
Thymeleafを追加する(Mavenベース)....................................141
Gradleでの修正..144
コントローラーの修正..145
テンプレートファイルを作る...145
テンプレートに値を表示する...148
Modelクラスの利用 150
ModelAndViewクラスの利用...150
フォームを利用する 152
そのほかのフォームコントロール..154
ページの移動(フォワードとリダイレクト) 158

Chapter 4 テンプレートエンジンを使いこなす　161

4.1 Thymeleafをマスターする 162

Thymeleafの変数式...162
基本は変数式とOGNL 163
ユーティリティオブジェクト..164
パラメータへのアクセス..166
メッセージ式 168
プロパティファイルとローカライズ.......................................170
リンク式とhref 171
選択オブジェクトへの変数式...172
リテラル置換 175

VI

　　　　HTMLコードの出力 176

4.2　構文・インライン・レイアウト 178
　　　　Thymeleafの更に一歩上を行く使いこなし................................ 178
　　　　条件式について 178
　　　　条件分岐の「th:if」 180
　　　　多項分岐の「th:switch」 182
　　　　繰り返しの「th:each」 184
　　　　プリプロセッシングについて.. 186
　　　　インライン処理について.. 189
　　　　JavaScriptのインライン処理.. 191
　　　　テンプレートフラグメント.. 193

4.3　そのほかのテンプレートエンジン 198
　　　　JSPは必要か？ 198
　　　　JSPをあえて使うには？ 199
　　　　JSPファイルを作成する 201
　　　　フォームを利用する 204
　　　　Groovyテンプレートを利用する.. 206
　　　　Groovyテンプレートファイルの作成...................................... 207
　　　　フォームを利用する 208
　　　　データをテーブル表示する.. 210
　　　　基本はThymeleaf.. 212

Chapter 5　モデルとデータベース　　　　　　　　　　　215

5.1　JPAによるデータベースの利用........................... 216
　　　　Spring Frameworkにおける永続化のアプローチ 216
　　　　モデルに必要な技術について.. 216
　　　　ビルドファイルの修正.. 218
　　　　エンティティクラスについて.. 220
　　　　MyDataクラスの作成.. 221
　　　　エンティティクラスのアノテーションについて 224
　　　　リポジトリについて 225
　　　　リポジトリ用パッケージを用意する 225
　　　　リポジトリクラスMyDataRepositoryを作成する 226
　　　　リポジトリを利用する.. 228
　　　　リポジトリのメソッドをチェックする 229
　　　　テンプレートを用意する.. 230

5.2　エンティティのCRUD 232
　　　　フォームでデータを保存する.. 232
　　　　コントローラーを修正する.. 233
　　　　@ModelAttributeとデータの保存.. 235
　　　　@Transactionalとトランザクション 236

目 次

データの初期化処理 236
MyDataの更新 238
MyDataRepositoryにfindByIdを追加する 241
リクエストハンドラの作成 242
エンティティの削除 245
リポジトリのメソッド自動生成について 248
自動生成可能なメソッド名 248
JpaRepositoryのメソッド実装例 253
メソッド生成を活用するためのポイント 254

5.3 エンティティのバリデーション 255

エンティティのバリデーションについて 255
バリデーションをチェックする 257
@ValidatedとBindingResult 258
テンプレートを作成する 259
エラーメッセージを出力する 261
各入力フィールドにエラーを表示 261
javax.validationによるアノテーション 264
Hibernate Validatorによるアノテーション 266
エラーメッセージについて 267
プロパティファイルを用意する 269
用意されているエラーメッセージ 272
オリジナルのバリデータを作成する 273
PhoneValidatorクラスの作成 274
PhoneValidatorの実装 276
Phoneアノテーションクラスを作る 277
Phoneバリデータを使う 280
アプリケーションの修正 280
onlyNumber設定を追加する 282
PhoneValidatorクラスの変更 282

Chapter 6 データベースアクセスを掘り下げる　　285

6.1 EntityManagerによるデータベースアクセス 286

Spring FrameworkとJPA 286
Data Access Object 287
DAOクラスの実装 288
EntityManagerとQuery 291
コントローラーの実装 292
ビューテンプレートの修正 294
@PersistenceContextは複数置けない！ 296
DAOに検索メソッドを追加する 297
エンティティの検索 298

6.2 JPQLを活用する 300

JPQLの基本 300

find.htmlの作成 301

コントローラーへのリクエストハンドラの追加 304

DAOへのfindメソッドの追加 305

JPQLへのパラメータ設定 306

複数の名前付きパラメータは？ 307

「?」による番号指定のパラメータ 309

クエリーアノテーション 310

リポジトリと@Query 312

@NamedQueryのパラメータ設定 314

@Query利用の場合 315

6.3 Criteria APIによる検索 316

Criteria APIの基本3クラス 316

Criteria APIによる全要素の検索 318

Criteria APIによる名前の検索 319

値を比較するCriteriaBuilderのメソッド 321

orderByによるエンティティのソート 324

取得位置と取得個数の設定 326

6.4 エンティティの連携 328

連携のためのアノテーション 328

MsgDataエンティティを作る 330

MyDataを修正する 333

MsgDataDaoの用意 334

ビューテンプレートの用意 338

コントローラーを作成する 340

Chapter 7 Spring Bootを更に活用する 345

7.1 サービスとコンポーネント 346

サービスとは？ 346

MyDataServiceを作る 347

コントローラーでサービスBeanを使う 350

RestControllerを作成する 353

JavaScriptからサービスを利用する 355

XMLでデータを取得するには？ 358

コンポーネントとBean 361

7.2 覚えておきたいその他の機能 365

構成クラスとBeanの利用 365

構成クラスを作成する 366

Beanクラスを作成する 368

Beanを登録して利用する 370

IX

コントローラーとテンプレートの用意 370
ページネーションについて 373
Thymeleafの独自タグを作成する 376
MyPageAttributeTagProcessorクラスの作成 376
MyDialectクラスの作成 380
Beanの登録と利用 382

7.3 MongoDBの利用 386
NoSQLとMongoDB 386
MongoDBを準備する 387
MyDataMongoエンティティを作成する 392
MongoRepositoryを作成する 394
コントローラーを修正する 395
テンプレートを修正する 397
検索メソッドを追加する 398

Appendix Spring Tool Suiteの基本機能   403

A.1 STSの基本設定 404
STSの設定について 404
「General」設定 404
「General/Editors」設定 411
「Java」設定 416
「Java/Editor」設定 424
「Spring」設定 427
そのほかの設定 432

A.2 開発を支援するメニュー 435
＜Source＞メニューについて 435
＜Refactor＞メニューについて 444

A.3 プロジェクトの利用 453
プロジェクトの設定について 453
プロジェクトの管理 459
ワーキングセットについて 461

Chapter **1**

Spring開発の
セットアップ

まずは、Javaにおけるフレームワークを利用したサーバー
サイド開発、特にクラウドの利用の現状について簡単にまと
めておきましょう。そしてSpring Bootがなぜ今重要なのか、
その役割について考えてみましょう。

Spring Boot 2 プログラミング入門

1.1 サーバー開発とSpring Boot

　Javaの世界には、Java EEなどサーバー開発のための技術が揃っています。それなのに、なぜSpring Bootなのか。Spring Bootはどういうもので、なぜいいのか。そうした基本的な事柄について説明していきましょう。

Spring Bootとは？

　「**Spring Framework**」は、Javaの世界では老舗ともいえるフレームワークです。このSpring Frameworkは、多数のフレームワークから構成されています。中でも、「**Webアプリケーション開発のためのフレームワーク**」として多くのJavaプログラマに支持されているのが、「**Spring MVC/Roo**」、そして本書で解説する「**Spring Boot**」といったライブラリ類です。

図1-1：Spring（http://spring.io/）のサイト。ここでSpring Frameworkが配布されている。

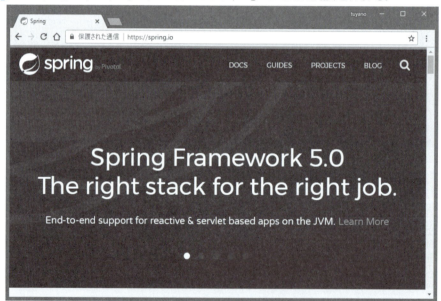

　「**Spring Framework**」は2002年に登場したフレームワークで、当初は「**DI**」（Dependency Injection、依存性注入）と呼ばれる機能を実現するための小さなフレームワークでした。それが、このDIをベースとするさまざまな機能を実装していき、今では「**統合フレームワーク**」とでも呼べるような大規模なものに成長しています。

　このSpring Frameworkの本体をベースに、さまざまな用途に向けて拡張されたフレームワーク群が用意されています。「**Spring MVC**」「**Spring Roo**」「**Spring Boot**」といったものも、こうしたフレームワーク群を構成しています。

Spring MVCからSpring Rooへ

「**Spring MVC**」は、Webアプリケーションに**Model-View-Controllerアーキテクチャー**による開発を導入するためのフレームワークです。Webアプリケーション全体の制御、処理から切り離された画面構成の設計、データベースの種類などに依存しない抽象化されたデータベースアクセスなど、多くの機能を持っています。

このSpring MVCを補完するライブラリとして登場したのが「**Spring Roo**」です。各種コードの自動生成機能ライブラリであり、Ruby言語で書かれたRailsのような「**簡単なコマンドを実行するだけで、アプリケーションの枠組みが自動的にできあがる**」という超高速開発を可能にしました。

Spring Bootの登場

Spring MVCは、Spring Frameworkの上に構築されたもので、これを利用するためには多くのSpring系のライブラリを正確に組み合わせて環境を構築しなければいけません。Spring Rooによりある程度自動化できたとはいえ、手早くWebアプリケーション環境を作り上げるのはかなり大変でした。

そこで、いわば「**Spring MVCの完成形**」として登場したのが、「**Spring Boot**」です。これは、Spring MVCや、そのほかのSpring Frameworkのライブラリ類を組み合わせて、最良のWebアプリケーション環境を素早く構築するためのスターターキット的なライブラリです。

Spring Bootでは、ビルドツール（アプリケーションを構成してビルドする専用ツール）の設定ファイルに記述し、専用のコマンドを実行するだけで、最適化されたWebアプリケーション環境を構築します。Spring MVCでも同様のことは行えますが、そのためには複雑な設定を記述しなければいけませんでした。Spring Bootでは、専用の**スターターライブラリ**を設定ファイルに記述するだけで、一通りのライブラリを組み込み、環境を構築できます。

また、データベースアクセスなど、複雑になりがちな部分の機能をほとんど自動的に生成することで、必要最小限の手間でアプリケーション開発が行えます。JPA（Java Persistence API）などで必要となる複雑なデータベース設定なども、必要最小限の記述で使えるようになりますし、何よりデータベースアクセスのための処理をほとんど書くことなく、アクセスできるようになってしまいます。

Spring MVCがWeb開発の土台となるものであり、それを活用するツールとしてSpring Rooが考案され、そしてそれら全体を一つにまとめてシンプルに使えるように統合したのがSpring Bootだ、と考えればよいでしょう。

今でももちろん、Spring MVCを単体で組み込み、Webアプリケーション開発を行うことはできますが、Spring Bootを使えばまったく同じものを圧倒的な速さで組み立てることができます。Webアプリケーション開発に関する限り、Spring Bootこそが「**Spring Frameworkの考えた答え**」だといってよいでしょう。

Chapter 1　Spring 開発の セットアップ

Spring Bootを選ぶ理由

現在ではJavaの世界でも、ようやく「**Railsライク**」とも言われる効率的で高速開発のできるフレームワークが利用できるような環境が整ってきました。その結果、「**どれを選べばいいかわからない**」という、従来とは逆の贅沢な悩みを招くこととなりました。

数あるRailsライクなフレームワークの中で「**Spring Boot**」を選ぶ理由は何か？　その特徴・利点について簡単に整理しましょう。

Spring MVC + Spring Boot がベスト！

ここでは、便宜上、「**Spring Boot**」と呼びますが、正確には「**Spring MVCをベースにしたSpring Bootによる開発**」といってよいでしょう。開発の際には、Spring Bootだけでなく、ベースとなっているSpring MVCはもちろん、そのほかのSpring Frameworkの各種ライブラリも背後で利用されます。これらは高度に結びついており、切り離して考えることはできません。

Spring Frameworkのライブラリ群の最大の特徴は、ここにあります。すなわち、Spring Frameworkのコアとなる部分の上に、開発に必要なあらゆる機能がライブラリ化されており、Spring Bootはそれら全ての恩恵を受けている、という点です。

DI をベースとする一貫した実装

これらはすべてSpring製ですから、基本的な設計は共通しており、さまざまなライブラリを寄せ集めるのに比べれば、はるかにすっきりとわかりやすく統合されています。

Springのライブラリ群は、Spring Frameworkの中心となっている「**DI**」と「**AOP**」(Aspect Oriented Programming、アスペクト指向プログラミング)と呼ばれれる機能をベースにして設計されています。数多くのライブラリがあっても、それらの基本的な設計思想は一貫しており、新しいライブラリを追加するたびにその設計を一から覚え直す、ということもありません。

幅広い利用範囲

Spring Frameworkは、Javaのアプリケーション開発全般で利用することを考えられています。この種のフレームワークは、例えば「**Webアプリケーションを作るため**」というように、特定の用途に絞って作られていることが多いものですが、Spring FrameworkはあらゆるJavaの開発に利用できるように考えられています。

もちろん、本書で取り上げる「**Spring MVC**」や「**Spring Boot**」などは、基本的にWebアプリケーション開発のためのものなのですが、「**Spring Framework自体は、Web開発専用ではない**」ということは頭に入れておきましょう。つまり、ここで覚える機能のいくつかは、そのままWeb以外の分野でも利用できるのです。

Boot による生成機能

Spring FrameworkがWebアプリケーション開発の分野で次第に浸透しつつあるのは、「**Spring Boot**」の力によるものです。

Spring Bootは、非常にシンプルにSpring MVCをベースとしたWebアプリケーションを構築することができます。ごく簡単なコマンドでアプリケーションの基本的な骨格を

4

作り、非常に短いコードを書くだけでWebアプリケーションの汎用的な処理を実装できます。特にデータベース回りのコーディングのシンプルさは特筆に値するでしょう。

強力な専用開発ツール「Spring Tool Suite」

一般に、フレームワークを開発するベンダーは、フレームワークのライブラリファイルを単体で提供するのが普通です。「**本体は提供するから、後はそれぞれで使ってくれ**」というスタンスですね。ところが、Spring Frameworkの開発元は、フレームワーク本体だけでなく、それを利用して開発を行うための専用開発ツールまで作って提供しています。

これは「**Spring Tool Suite**」（STS）と呼ばれ、オープンソースの開発環境である「**Eclipse**」をベースに、Spring Framework利用のための各種プラグインを追加して作成されています。単体パッケージのほか、Eclipseにインストールするプラグインのみのパッケージも用意されています。

（プラグインなどをインストールしていない）標準のEclipseそのままでも、もちろんSpring Frameworkは利用できますが、そのためには手作業でライブラリファイルを組み込み、必要なファイルなどを手書きしていかなければいけません。専用ツールを利用することで、必要な処理が自動化され、コードの作成のみに注力することができます。ここまで環境整備を行っているフレームワークは、Spring Framework以外にはまず見られないでしょう。

Spring Frameworkの概要

Spring Frameworkが非常にパワフルなものであることはなんとなくわかったでしょう。が、ここまでの説明の中ですら、「**Spring Framework**」「**Spring MVC**」「**Spring Boot**」と、似たような名前がいくつも出てきて混乱して人もいるかもしれません。

Spring Framework（これがフレームワーク全体の名前です）では、さまざまなサブプロジェクトによって各種のフレームワーク開発が進められています。Spring Frameworkとは、いわば「**たくさんのフレームワークの集合体**」なのです。それらは単品でも使えますし、いくつかを組み合わせて利用することもできます。

この柔軟さ、幅広さこそがSpring Frameworkの強みなのですが、初めてその世界に足を踏み入れようとすると、「**たくさんありすぎて何がなんだかわからない**」といった事態に陥りがちです。そこで、この巨大なフレームワークにはどのようなものがあるのか、簡単に整理しておくことにしましょう。

なお、ここで紹介するものがSpring Frameworkのすべてではありません。このほかにもまだフレームワークはありますし、Spring Frameworkは新しい技術をいち早く取り入れるため、この先もどんどん増えていくことでしょう。

■図1-2：Spring Frameworkの主なフレームワーク。コアとなるDIフレームワークをベースに、各フレームワークがそれぞれ独立して構築されている。

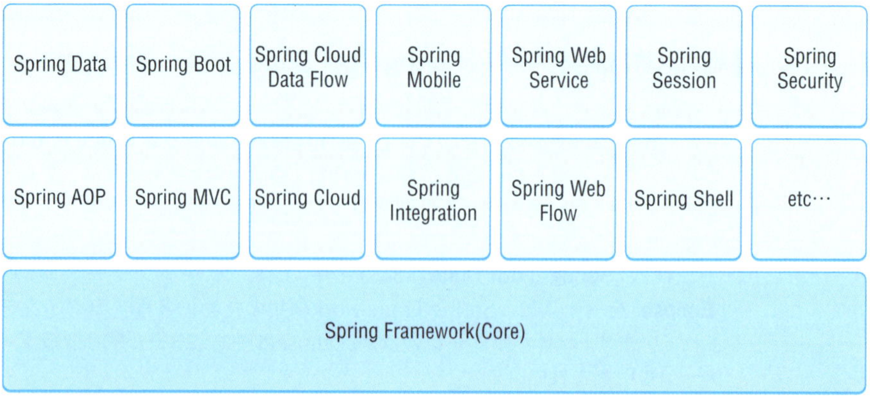

Spring Data	Spring Boot	Spring Cloud Data Flow	Spring Mobile	Spring Web Service	Spring Session	Spring Security
Spring AOP	Spring MVC	Spring Cloud	Spring Integration	Spring Web Flow	Spring Shell	etc…

Spring Framework(Core)

Spring Framework(Core)	フレームワーク全体の名前ですが、同時にその中核部分を示すこともあります。もともとSpring Frameworkは、DIのための単体フレームワークとしてスタートしました。DI機能は、ほかのライブラリとは無関係に独立して利用できます。
Spring AOP	AOPのためのフレームワークです。これは、Spring Framework(Core)に含まれています。
Spring MVC	これが本書で中心的に解説することになるフレームワークです。Model-View-ControllerアーキテクチャーによるWebアプリケーションを構築します。
Spring Boot	主にSpring MVCを使って、Webアプリケーションを高速開発します。これを利用することで、アプリケーションを素早く作成し、単純なコードで機能を実装できます。
Spring Data	データベースアクセスのためのフレームワークです。従来のSQLデータベースではなく、NoSQLについてもデータベースアクセス手段を提供します。
Spring Cloud	分散システム構築のためのツールを提供します。クラウドによるサービス構築などに役立ちます。
Spring Cloud Data Flow	Spring Cloudによるマイクロサービスによって構成される、アプリケーションのサービス統合のための仕組みを提供します。
Spring Security	Webのセキュリティ機能を提供するフレームワークです。ユーザー認証や、ページごとのアクセス権設定などを行います。
Spring Web Service	RESTfulなWebサービスを構築するためのフレームワークです。HTTPでアクセスして各種情報を取得するサービスを、REST（REpresentational State Transfer）をベースに構築します。
Spring Batch	大量のバッチ処理を最適化するための機能を提供します。

1.1 サーバー開発とSpring Boot

Spring Shell	シェルプログラム（コマンドラインプログラム）作成のフレームワークです。Springの機能を利用したシェルプログラムの開発を支援します。
Spring Mobile	モバイル向けWebアプリケーション構築のためのフレームワークです。Spring MVCをベースに、モバイル開発に特化したものです。
Spring Social	ソーシャルサービス利用のためのライブラリです。Facebook、Twitter、LinkedInなどと連携するための機能を提供します。
Spring Integration	エンタープライズアプリケーション統合のためのフレームワークです。データベースの共有やメッセージング、異なるシステム間でのプロシージャ呼び出しなどシステム統合のための機能を提供します。
Spring Web Flow	Webアプリケーションの画面遷移（フロー）を管理するフレームワークです。Spring MVCとは異なる、もう1つのWebアプリケーションフレームワークといえるもので、画面の流れからアプリケーションを構築していきます。
Spring Session	ユーザーセッション情報を管理するためのAPIを提供します。

　ここに挙げたのは、Spring Frameworkに含まれるフレームワークの一部に過ぎません。このほかにも多くのものが開発されています。これらの多くはそれぞれ独立したサブプロジェクトとして開発が行われており、それぞれ1つだけでも利用することができます（ただし、コアは一貫して必要です）。

　本書ではSpring Boot/MVCを中心に解説を行っていきますが、しかしその中では必要に応じてそのほかのフレームワークも利用しています。例えばデータベース関係ではJPAというJava EEの機能と、これを活用するためのSpring Data JPA（Spring DataにあるJPA関連機能）を使っていたりします。そもそもすべてのフレームワークは、コアであるSpring FrameworkのDI機能をベースに構築されていますから、表に現れないだけですべては融合しているのです。

　使っている段階で「**これは○○というフレームワークの機能だ**」ということを意識することはありませんし、本書の中でも「**このコードの中のこの部分はこっちのフレームワークを使っている**」などといった説明は行いません。Spring Frameworkは、多数のフレームワーク全体で一つなのだ、ということなのです。

7

Chapter 1 Spring 開発の セットアップ

> **Column** Spring Frameworkの「DI」とは？
>
> Spring Frameworkは「**DI**」(Dependency Injection) のためのフレームワークです。Spring Frameworkに用意されている各種のフレームワークは、すべて土台となるSpring FrameworkのDIをベースにして構築されています。DIについて理解することは、Spring Frameworkを理解する上で重要です。
>
> DIは、オブジェクト特有の機能をオブジェクトから切り離し、外部から挿入する機能です。例えばクラスを作成するとき、そのクラス特有のフィールド情報などを設定ファイルの形で切り離し、実行時にそれを元にクラスに機能を組み込んだりすることができます。
>
> 通常、Javaのプログラムでは、クラスの利用はあらかじめきちんとコードを書いておく必要があります。プロパティ（フィールド）の値などもインスタンスを作成してから設定して利用する必要があります。が、DIを利用すると、構成ファイルや構成クラスを作成しておくだけで、自動的にインスタンスが指定の値をプロパティに代入された状態で用意され、使えるようになったりします。つまり、プログラムのコードとして書かれていないはずのインスタンスが、すべて必要なセットアップがされた状態で用意され、いつでも利用できるようになるのです。
>
> 本書はSpring MVC中心に説明を行うため、DIについてはあまり深く触れませんが、Spring MVCもDIをベースに設計されており、使っていくにつれてDIというものの働きを意識することになるでしょう。Spring MVCでは、様々なBean情報をXMLで用意し、そのBeanインスタンスを使って各種の処理を行うようになっています。その使い方さえわかっていれば、Spring MVCの開発は行えます。が、より深く理解したいと思ったなら、DIについても勉強してみて下さい。

Spring FrameworkによるWebアプリケーション開発とは？

ざっとSpring Frameworkにあるフレームワークについて紹介しましたが、本書ではSpring Bootを中心に説明していくことになります。もちろん、その中でほかのフレームワークも必要に応じて利用していくことになるでしょう。このSpring Bootは、基本的にSpring MVCを簡単に使えるようにしたものですから、「**Spring MVC + Boot**」の解説書だ、と考えてもいいかもしれません。

ただし、そう説明すると「**なるほど、Spring MVC/BootというのがWebアプリケーションを作るもので、とりあえずこれだけ覚えればいいわけだな**」と思われるかもしれません。しかし、そうではありません。

Spring MVCというのは、名前からして「**これだけでMVCアーキテクチャーのアプリケーションが作れる**」というように思ってしまいがちですが、しかしこのフレームワークが提供するのは、基本的に「**プレゼンテーション層**」の部分だけです。

Webアプリケーションというのは、さまざまな機能の組み合わせとして構築されます。プレゼンテーション層というのは、「**クライアントに表示される内容に関連する部**

分」といってよいでしょう。具体的には、MVCの「**V（View、画面に表示される部分）**」と「**C（Controller、全体を制御する部分）**」です。この部分がSpring MVCで構築できる部分です。

　残る「**M（Model、データ管理）**」の部分は、Spring MVCだけでなく、データベース利用に必要な各種の機能を利用することになります。これはデータベースの種類によって利用するフレームワークが変わってきます。一般的なSQLデータベースなら、JPAを利用するSpring Data JPAを使いますし、非SQLデータベースのMongoDBを使うならSpring Data MongoDBというモジュールを追加したものが利用されるでしょう。

　また、「**VとC**」は用意されている、といっても、これは「**仕組みがある**」ということであり、実際に画面表示などを設計する際には「**テンプレートエンジン**」と呼ばれる別の技術についても理解しなければいけません。

　つまり、「**Spring FrameworkによるWebアプリケーション開発**」というのは、「**Spring MVC/Bootだけを使ったWebアプリケーション開発**」というわけではないのです。もちろん、その中心となるのはSpring MVC/Bootであることは確かですし、これをしっかり理解すればWebアプリケーションの基本的なものは作れるようになります。しかし、Spring MVC/Bootは「**必要条件**」であって「**十分条件**」ではないのです。この点をしっかりと理解しておいて下さい。

1.2 Spring Framework開発環境の準備

　Spring Bootの開発には、「Spring Tool Suite」と呼ばれる専用の開発ツールが用意されています。このツールをインストールし、利用の準備を整えていきましょう。

Spring Tool Suiteを入手する

　Spring Frameworkは、「**フレームワークをダウンロードして手作業で組み込み、アプリケーションを構築する**」というような使い方が、ほとんどされません。それよりも、開発元のSpringSourceが用意している専用ツールを利用して開発を行うほうが、はるかに簡単です。それが「**Spring Tool Suite（STS）**」です。

　STSは、SpringSourceが提供するSpring純正開発ツールです。既に触れましたが、Eclipse Foundationが開発するオープンソースの開発ツール「**Eclipse**」をベースにしており、Spring Frameworkを利用する機能を盛り込んで、簡単にアプリケーション構築が行えるようになっています。

　http://spring.io/tools/sts

　このページの「**Spring Tool Suite**」にある「**Download STS**」という表示をクリックすると、ダウンロードを開始します。

■図1-3：「Download STS」をクリックするとSTSをダウンロードする。

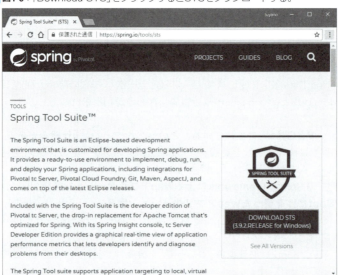

　本書では、2017年12月時点での最新バージョンである**3.9.2**をベースに説明を行います。更に新しいバージョンがアップロードされていた場合は、それをそのまま使っても構いません。ただし内容的に変更されている部分もあることを理解した上で使って下さい。

　使用しているプラットフォーム以外のものは、以下のアドレスからダウンロードすることができます。「**Downloads STS**」をクリックすると、ユーザーの環境に応じて自動的に、32bit版か64bit版がダウンロードされます。下のリンク先には32bit/64bit版の両方が用意されています。

　　http://spring.io/tools/sts/all

■図1-4：アーカイブページ。ここから32bit版も64bit版も入手できる。

　どうしても直接フレームワークだけをダウンロードして利用したい、という場合には、GitHubのリポジトリからダウンロードすることは可能です（ただし、このやり方は推奨されません）。

https://github.com/spring-projects/spring-framework

■図1-5：GitHubのSpring Frameworkリポジトリページ。ここから「Download ZIP」ボタンでフレームワーク本体をダウンロードすることはできる。ただし推奨しない。

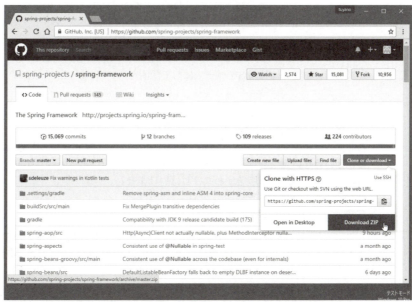

Chapter 1 Spring 開発の セットアップ

　　Spring Frameworkのサイトでは、Quick Startとして、MavenまたはGradle（いずれも
オープンソースのプロジェクト管理ツール）によるプロジェクト作成を推奨しています。
Spring Frameworkはフレームワーク自体が非常に巨大化し、複合的に機能するように
なっており、開発者が手作業でフレームワークのライブラリファイルをインストールし
て……などといったやり方では対応しきれなくなりつつあります。そこで、専用ツール
であるSTSを使うか、あるいはビルドツールを使って必要なものをリポジトリから自動
ダウンロードしてプロジェクト生成を行うかすることを推奨しているのでしょう。

　　上記のアドレスから直接フレームワークのソフトウェアをダウンロードすることはで
きますが、それを使ってアプリケーション開発を行うのは非常に骨が折れる作業となる
でしょう。それも、技術的な問題ではなく、ただ「**どのライブラリのどのバージョンを
どう組み合わせるか**」を調べるためだけに多くの時間が費やされてしまうのです。これ
は、限られた時間で効率良く学習しようという人には、あまり向いたやり方とはいえま
せん。

　　本書では、基本的にSTSを使って開発を行うことにします。そのほか、必要に応じて
Maven/Gradleといったビルドツールを利用したやり方などにも触れながら説明する予定
です。

STS利用の注意点

　　STSを利用する場合、いくつか頭に入れておきたいことがあります。以下に簡単に整
理しておきましょう。

JDK が必須！

　　皆さんは既にJavaの開発を行った経験があるはずですから、JDKもインストール済み
でしょう。STSの利用には、JDKが必要となります。JREだけでなく、必ずJDKを用意し
ておいて下さい。
　　JDKのバージョンは、**Java 8**以降を利用します。現在、既にJava 9もリリースされて
いますが、本書ではJava 8をベースにして説明を行います。

32/64bit を揃える

　　STSには、32bit版と64bit版が用意されています。それぞれの環境に合わせて、どち
らを使うか選択して下さい。このとき注意すべきは、「**64bitを使うときはJDKも64bitで
ないといけない**」という点です。PCのCPUとOSが64bitであっても、JDKが32bit版だった
場合には、STSは32bit版を使わなければいけません。

配置場所のアクセス権に注意

　　STSのインストールについては後述しますが、「**アクセス権が制限されているところに
はインストールしない**」という点に留意して下さい。Windowsの場合、「**Program Files**」
フォルダなどがこれに当たります。ユーザーのホームディレクトリ内か、あるいはドラ
イブのルート（ディスクドライブを開いてすぐの場所）などがよいでしょう。
　　また、STS本体のほかに「**ワークスペース**」の保存場所も指定しなければいけませんが、

1.2 Spring Framework 開発環境の準備

これもホームディレクトリ内にしておくのが一番です。

STSのインストール

STSのインストールは、非常に簡単です。STSは、圧縮ファイル（WindowsはZipファイル、macOSはtar.gzファイル）の形で配布されています。ダウンロードした圧縮ファイルを展開し、適当なところに配置するだけでインストールは完了です。

以前は、専用のインストーラ型式プログラムも配布されていましたが、現在はこれらはなくなり、すべて圧縮ファイル形式での配布となりました。

図1-6：配布されている圧縮ファイル（Windows版）。これを展開すると、「sts-bundle」というフォルダが作成される。

spring-tool-suite-3.9.1.RELEASE-e4.7.1a-win32-x86_64.zip

「sts-bundle」の中身

ファイルを展開すると、「**sts-bundle**」というフォルダが作成されます。このフォルダ内には、以下の3つのフォルダが用意されています（xxxは、任意のバージョン名）。

「legal」フォルダ	ライセンスに関するファイルなどがまとめてあります。
「pivotal-tc-server-developer-xxx」フォルダ	これはSpring MVCなどで作成したWebアプリケーションを実行する際に用いられるサーバープログラムです。
「sts-xxx」フォルダ	これがSTSの本体プログラムになります。

図1-7：「sts-bundle」フォルダの中身。

基本的には「**sts-xxx**」というフォルダだけあれば、STSは利用できますが、実際の開発ではサーバープログラムなども不可欠となりますので、「**要らないだろう**」と勝手に削除したりしないで下さい。

EclipseへのSTSのネットワーク経由インストール

JavaプログラマであればBD既にEclipseを使って開発を行っているかもしれません。このような場合、新たにSTSをインストールするよりも、既に使っているEclipseにSTSのプラグインだけ追加したほうが、それまでの環境をそのまま利用して開発が行え、とても便利でしょう。

STSプラグインは、Eclipseに用意されている新規ソフトウェアのインストール機能を利用して、ネットワーク経由でインストールすることができます。では、以下にその手順を整理しておきましょう。なお、ここではEclipse 4.7 Oxygenをベースに説明しています。そのほかのバージョンでも基本的な操作はほぼ同じです。

❶ ＜Eclipse Marketplace＞を選ぶ
　＜Help＞メニューから＜Eclipse Marketplace...＞を選択します。

図1-8

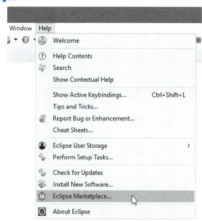

❷ ダイアログウインドウが現れる
　画面にMarketplace（マーケットプレース）のダイアログウインドウが現れます。

■図1-9

❸「sts」を検索する

現れたウインドウの「**Find**」フィールドに「**sts**」と入力し、「**Go**」ボタンをクリックします。これでSTSが検索されます。

■図1-10

❹ 最新バージョンをインストール
検索された中から、最新のバージョンを探します。2017年12月時点では「**Spring Tools 3.9.2.RELEASE**」というバージョンが最新ですので、この項目の「**インストール**」ボタンをクリックします。
なお、これはSTSのバージョンであり、Eclipseのバージョンではないので勘違いしないようにして下さい。Eclipseは現在、4.7になっていますが、インストールするのは「**Spring Tools 3.9.2.RELEASE**」です。もちろん、更に新しいバージョンが出ていれば、それで構いません。

図1-11

❺ 選択されたフィーチャーの確認
マーケットプレースのサーバーにアクセスし、選択した項目の内容をチェックします。これは少し時間がかかります。チェックが完了すると、インストールする項目がリスト表示されます。これらのチェックが全てONになっていることを確認し、「**Confirm**」ボタンをクリックします。

図1-12

❻ ライセンスのレビュー

使用許諾契約（ライセンス）の確認画面になります。「I accept the terms of the license agreements」のラジオボタンを選択し、「Finish」ボタンをクリックします。

図1-13

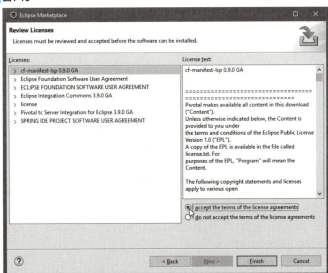

❼ ダウンロードの開始
ダイアログウインドウが消え、ダウンロードが開始されます。ダウンロードとインストールにはしばらく時間がかかります。

図1-14

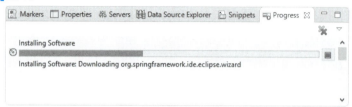

❽ Eclipseの再起動
しばらく待っていると、Eclipseを再起動する確認のアラートが表示されるので、再起動して下さい。次に起動した時からSTSプラグインが利用可能となります。

図1-15

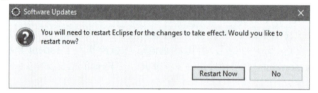

STSの日本語化について

STSは、標準ではすべて英語表記になっています。開発が米国ですのでやむを得ない面もありますが、やはり「**日本語で使いたい**」と思う人は多いでしょう。本書は、基本的に英語のまま説明を行っていきますが、日本語がいいという方のために、日本語化の方法を説明しておきましょう。

STSは、Eclipseをベースにして作成されています。従って、Eclipseの日本語化のためのプログラムをそのまま利用することで、表示を日本語にすることができます。この日本語化プログラムは「**Pleiades**」と呼ばれ、MergeDoc Projectによって開発されています。以下のサイトで配布されています。

http://mergedoc.osdn.jp/

▌図1-16：MargeDoc Projectのサイト。ここでPleiadesが配布されている。

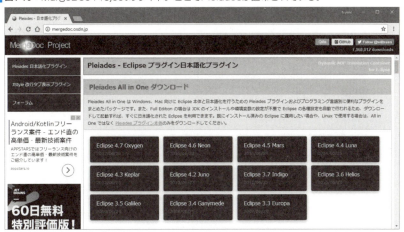

ただし、STS独自のプラグインが多数追加されていますので、これにより完全に日本語化できるわけではありません。「**主な部分はだいたい日本語表示になる**」という程度に考えて下さい。Eclipse本体の部分は基本的に日本語に変わりますが、STSの機能(すなわち、Spring Frameworkを利用するための部分)の多くは英語のままになります。

> **Note**
> 本書が英語のまま説明を行うのは、このためです。英語と日本語が入り混じった状態よりも、すべて英語のほうがまだ一貫して説明がしやすい、と考えるためです。

このサイトでは、Pleiadesを組み込み済みのEclipseも配布していますが、STSで利用する場合はPleiades単体でダウンロードする必要があります。ページの中央付近にある「**Pleiadesプラグイン・ダウンロード**」というところにある各プラットフォーム向けのボタンから、自分の利用するOS用のものを選んでクリックして下さい。圧縮ファイルがダウンロードされます。

▌図1-17：使っているOS用のインストーラをダウンロードする。

ダウンロードされた圧縮ファイルを展開すると、Pleiadesのプログラム類とインストーラが保存されます。フォルダに用意される「**setup.exe**」がインストーラプログラムになります。

図1-18：ダウンロードした圧縮ファイルを展開したところ。

インストーラでインストールする

インストーラであるsetup.exeを起動すると、Pleiadesのインストールプログラムのウインドウが現れます。ここで、インストールするプログラムを選択し、インストールを行います。

図1-19：Pleiadesのインストールプログラム画面。

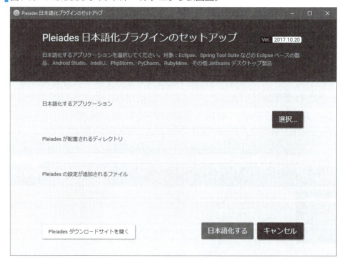

画面にある「**選択...**」ボタンをクリックし、インストールするEclipse（またはSTS）の本体プログラムを選択して下さい。eclipse.exeまたはSTS.exeが本体になります。すると、インストールするアプリケーション、Pleiadesが配置されるディレクトリ、Pleiadesの設定が追加されるファイルが自動的に設定されます。

図1-20：「選択...」ボタンでEclipseまたはSTSを選ぶと自動設定される。

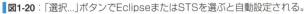

そのまま「**日本語化する**」ボタンを押すと、日本語化が実行されます。実行後にアラートが表示されるので、そのままアラートを閉じ、「**終了**」ボタンで終了して下さい。

図1-21：日本語化を実行すると、アラートが表示される。そのままOKして、終了する。

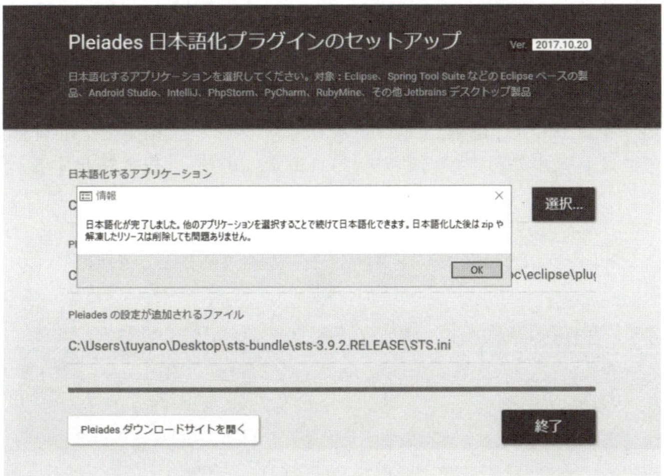

これでPleiadesのインストールは完了です。次に起動する時からSTSは日本語化されます(ただし、先に説明したように、完全に日本語化されるわけではなく、一部英語が残った状態になりますが、これが正常な状態です)。

図1-22：日本語化されたSTS。ただし、よく見ると、英語の部分もかなり残っている。

macOS版STSへの組み込み

　macOSの場合も、基本的なやり方はWindowsと同じです。ダウンロードした圧縮ファイルを展開し、「**setup**」を起動して下さい。Pleiadesのインストールプログラムが起動します。

　現れたウインドウの「**選択…**」ボタンをクリックしてEclipseまたはSTSの本体を選択すると、インストールの設定が自動で行われます。後は、「**日本語化する**」ボタンを押すだけです。

図1-23：インストーラでEclipse/STSを選択し、「日本語化する」ボタンを押す。

日本語化は個々の責任で！

本書では、既に述べたように英語版のSTSをそのまま使って説明を行います。日本語化は日本語と英語が混じってしまうこと、また使用するPleiadesのバージョンによって表記が変わってしまう場合があることなどから、利用しません。

Pleiadesは、一種のプラグインであり、Eclipseに大幅にプログラムを追加しているSTSに更にPleiadesを追加するということは、予想外の問題を引き起こす可能性もあります。例えば、メモリ不足でうまく起動しなくなる、などのトラブルが発生するかもしれません。そうしたデメリットも考慮の上、利用は、それぞれの判断で行って下さい。

1.3 STSを使おう

STSは、ビューとパースペクティブによって編集画面が変化します。この2つの要素についてここでしっかりと理解しておきましょう。

STSを起動する

では、STSを起動しましょう。これはインストールしたフォルダ内の「**sts-xxx**」というフォルダの中から「**STS.exe**」をダブルクリックして起動して行います。

最初に起動すると、「**Select a directory as workspace**」というダイアログが現れます。これは、STSで作成するプロジェクトや各種設定などを保存する場所の指定です。デフォルトでは、「**ドキュメント**」フォルダ内に「**workspace-sts-xxx**」というフォルダを作成し、そこに保存するようになっています。特別な理由がない限り、ここでいいでしょう。

なお、ダイアログの下に「**Use this as the default ……**」というチェックがあります。これをONにしておくと、以後、ダイアログは表示されません（OFFになっていると、起動するたびにダイアログが現れます）。

図1-24：ワークスペース選択のダイアログ。デフォルトのままOKすればいい。

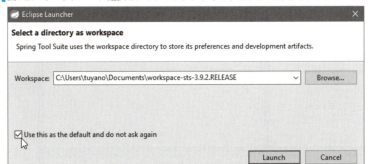

起動すると、画面の中央に「**Spring**」と表示されたエリアが表示されます。これは「**ダッシュボード**」ビューと呼ばれるものです。よく見ると、左上に「**Dashboard**」というタブが表示されているのがわかるでしょう（ビューについては後述します）。

図1-25：起動したSTSの画面。「ダッシューボード」ビューが表示されている。

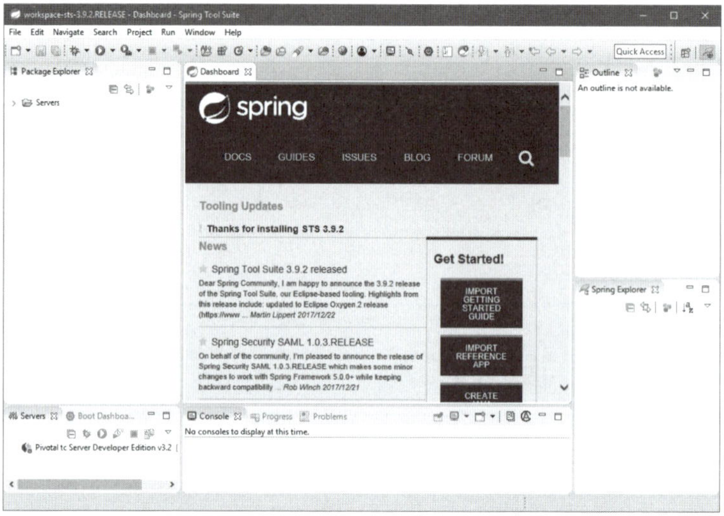

このタブにあるクローズボタン（「×」マーク）をクリックして閉じて下さい。これでダッシュボードビューが閉じられ、いくつかの四角い領域（これらもすべてビューの一種です）が組み合わせられた表示だけになります。これが、STSの基本となる開発画面です。ここで必要な操作を行い、開発をしていきます。

図1-26：STSの基本画面。いくつかのビューが組み合わせられた形をしている。

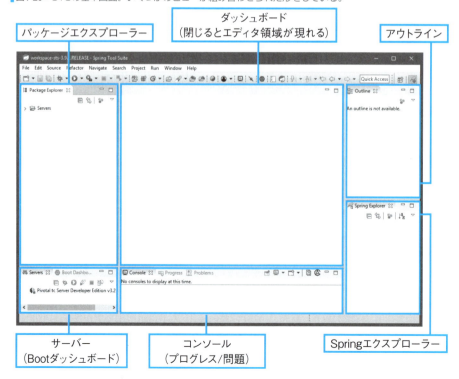

基本画面と「ビュー」

STSの画面は、いくつかの領域の組み合わせになっています。これらは「**ビュー**」と呼ばれます。ビューは、ウインドウの中で独立して機能する内部ウインドウのようなものです。そのときの状況や、ほかのビューの状態などによって表示が変化したりするものもあります。また、状況に応じて表示されるビューも変化します。

STSには非常に多くのビューが用意されていますが、基本的なものは限られています。まずは、最初の画面で表示される基本的なビューの役割についてざっと頭に入れておきましょう。

> **Note**
> わかりやすくするため、実際にプロジェクトを作成して開いた状態の図を掲載します。手元にあるSTSとは表示内容は異なりますので、ご了承下さい。

パッケージエクスプローラー（Package Explorer）

左側にある縦長のビューです。このビューでは、作成するアプリケーションに必要なファイルやフォルダなどが階層的に表示されます。ここからファイルをダブルクリックして開き、編集を行うことができます。また、新たなファイルを追加したり、既にあるものを削除したりする場合も、このビューで操作します。

パッケージエクスプローラーと同じような役割をするビューとして「**ナビゲーター**」「**プロジェクトエクスプローラー**」といったものもあります。

図1-27

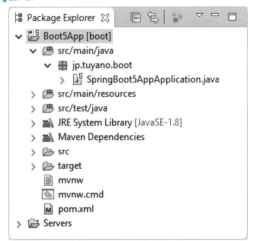

サーバー（Servers）

パッケージエクスプローラーの下に見える小さなビューです。これはサーバー情報を管理します。JavaでWebアプリケーションの開発を行う場合、作成したアプリケーションを動かすには、サーバーを起動しデプロイしなければいけません。そこで、サーバー関係を管理するための専用ビューとしてこれが用意されています。

標準では、「**Pivotal tc Server Developer Edition**」という項目が表示されています。これは、STSに同梱されているサーバープログラムで、これを利用してWebアプリケーションを実行することができます。

図1-28

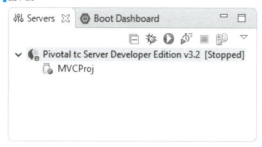

Bootダッシュボード（Boot Dashboard）

「**Servers**」のタブの右側にある「**Boot Dashboard**」タブをクリックすると、表示が切り替わります。これは、本書で使うSpring Bootフレームワークの機能を利用するためのビューです。

Spring Bootで開発されたアプリケーションは、一般的なサーブレットコンテナ（Javaサーバー）でそのままデプロイして動かすのではなく、アプリケーション内蔵のサーバープログラによって実行されます。このダッシュボードで、Bootアプリケーションの起動やリスタートなどを行えます。

図1-29

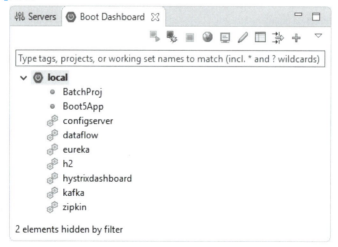

アウトライン（Outline）

ソースコードファイルなどを編集する際に用います。ソースコードを解析し、その構造を階層的に表示します。

例えばJavaのソースコードならば、クラスやメソッドなどの構造を表示するのです。

ここから項目（メソッドやフィールドなど）を選択することで、編集エディタでその場所に移動したりすることもできます。

図1-30

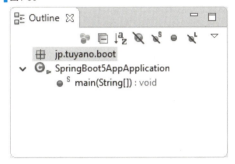

Spring エクスプローラー（Spring Explorer）

パッケージエクスプローラーと同じように各種情報を階層的に表示します。Spring Frameworkでは、独特の「**Bean**」作成によってアプリケーションを構築していきます。このBeanクラスや独自の設定情報などをまとめ管理します。

図1-31

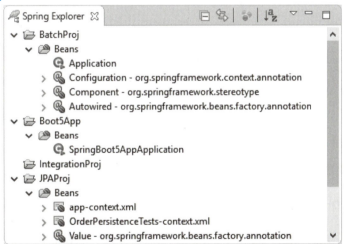

編集用エディタ

ウインドウの中央に見える、何も表示されていない領域は、ファイルの編集用エディタが置かれる場所です。パッケージエクスプローラーなどでファイルをダブルクリックすると、そのファイルを編集するためのエディタがこの場所に開かれ、ここで編集作業が行えるようになります。

開いたエディタはそれぞれにタブが表示され、複数のファイルを開いてタブを切り替えることで、並行して編集することができます。

図1-32

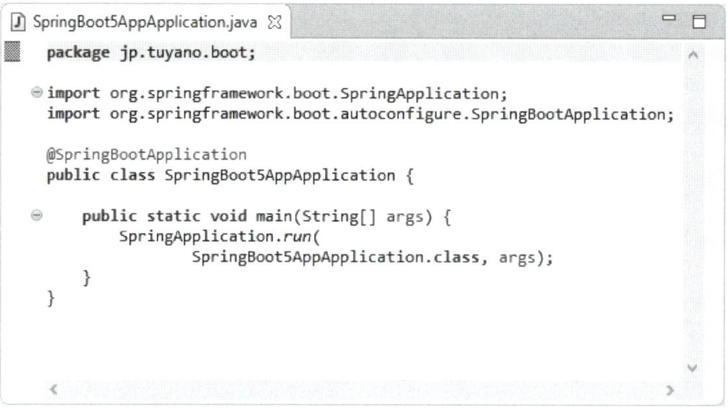

```java
package jp.tuyano.boot;

import org.springframework.boot.SpringApplication;
import org.springframework.boot.autoconfigure.SpringBootApplication;

@SpringBootApplication
public class SpringBoot5AppApplication {

    public static void main(String[] args) {
        SpringApplication.run(
                SpringBoot5AppApplication.class, args);
    }
}
```

コンソール（Console）

中央にある編集用エディタの領域の下に、いくつかのビューを示すタブが並んで表示されている部分があります。これは、複数のビューが同じ場所に開かれているのです。このようにSTSでは、いくつかのビューを同じ場所に開き、タブを使って切り替え、表示できるようになっています。

「**Console**」というタブで表示されるのが「**コンソール**」というビューです。これは、プログラムを実行した場合などに、その実行状況や結果に関する情報を出力します。

図1-33

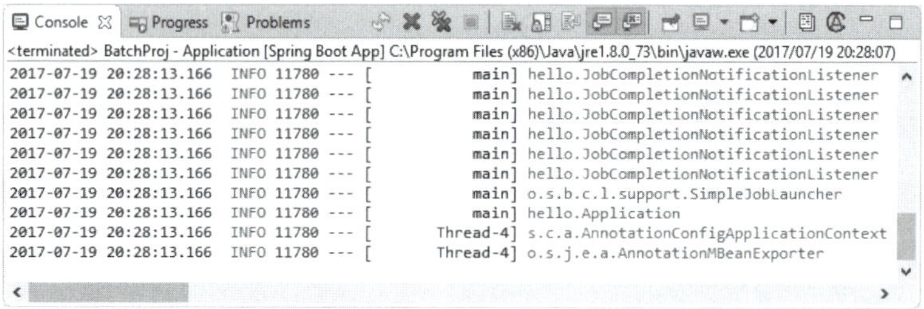

```
Console    Progress    Problems
<terminated> BatchProj - Application [Spring Boot App] C:\Program Files (x86)\Java\jre1.8.0_73\bin\javaw.exe (2017/07/19 20:28:07)
2017-07-19 20:28:13.166  INFO 11780 --- [           main] hello.JobCompletionNotificationListener
2017-07-19 20:28:13.166  INFO 11780 --- [           main] hello.JobCompletionNotificationListener
2017-07-19 20:28:13.166  INFO 11780 --- [           main] hello.JobCompletionNotificationListener
2017-07-19 20:28:13.166  INFO 11780 --- [           main] hello.JobCompletionNotificationListener
2017-07-19 20:28:13.166  INFO 11780 --- [           main] hello.JobCompletionNotificationListener
2017-07-19 20:28:13.166  INFO 11780 --- [           main] hello.JobCompletionNotificationListener
2017-07-19 20:28:13.166  INFO 11780 --- [           main] o.s.b.c.l.support.SimpleJobLauncher
2017-07-19 20:28:13.166  INFO 11780 --- [           main] hello.Application
2017-07-19 20:28:13.166  INFO 11780 --- [       Thread-4] s.c.a.AnnotationConfigApplicationContext
2017-07-19 20:28:13.166  INFO 11780 --- [       Thread-4] o.s.j.e.a.AnnotationMBeanExporter
```

マーカー（Markers）

ソースコード内に記述されたマーカー型コメント（1行のみ付けられるコメント）をまとめて表示します。マーカー型コメントから、「**TODO**」「**FIXME**」「**XXX**」といった単語で始まるものをピックアップして整理します。

図1-34

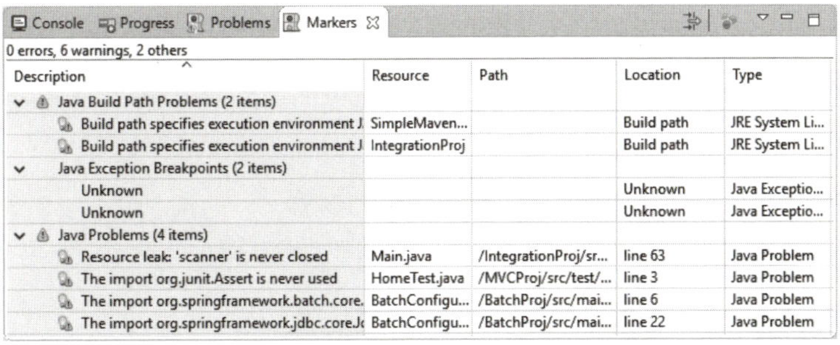

![図1-34 Markersビューの表示]

とりあえず、これらの基本的なビューの役割がわかれば、簡単なSTSの操作ぐらいはできるようになります。細かな操作の方法などは、実際に開発を行いながら覚えていけばよいでしょう。

そのほかのビューについて

STSには、このほかにも多数のビューが用意されています。が、それらはデフォルトでは画面に表示されていません。では、これらのビューを呼び出して利用するにはどうすればよいのでしょうか。

一つは、後述する「**パースペクティブ**」を利用することです。パースペクティブを切り替えることで、ビューの表示を自動的に切り替え、必要なビューを揃えることができます。

そしてもう一つは、使いたいビューをメニューで選んで開くやり方です。＜**Window**＞メニューの＜**Show View**＞メニューに、主なビューがサブメニューとして登録されています。ここから選択すれば、そのビューが開かれます。

図1-35：＜Show View＞メニューから主なビューは開くことができる。

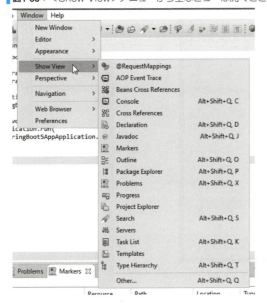

Chapter 1　Spring 開発の セットアップ

　それ以外のビューは、＜**Show View**＞メニューにある＜**Other...**＞メニューを選ぶと、画面にビューの一覧リストを表示したダイアログが現れます。

図1-36：＜Other...＞メニューを選ぶと、全ビューが種類ごとにまとめられたダイアログが現れる。

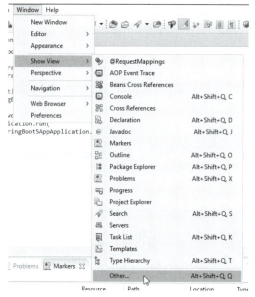

　このダイアログでは、STSに用意されているビューが、種類ごとに分類されて一覧表示されます。ここから使いたいビューを選択し、OKすれば、そのビューを開くことができます。

図1-37：項目を選択し、OKすれば、そのビューが開かれる。

30

パースペクティブについて

STSの画面表示で、ビューとともに重要なのが「**パースペクティブ**」です。パースペクティブは、さまざまな状況に応じたビューの組み合わせ（表示やレイアウトなど）を管理します。

ビューは1つ1つの役割が決まっており、例えばソースコードの編集のときに必要なものはデバッグ中には必要ないというように、状況によって必要となるビューは変わってきます。

そこで「**編集用のビューのセット**」「**デバッグ用のビューのセット**」というように、状況ごとに使用するビューや、細かな表示などをまとめたものとして「**パースペクティブ**」が用意されたのです。必要に応じてパースペクティブを切り替えることで、最適な環境を素早く整えることができます。

パースペクティブは、デフォルトでいくつかのものが用意されており、それらを使うだけで当面は問題なく開発作業を行えるでしょう。これらは以下の2通りの方法で切り替えることができます。

①メニューを使う

＜**Window**＞メニューの＜**Perspective**＞メニュー内にある＜**Open Perspective**＞のサブメニューに、主なパースペクティブが用意されています。ここからメニュー項目を選ぶことでパースペクティブが切り替わります。

図1-38：＜Open Perspective＞メニューには、主なパースペクティブがサブメニューとしてまとめられている。

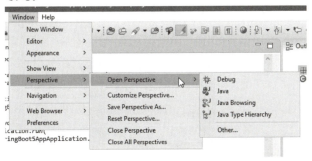

②ツールバーを使う

パースペクティブを開くと、ツールバーの右端にそのパースペクティブを示すボタンが追加表示されます。複数のパースペクティブを開けば、それらのボタンが表示されるわけです。このボタンをクリックすることで、パースペクティブを切り替えることができます。

図1-39：一度パースペクティブを開くと、ウインドウの右上にボタンが表示され、クリックで切り替えられるようになる。

ツールバーのボタンは、一度表示されるとSTSを終了した後もそのまま表示され続けるようになります。初めてパースペクティブを開くときはメニューを使い、以後はツールバーのボタンを利用して切り替える、というように使い分けるとよいでしょう。

そのほかのパースペクティブを開く

＜**Open Perspective**＞にも表示されていない、そのほかのパースペクティブを使う場合は、Open Perspectiveダイアログを呼び出す必要があります。＜**Window**＞メニューの＜**Open Perspective**＞のサブメニューにある＜**Other...**＞メニューを選ぶか、ツールバー右端のパースペクティブボタンの左にあるアイコン（右上に「＋」マークがついているもの）をクリックすると、画面にパースペクティブの一覧を表示したダイアログウインドウが現れます。

図1-40：メニューにないパースペクティブは、＜Other...＞メニューを選ぶ。

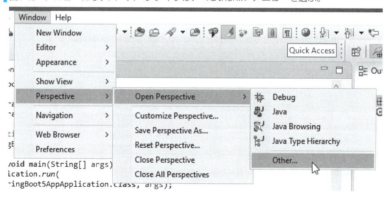

ここから使いたいものを選んでOKすれば、そのパースペクティブを開くことができます。パースペクティブが変わると、＜**Open Perspective**＞のサブメニューに表示されるパースペクティブのメニュー項目も変わるため、「**あったはずのパースペクティブが見つからない**」といったことになりがちです。メニューにないパースペクティブの開き方は今のうちに覚えておきましょう。

図1-41：ダイアログには、用意されているすべてのパースペクティブがリスト表示される。

パースペクティブの種類

　Open PerspectiveダイアログをみればわかりますがSTSには標準でかなりたくさんのパースペクティブが用意されています。これらの多くは、状況に応じて自動的に切り替わるようになっています。が、「**このパースペクティブは使いにくいから別のに切り替えたい**」ということも多々あるでしょう。

　パースペクティブは、それぞれ特定の用途を考えて作られていますから、「**このパースペクティブはどういう用途に向いたものか**」をある程度理解しておく必要があります。以下に、主なパースペクティブの用途について簡単に整理しておきましょう。

「Spring」パースペクティブ

　これが、Spring Framework開発の基本となります。Spring Framework利用のプロジェクト（アプリケーション開発の単位）を作成すると、原則としてこの「**Spring**」パースペクティブになります。

図1-42：Springパースペクティブ。Spring開発の基本となる。

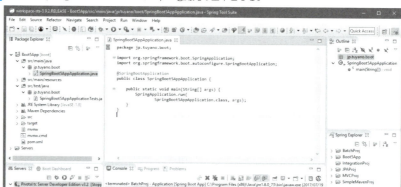

「Java」パースペクティブ

　Javaプログラミングの標準的なパースペクティブです。これもSpring Frameworkの開発で利用することができます。基本的にはJava開発に必要なビューが一通り揃っていますから、問題なく使用できるはずです。

図1-43：Javaパースペクティブ。Java全般の開発に用いられる。

「Resource」パースペクティブ

　ファイル編集のためのもっともシンプルなパースペクティブです。アプリケーションで使われる各種のファイルを編集するためのビューが揃っています。テキストファイルなど静的なファイルのみを扱うような場合であれば、これがもっともシンプルで使いやすいでしょう。

図1-44：Resourceパースペクティブ。リソースファイルが中心の開発に用いる。

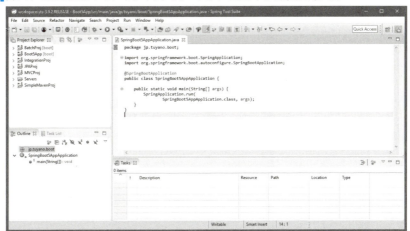

「Debug」パースペクティブ

文字通り、デバッグ用のパースペクティブです。ソースコードでブレイクポイントを設定しておけば、デバッグモードに入った時点で自動的に「**Debug**」パースペクティブに切り替わります。デバッグに関する基本的な操作を行うためのビューが一通り備わっています。

図1-45：Debugパースペクティブ。デバッグモードの時に自動的に切り替わる。

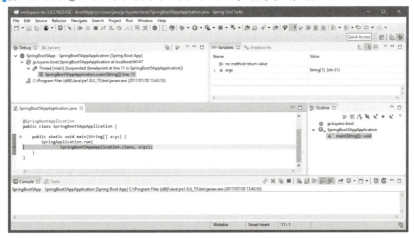

「Web」パースペクティブ

Web開発のためのパースペクティブです。Resourceと同様にProject ExplorerとOutlineが配置されています。が、Resourceとはビューの配置場所が違います。Web開発は、HTMLやスタイルシートなどの静的ファイルが中心であるため、ファイル内の構造を把握するOutlineとプロジェクト管理のProject Explorerだけあれば十分でしょう。

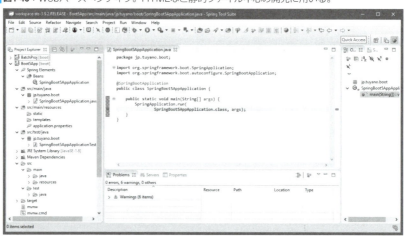

図1-46：Webパースペクティブ。HTMLなど静的ファイル中心の開発に用いる。

　おそらく本書で登場するのは、上記のパースペクティブだけでしょう。それ以外のものは、今すぐ役割などまで覚えておく必要はありません。

1.4 プロジェクトの作成から実行まで

　STSでは、開発は「プロジェクト」を作成して行います。プロジェクトの作成から実行まで、一通りの使い方を覚えましょう。

プロジェクトとは？

　では、STSを使ってアプリケーションを作成する手順について説明を行っていきます。まずは「**プロジェクト**」について理解しましょう。

　プロジェクトとは、アプリケーションの開発において必要なものを一元管理するための仕組みです。現在のアプリケーション開発は、単に「**ソースコードを書いて終わり**」というようなシンプルなものではありません。多数のファイル（ソースコードファイルだけでなく、イメージなどのリソースやXMLファイルなどによる各種の設定ファイル）、必要なライブラリの情報、使用するデータベースへアクセスするための設定情報など、多数のデータ類を管理しなければいけません。そこで考え出されたのが「**プロジェクト**」です。

　プロジェクトは、作成するアプリケーションに必要なあらゆる情報をまとめて保管し、管理します。ソースコード類はもちろん、使用するイメージや設定ファイルなども、プロジェクト内の適切な場所に配置することで、プログラムが認識できるようになります。またSTSの動作に関する設定情報なども保存され、そのプロジェクトを開けば常に同じ環境で開発を続けることができます。

プロジェクトは、作成するプログラムの内容によってその中身も変わってきます。そこでSTSでは、プログラムの種類ごとにいくつかのプロジェクトの種類を用意し、それを選択することで、作るプログラムに最適なプロジェクトが作成されるようにしています。

STSには、多くの種類のプロジェクトが用意されていますが、Spring Frameworkを利用する場合、使用するプロジェクトは以下のいずれかを利用することになります。

Springレガシープロジェクト (Spring Legacy Project)	Spring Frameworkを利用するプログラム全般で使います。Spring Frameworkに用意されているフレームワーク類を直接指定して、そのフレームワークを組み込んだプロジェクトとして作成されます。
Springスタータープロジェクト (Spring Starter Project)	「Spring Boot」フレームワークを利用したアプリケーションを作成する場合に用います。

これらの詳細などは今すぐ覚える必要はありません。基本的に、「**Spring Bootという機能を使う場合は専用のSpringスタータープロジェクトを使い、それ以外はすべてSpringレガシープロジェクトを使う**」と考えておけばよいでしょう。

それ以外のものは本書では特に使いませんので、プロジェクトの種類に頭を悩ませることはないでしょう。

> **Note**
>
> ただし、Spring Frameworkそのものが幅広いプログラム作成に対応しているため、これらのプロジェクトでは、プロジェクト内に多数のテンプレートを用意し、選択するようになっています。これらについては改めて説明します。

Springレガシープロジェクトを作成する

では、実際にプロジェクトを作成してみましょう。Spring Bootを使った「**Springスタータープロジェクト**」は、これから先、何度も利用することになりますので、ここではもう1つの「**Springレガシープロジェクト**」を作ってみることにします。

Springレガシープロジェクトは、Spring Boot登場以前から用意されていたSpring Framework利用の基本となるものです。一般的なSpring Frameworkアプリケーションの開発はすべてこちらを利用します。SpringスタータープロジェクトはSpring Boot専用のプロジェクトですので、それ以外のものはすべてSpringレガシープロジェクトになります。

本書では、必要に応じていくつかのプロジェクトを作っていきますが、ここでは「**プロジェクトの作り方と、作成されるプロジェクトがどんなものかを調べる**」という意味で、試しにプロジェクトを作成してみます。作ったものをそのまま利用して開発をするわけではありません。あくまで「**プロジェクト作成の手順を理解するためのサンプル**」と考えて下さい（実際に開発に使うものは、後ほど改めて作成します）。

❶ プロジェクトの選択

＜File＞メニューの＜New＞内から、＜Spring Legacy Project＞サブメニューを選びます。もしサブメニューにこの項目が見当たらなかったら、＜Project...＞サブメニューを選んで下さい。「**Select a wizard**」というウインドウが現れます。ここに表示される一覧リストから、「**Spring**」フォルダの中の「**Spring Legacy Project**」を選択し、「**Next >**」ボタンで次に進んで下さい。これで＜Spring Legacy Project＞サブメニューを選んだのと同じ表示が現れます。

図1-47

❷ プロジェクトの設定

「**Spring Legacy Project**」と表示されたウインドウが現れます。ここで、作成するSpringレガシープロジェクトの詳細を設定します。以下のような項目がありますので、それぞれ設定を行って下さい。

Project name	プロジェクトの名前です。ここでは「SampleWebApp」としておきましょう。
Use default location	プロジェクトの保存場所を指定します。このチェックがONならば、ワークスペース内に保存します。特別な理由がない限り、ONのままにしておいて下さい。
Select Spring version	Spring Frameworkのバージョンです。この後の「Templates」を選択すると選べるようになります。通常はデフォルトである「Default」しか選択できないでしょう。
Templates	Spring Frameworkのプロジェクトテンプレートを選択します。ここで選んだテンプレートを元にプロジェクトが作成されます。ここでは、「Simple Projects」フォルダ内にある「Simple Spring Web Maven」を選びます。
Working sets	「ワーキングセット」を使うための設定です。ここでは使わないので、OFFのままにしておきます。

1.4 プロジェクトの作成から実行まで

図1-48

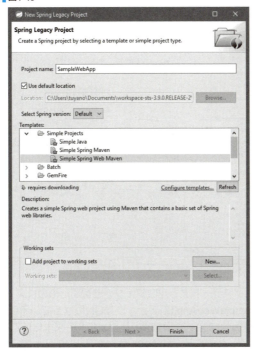

❸ 「Finish」ボタンをクリックする
設定を一通り行ったら、「Finish」ボタンを押して下さい。プロジェクトが作成されます。パッケージエクスプローラーに「SampleWebApp」というフォルダが表示されます。これがプロジェクトのフォルダです。

図1-49：パッケージエクスプローラーに「SampleWebApp」フォルダが追加される。これが作成したプロジェクトのフォルダだ。

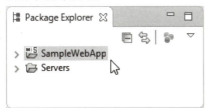

❹ プロジェクトをアップデートする
「SampleWebApp」フォルダを右クリックし、ポップアップして現れるメニューから、＜Maven＞メニュー内にある＜Update Project...＞サブメニューを選んで下さい。画面に「Update Maven Project」というウインドウが現れます。

39

▌図1-50：プロジェクトを右クリックし、＜Maven＞＜Update Project...＞メニューを選ぶ。

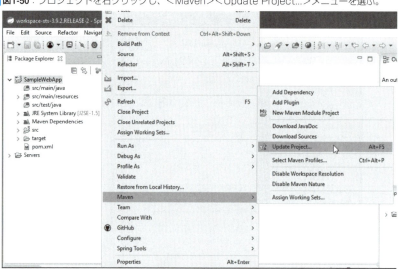

ウインドウ内には、アップデートするプロジェクトを選ぶためのリストが表示されますので、作成した「**SampleWebApp**」のチェックがONになっていることを確認して下さい（その下にある細かなチェック項目は、デフォルトのままにして下さい）。そのまま「**OK**」ボタンをクリックすると、プロジェクトのアップデートを行います。

▌図1-51：プロジェクトをチェックしてOKするとアップデートが実行される。

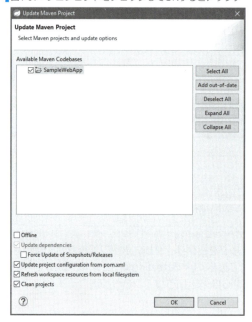

❺ Maven installを実行する
作成された「**SampleWebApp**」フォルダを選択し、＜Run＞メニューから、＜Run As＞メニュー内にある＜Maven install＞を選んで下さい。これで、プロジェクトをビルドしてWARファイルを生成し、**ローカルリポジトリ**（ローカルで指定された場所）にプログラム（WARファイル）をインストールします。このプロジェクトの場合、「**target**」というフォルダの中にWARファイルを生成します。実行経過はConsoleビューに逐一出力されていきますので、どういう作業を行っているのか確認できます。

図1-52：＜Run＞＜Run As＞＜Maven install＞メニューを選ぶ。

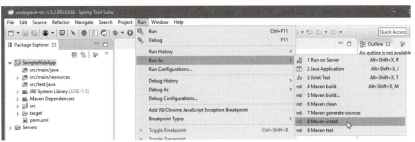

——これでプロジェクト作成は完了です。一応、必要最小限のファイルなどは作成されていますが、これを元に必要なファイルを自作していき、プログラムを完成させる、というわけです。

Mavenプロジェクトとは？

ここで作成したのは、「**Maven**」（正式名称は「**Apache Maven**」です）と呼ばれるプログラムを利用したプロジェクトです。MavenというのはApache Software Foundationが開発する、Javaプロジェクト管理ツールです。予め作成されたXMLファイルを元に、プロジェクトに必要なライブラリをダウンロードしたり、必要なファイルを生成したり、プロジェクトをビルドして完成させたりといった作業を自動化します。

「**Simple Spring Web Maven**」というテンプレートは、このMavenを利用してプロジェクトを作成するものだったのです。プロジェクトを作成した後もいくつか作業を行ったのは、Mavenを利用していたために必要な操作だったのです。Mavenを利用していない通常のプロジェクトでは、こうした作業は行いません。

Springレガシープロジェクトのテンプレートには、Mavenを利用したものも利用しないものもあります。Maven利用のプロジェクトは、このようにやや癖があるため、プロジェクトを作成する際には「**Mavenを使ったプロジェクトがどのようなものか**」を理解し、それに応じて操作を行う必要があるでしょう。

では、Mavenプロジェクトは、通常のプロジェクトと何が違うのでしょうか。簡単に整理しておきましょう。

プロジェクトを作成したらアップデートする

先ほどのプロジェクトでは、作成後、＜**Maven**＞＜**Update Project...**＞メニューを選

Chapter 1 Spring 開発の セットアップ

んでいました。これは、Mavenの設定ファイルに書かれた情報を元にプロジェクトを更新する作業を行うものです。これにより、必要なライブラリがなければ追加したり、必要な設定などを生成したり、といった作業を行います。

Maven install でビルドする

＜Run＞＜Run As＞＜Maven install＞メニューを選びました。これは、Mavenによってプロジェクトをビルドし、生成されたプログラムをリポジトリに登録する作業を行います。これにより、プロジェクトを元にWARファイルを生成して必要な場所に組み込む、という作業を行っているのだ、と考えて下さい。

プロジェクトのビルド

プロジェクトの編集(ファイルの修正やファイルの追加・削除など)を行った場合、すぐさま完成プログラムに反映されるわけではありません。プロジェクトをビルドすることで修正が反映されます。これは、Mavenプロジェクトに限らず、一般的なプロジェクトでも同じです。

通常、プロジェクトはデフォルトで「**自動ビルド**」に設定されています。何らかの編集作業がされると、自動的にビルドし直す設定です。従って、そのままならビルドについて開発者が意識することはありません。

独特のフォルダ構成

Mavenプロジェクトでもっとも重要となるのは、フォルダの構成です。Mavenでは、ソースコードファイル、リソースファイル、テストプログラム、ビルドした生成物などをすべて厳密な階層構造に分けて管理しています。Project Explorerにずらりとフォルダ類が並ぶのもこのためです。

このフォルダ分けの構成はMaven特有のもので、Spring Frameworkに限らず、Mavenを使ったプロジェクトはすべて同じフォルダ構成になっています。ですから、ある程度Mavenに慣れると、使用するフレームワークやライブラリなどに関係なくプロジェクトがどうなっているか理解できるようになります。

これらは、それぞれに役割が決まっていますので、「**たくさんあって見づらいから**」とフォルダを整理してしまったりすると、プロジェクトが正しく機能しなくなります。生成されたフォルダ類の構成は絶対に変更しないで下さい。

なお、プロジェクト作成だけでなく、プロジェクト作成時に必要な作業についても頭に入れておくようにして下さい。この先、新たなプロジェクトを作成するときも、これらを細かく説明し直すことはありません。

STSのエディタと支援機能

作成されたプロジェクトにあるファイルは、ウインドウ左側にあるパッケージエクスプローラーからファイルの項目をダブルクリックすることで、開いて編集できます。STSには、多数のテキスト編集用のエディタ機能が搭載されており、そのファイルの種類に応じて自動的に最適なエディタが起動して編集できるようになっています。

用意されているエディタは、大きく2種類に分けることができます。それは「**ソースコードエディタ**」と「**ビジュアルエディタ**」です。

ソースコードエディタ

いわゆるテキストエディタのように、ソースコードのテキストをそのまま表示して編集します。単に編集できるというだけでなく、編集を支援するための機能が多数組み込まれています。主な支援機能をまとめると以下のようになるでしょう。

図1-53：ソースコードエディタの例。これはJSPエディタ。文のインデントや色分け表示、候補のポップアップ表示など各種の入力支援機能がある。

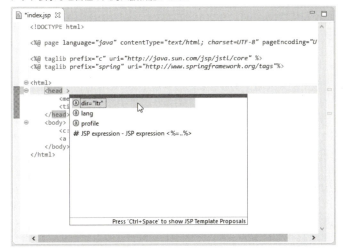

■オートインデント

ソースコードの構文を解析し、それに応じて自動的にインデント処理（文の開始位置を右に移動して構文の構造をわかりやすくすること）を行います。入力中でも改行するたびに自動的に調整されますし、ソースコードをペーストしたときなども、自動的にインデントされた状態で貼り付けられます。

■閉じタグの自動生成

HTMLやXMLなどでは、タグを作成する際に自動的に閉じタグを生成したり、「</」と記述した段階で対応する閉じタグを解析し、自動出力したりすることができます。

■色分け表示

Javaなどのソースコードでは、記述されている要素の種類（言語のキーワードか、変数か、値か、といったこと）に応じて自動的にテキスト色やスタイルなどを変更し、わかりやすくします。

■候補の表示

Javaなどのソースコードを記述しているとき、入力に応じて、その場で使える候補となる文（クラスやメソッド、フィールド、構文など）の一覧リストをポップアップ表示し、選択するだけでその文を自動的に書き出すことができます。これにより、単にコードを

書く手間が省けるというだけでなく、スペルミスによる文法エラーなどを大幅に減らすことができます。

また、うろ覚えで「**確かこんなメソッドがあったはず……**」などというときも、最初の数文字をタイプすれば候補が一覧表示されるため、いちいち自分でリファレンスを調べる手間も省けますよ。

ビジュアルエディタ

Spring Frameworkでは、XMLを使った設定ファイルが多数作成されます。それらをわかりやすく効率的に編集するため、STSには独自のエディタ機能が搭載されています。

それらは、XMLの設定情報を解析し、リストや入力フィールド、チェックボックス、ラジオボタンといった一般的なGUIによる入力で値を設定できるようにしています。私たちは表示されている項目のGUIを操作するだけで必要な設定が行える、というわけです。

ただし、そのためには、それぞれの設定が意味するものをきちんと理解しておかなければいけません。また、既にある設定の値を編集するぐらいならまだしも、必要に応じて新しい設定を追加するような場合、どこにどうやって作成すればいいのかよくわからなくなってしまうかもしれません。ビジュアルエディタは、使い方をわかった上で利用しないと役に立たないのです。

本書では、この種の設定ファイルはすべてソースコードエディタで直接編集する形で説明をしています。そうすることで、それぞれのタグの意味や役割を理解できるようになるからです。そうして設定の詳細を理解した上でビジュアルエディタを利用すれば、効率的に設定操作を行えるようになるでしょう。ビジュアルエディタは、「**ソースコードエディタによる編集をマスターした人が使うもの**」と考えたほうがよさそうです。

図1-54：ビジュアルエディタの一つで、pom.xmlというMavenのXML設定ファイルを編集するための専用エディタ。

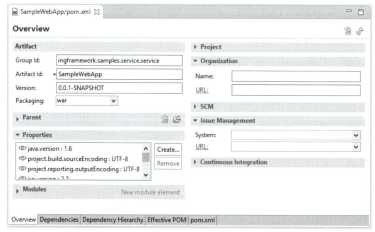

tc Serverによるアプリケーションの実行

では、作成されたプロジェクトを動かしてみましょう。STSには、「**Pivotal tc Server Developer Edition**」（以下、tc Server）というサーバープログラムが同梱されています。このサーバーを利用することで、作成したプロジェクトをローカル環境で動かし、動作確認をすることができます。

そのためには、2つの作業が必要です。①「**プロジェクトをサーバーに追加する**」という作業、そして②「**サーバーを起動する**」という作業です（ほか、「**サーバーを終了する**」作業も必要ですね）。

①プロジェクトをサーバーに追加する

まずは「**プロジェクトをサーバーに追加する**」という作業からです。「**Servers**」ビューにある「**Pivotal tc Server Developer Edition**」という項目を右クリックし、ポップアップメニューを呼び出して下さい。そして、＜**Add and Remove...**＞メニューを選びます。

図1-55：tc Serverを選択し、＜Add and Remove...＞ポップアップメニューを選ぶ。

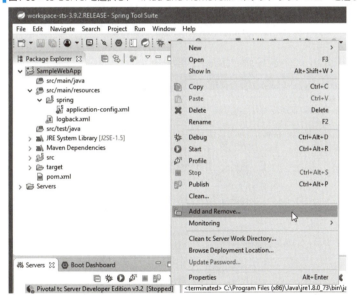

画面にウインドウが現れます。このウインドウでは、左右にプロジェクトを表示するリストがそれぞれ表示されます。左側のリストが「**現在、まだサーバーに追加されていないプロジェクト**」で、右側のリストが「**サーバーに組み込み済みのプロジェクト**」です。

左側にあるプロジェクトを選択し、中央の「**Add ＞**」ボタンをクリックすると、その項目が左から右のリストに移動します。実際に「**SampleWebApp**」を選択してやってみて下さい。右のリストに追加されれば、サーバーに組み込まれていることを示します。

▌図1-56：ダイアログでプロジェクトを選択し、「Add >」ボタンを押せばサーバーに組み込まれる。

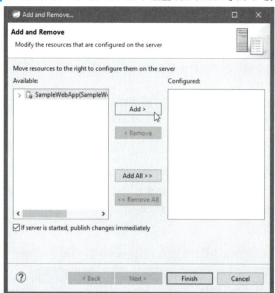

▌図1-57：プロジェクトがサーバーに組み込まれた状態。

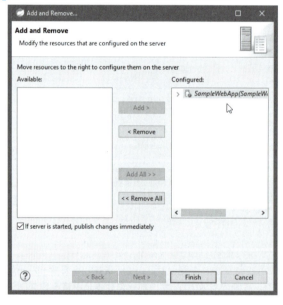

　不要なプロジェクトが組み込まれている場合は、右側のリストから要らないプロジェクトを選択し、中央にある「**< Remove**」ボタンをクリックします。これで右から左のリストへと戻されます。

　必要なプロジェクトを追加したら、「**Finish**」ボタンを押してウインドウを閉じます。

これで組み込み作業は完了です。「Servers」ビューに表示されている「**Pivotal tc Server Developer Edition**」の左端にある▼マークをクリックし、表示を展開してみましょう。組み込まれているプロジェクトが表示されます。

> **Column** ドラッグ＆ドロップでもサーバーに組み込める！
>
> Serversビューにあるサーバーへの組み込みは、実はもっと簡単なやり方もあります。パッケージエクスプローラーからプロジェクトのフォルダをドラッグし、Serversビューのサーバーにドロップするのです。これで自動的に組み込まれます（組み込めないプロジェクトはドロップできません）。

②サーバーの起動と停止

■起動

では、tc Serverを起動して、プロジェクトを動かしてみましょう。「**Servers**」ビューから、「**Pivotal tc Server Developer Edition**」の項目を選択し、その上にあるアイコンから「**Start the server**」ボタン（ビデオなどの「**プレイ**」ボタンのアイコン）をクリックします。これでサーバーが起動します。

図1-58：Serversビューの「プレイ」アイコンのボタンをクリックするとサーバーが起動する。

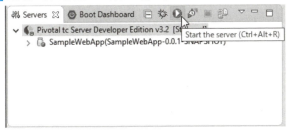

起動したサーバーのアドレスは、http://localhost:8080/になります。サーバーに追加されたプロジェクトは、それぞれのプロジェクト名のディレクトリに配置されます。「**SampleWebApp**」というプロジェクトですから、アドレスは以下のようになります。

　　http://localhost:8080/SampleWebApp/

図1-59：アクセスするとリンクが1つあるだけのシンプルな画面が表示される。

アクセスすると、画面には「**Click to enter**」というリンクが1つ表示されただけのシンプルなページが現れます。これが、デフォルトで表示されるページ（このプロジェクトではindex.jspになります）の画面です。現状では、リンクをクリックしても何も表示はされません（HTTPステータス404のエラーが表示されます）。まだ何もプログラムは作成していませんから、「**デフォルトで用意されているページが見えた**」ということでよしとしましょう。

サーバーを起動すると、中央下部にある「**Console**」ビューがアクティブになり、そこに起動したサーバーの状況が出力されます。内部で何かトラブル等があれば、ここに出力されるのでわかります。

図1-60：サーバーが起動すると、Consoleビューに実行状況がリアルタイムに出力される。

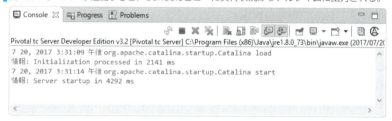

■停止

サーバーの停止は、やはり「**Servers**」ビューで行います。サーバー（ここでは「**Pivotal tc Server Developer Edition**」）を選択し、「**Stop the Server**」ボタン（赤い四角形のアイコン）をクリックします。これでサーバーが停止します。

図1-61：赤い四角形のアイコンをクリックするとサーバーが停止する。

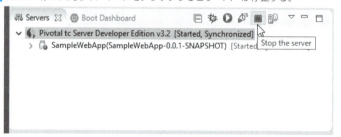

サーバーを停止しても、追加したプロジェクトなどはそのまま保管されています。再度スタートすれば、いつでも動作確認ができます。

作成されたアプリケーションについて

Springプロジェクトでは、どのようにWebアプリケーションが作成されているのでしょうか。STS内蔵のサーバーで動かすことはできましたが、開発サーバーでなく、正規のサーブレットコンテナにデプロイするにはどうすればよいのでしょう。

Mavenプロジェクトの場合、＜**Maven install**＞メニューを選んだ際にアプリケーショ

ンのビルドが行われます。

　実際に、作成したプロジェクトの中身を見てみましょう。ホームディレクトリの「**ドキュメント**」フォルダの中に「**workspace-sts-xxx（xxxはバージョン名）**」といった名前のフォルダがあります。これが、STSのワークスペースフォルダです。この中にプロジェクトも保存されています。

　フォルダの中にあるプロジェクト名のフォルダ（ここでは「**SampleWebApp**」フォルダ）を開いて下さい。その中にいくつかのフォルダが見えますが、「**target**」というフォルダの中に、作成されたWebアプリケーションのデータがあります。

　この中には、「**SampleWebApp-xxx-SNAPSHOT.war**」というファイルが保存されています。これが、＜**Maven install**＞を実行した際に生成されたWARファイルなのです。このファイルをサーブレットコンテナにデプロイすれば、作成したWebアプリケーションを正規サーバーで実行することができます。

図1-62：「target」フォルダが追加されている。この中にWARファイルが保存される。

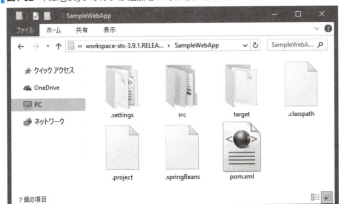

　これで、プロジェクトの作成から開発サーバーでの実行、デプロイのためのWARファイルの準備まで一通り説明をしました。「**プロジェクトを作成し、デプロイする**」という基本的な開発の流れは、だいたい頭に入ったことでしょう。

プロジェクトの基本構成

　では、作成したプロジェクトに目を向けてみることにしましょう。パッケージエクスプローラーにある「**SampleWebApp**」フォルダを展開すると、その中に多数のファイルやフォルダが作成されていますね。一般的なWebアプリケーションとはかなり構造が違っていることがわかるでしょう。

　これは、Mavenを使ったプロジェクト特有の構造なのです。Springプロジェクトでは、Mavenを利用しているため、この基本的な構成をまず頭に入れておく必要があります。以下に簡単に構成をまとめておきましょう。

> **Note**
> なお、ここで作成したプロジェクト以外のSpringプロジェクトでも、内部的にMavenを利用しており、プロジェクトの構成はほぼ同じになっています。

図1-63：プロジェクトのフォルダ構成。

「src」フォルダ	ソースファイル類が保管されるところです。Javaのソースコードファイルだけでなく、Webアプリケーションで使用される各種ファイル(JSP、HTML、イメージなど)も、この中にまとめられています。
「target」フォルダ	ここに、作成されるWebアプリケーションのファイル類がまとめられます。このフォルダの中身は基本的に自動生成されます。
pom.xml	Mavenのビルドに関する情報を記述してあるファイルです。
そのほかのファイル	プロジェクトに関するいくつかのファイルがありますが、すべてSTSによって作成されます。

ざっと見ればわかるように、私たち作成する側が意識しなければいけないのは「**src**」フォルダだけです。「**target**」フォルダは、WARファイルを作成したときなどに開くだけで、操作することはありません。

なお、プロジェクトの上の方に「**src/main/java**」といったフォルダがいくつか並んでいますが、これらはすべて「**src**」フォルダの中にあるフォルダのショートカットです。フォルダの階層の奥深くにあるフォルダをすぐに利用できるように用意されています。これらも「**src**」フォルダの中にあるのです。

「src」フォルダの構成

では、「**src**」フォルダの中身を見てみましょう。このフォルダの中には「**main**」と「**test**」というフォルダがあり、「**main**」の中は更に細かくフォルダ分けがされています。その基本的な構成について整理しておきます。

> **Note**
> なお、パッケージエクスプローラーでは、「java」フォルダや「resources」フォルダはショートカットだけが表示され、フォルダが表示されません。これはSTSでの表示の問題です。実際のフォルダ構成は図1-64のようになっています。

図1-64：「src」フォルダ内の構成。

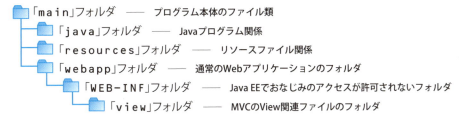

「main」フォルダ内にあるもの

「java」フォルダ	Javaのプログラムを作成するところです。WebアプリケーションでJavaのプログラムを利用する場合、この中にソースコードファイルを作成します。
「resources」フォルダ	リソースファイル類を用意します。アプリケーションに必要な設定情報などをまとめたXMLが配置されています。
「webapp」フォルダ	Webアプリケーション本体です。この中にHTMLファイルやJSPなどを配置します。また「WEB-INF」フォルダも標準で用意されており、その中に非公開にしておくファイル類を保管できます。

フォルダのショートカット

　プロジェクトフォルダの直下には、「**src/ ～**」というように、フォルダのパスが表示されたアイコンがいくつか並んでいます。これらは、「**main**」フォルダ内にあるフォルダのショートカットです。

　Mavenプロジェクトでは、「**src**」内にある「**main**」フォルダの中に、作成するアプリケーションのソースコードを作成していきます。が、フォルダの階層が深くなると開くのも面倒くさくなってしまいます。そこで、よく使われるフォルダのショートカットを用意し、すぐにそのフォルダにアクセスできるようにしているのです。

　用意されているショートカットは以下のとおりです。

src/main/java	「main」フォルダ内の「java」フォルダのショートカット
src/main/resources	「main」フォルダ内の「resources」フォルダのショートカット
src/test/java	mainではなく、「test」内にある「java」フォルダのショートカット

　Webアプリケーションを作成する場合、Javaのソースコードは「**main**」内の「**java**」フォルダ内に作成し、HTMLファイルやJSPファイルなどは「**webapp**」内に配置する、というのが基本です。この「**webapp**」内は、JSP/サーブレットなどでおなじみのWebアプリケーションのフォルダ構成になっているのでだいたいわかるでしょう。

　Mavenプロジェクトではフォルダの階層構造が深くなっており、直感的に「**どのフォルダがどういう役割を果たすか**」がわかりにくいきらいがあります。

- Javaのソースコード類は「**java**」フォルダ内にまとめる。
- 「**webapp**」フォルダが一般的なWebアプリケーションのフォルダに相当するのでJSPなどはここに入れる。

　この2点をきちんと押さえておけば、フォルダの構成でそう迷うこともないでしょう。

　ただし、これは「**Springレガシープロジェクト**」におけるフォルダ構成の基本であり、すべてのプロジェクトがこのようなフォルダ構成となるわけではありません。

　ここでサンプルとして作ったプロジェクトは、「**Spring Framework利用の基本的なフォルダ構成**」として理解して下さい。本書で主に使われるのはもう一つの「**Springスタータープロジェクト**」で、こちらはまた違ったフォルダ構成になります。

　ここで作成したプロジェクトのフォルダ構成を覚える必要はまったくありません。ただし、「**Spring Frameworkを利用したプロジェクトの基本はこうだったが、Springスタータープロジェクトではこう変化している**」という違いがわかるようにしておきましょう。

Chapter 2

Groovyによる超簡単
アプリケーション開発

Spring Bootでは、スクリプト言語「Groovy」を利用し、
たった1つのファイルを書くだけでアプリケーションを作る
ことができます。まずはこの簡易開発機能を使って、Spring
Bootのアプリがどんなものか体験してみましょう。

Spring Boot 2 プログラミング入門

Chapter 2 Groovy による超簡単 アプリケーション開発

2.1 Groovy利用のアプリケーション

Spring Bootは、「Groovy」というJava仮想マシンで実行されるスクリプト言語を使って非常に簡単にWebアプリケーションを作成できます。**RestController**というコントローラを使い、簡単なアプリを作ってみましょう。

Spring Bootとは？

既に説明したように、「**Spring Frameworkを利用するWebアプリケーション**」を考えた場合、いくつかのフレームワークが用意されていました。Webアプリケーション用のフレームワークの基本となるものは、「**Spring MVC**」というフレームワークです。これは、その名の通り、MVC（Model-View-Controller）アーキテクチャーという技術に基づいたWebアプリケーションを開発するためのフレームワークです。

が、Spring MVCを利用するためには、必要となるさまざまなフレームワークやライブラリを正確に組み込まなければいけません。また、基本的な処理を構築していくためには、MVCの各コードを作成しなければいけません。こうした「**具体的なプログラミングに入るまでの作業**」が、実はかなり大変なのです。

そこで、「**もっと効率的に必要最小限の作業でSpring MVCを使ったWebアプリケーションを構築できるようにしよう**」という考えから生まれたのが「**Spring Boot**」です。

Spring Bootは、「**本番環境で使えるWebアプリケーションを最小限の作業で作成する**」ということを主眼に設計されています。といっても、これは「**Spring MVCとは違う新しいフレームワーク**」というわけではありません。Spring Bootが行うのは、Spring Frameworkに用意されるフレームワーク群を統合し、開発しやすいWebアプリケーション環境を整えることです。

Spring Bootは、従来の「**XMLによる設定ファイルだらけ**」のJava EE開発から、「**アノテーションによる、設定ファイルを使わない**」開発へシフトします。また、Java EEの世界では、似たような処理を行うために似たようなコードを何度となく書くことが多かったのですが、そうしたやり方を改め、「**コードを書かずに処理を実装する**」ことを考えます。実際、特にデータベースアクセス関係などは、ほとんどのアクセス処理を、ただクラスを定義するだけで（メソッドを実装することなく）実現できます。

Spring Bootは「**Spring MVCに置き換わるもの**」ではなく、「**Spring MVCをより使いやすくするもの**」と考えてよいでしょう。

Spring Bootアプリケーションについて

Spring Bootを利用するアプリケーションは、①Groovyによるアプリケーションと②Javaによるアプリケーションの大きく2つに分けて考えることができます。

Groovy によるアプリケーション

Spring Bootは、Groovy（グルービー）をサポートしています。Groovyは、Java仮想マシン上で動作するスクリプト言語で、Javaの文法を踏襲しつつ大幅に簡略化したような言語仕様になっています。Javaプログラマなら、ほとんど同じ感覚で書くことができる言語なのです。

このGroovyを利用することで、非常に簡単にWebアプリケーションを構築できます。これは、おそらく皆さんが想像する以上に簡単です。何しろ、テキストファイルを1つ書くだけでいいんですから。プロジェクトの作成さえ必要ないのです。

Groovy利用のWebアプリケーションは、本格的な開発の前に、ごく簡単なプロトタイプを作成するような場合に役立ちます。短時間でささっとアプリの骨格を作ってプレゼンし、後はそれを元に本格的な開発を始める、というわけです。

Java によるアプリケーション

Spring Bootの一般的なアプリケーション形態です。Maven（またはGradle）というビルドツールを利用したプロジェクトとして作成され、Javaでコーディングを行います。これはMavenなどのビルドツールを使いコマンドで実行することもできますし、STSを使ってプロジェクトとして作成することもできます。

やはり、既にJavaを利用していれば、Javaで開発するのが一番なのはいうまでもありません。また、Spring Framework利用の情報やサンプルなどはほとんどがJavaで書かれていますから、こうした情報を得る場合もJavaベースのほうが有利でしょう。

GroovyアプリとJavaアプリ

Groovyを利用するアプリケーションと、Javaを利用するアプリケーション、それぞれに利点があります。そこで本書では、まず扱いの簡単な「**Groovyアプリ**」について説明し、それから「**Javaアプリ**」に進むことにします。

Groovyアプリは、ある意味、「**Javaで開発するSpring Bootアプリの基本部分を簡単に作れるようにした、簡易版Spring Bootアプリ**」のようなものといえます。簡単にさっと作れる、それがGroovyアプリの利点です。

簡易版的な扱いですが、基本部分はJavaアプリと同じです。この点は、非常に重要です。つまり、Groovyアプリで、Spring Bootを使った開発の基本をざっと頭に入れておくことで、その後に説明する「**Javaを利用した、本格的な開発**」への予備知識が一通り身につくからです。**コントローラーとリクエストマッピング、テンプレートによる表示**、そうしたアプリの基本部分の考え方はどちらも同じです。Groovyは気軽に使えますから、これを使って気軽にスクリプトを書いて動かすことで、こうした基本部分の働きや使い方が、少しずつ身についていくのです。

「**Groovyなんて、あんまり興味ない**」と思う人も多いでしょうが、「**これで少し遊ぶことで、Spring Bootがどんなものか少しずつわかってくるんだ**」と考えて下さい。

> **Note**
> 本書では、Groovyに関する詳細な説明は行いません。Javaとの違いなど、コードを読む上で必要となる最小限の説明に留めます。

Spring Boot CLIの用意

では、もっとも簡単な「**Groovy利用のアプリケーション**」から使ってみましょう。これには、STSではなく「**Spring Boot CLI**」というソフトウェアを使います。これは以下のアドレスから配布されています。

https://repo.spring.io/webapp/#/search/archive/

図2-1：Spring.ioのリポジトリサイトの検索ページ。ここから検索する。

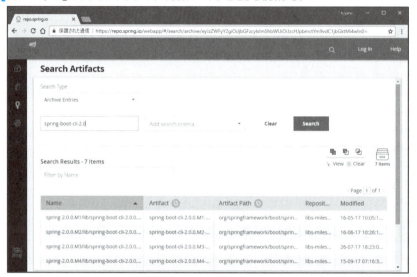

これは、Spring.ioのリポジトリサイトの検索ページです。ここから、検索のフォームにあるNameフィールド（上から2番目のフィールド）に「**spring-boot-cli-2.0**」と入力し、「**Search**」ボタンを押すと、Spring CLI 2.0のアーカイブ一覧が表示されます。この中から利用したいバージョンの「**Artifact**」項目に表示されるDownloadアイコンをクリックすると、ファイルがダウンロードされます。

インストールなどは特に必要ありません。ダウンロードした圧縮ファイルを展開し、適当な場所に配置するだけです。

環境変数 Path への追加（Windows）

インストール作業などは不要ですが、Spring Boot CLIは、コマンドラインやターミナルからコマンドとして実行するため、環境変数にパスを追加しておくことをお勧めします。

Windowsならば、「**システム**」コントロールパネルを起動し、「**詳細設定**」タブにある「**環境変数…**」ボタンをクリックして環境変数の設定ウインドウを呼び出します。

図2-2：「システム」コントロールパネルから「詳細設定」を表示し、「環境変数...」ボタンをクリックする。

現れた環境変数のウインドウで、「**システム環境変数**」にある「**Path**」変数を選択して下さい。そして「**編集..**」ボタンを押して編集用のウインドウを呼び出します。

図2-3：「編集...」ボタンを押してPathの編集ダイアログを呼び出す。

　変数名と変数値の2つのフィールドだけが表示されるダイアログの場合は、変数値フィールドの末尾にセミコロンを付け、続けてSpring Boot CLIのフォルダ内にある「**bin**」フォルダのパスを記述します。

Windows 10でPathの各値がダイアログに一覧表示される場合は、「**新規**」ボタンを押して、新しい項目を追加し、そこにSpring Boot CLI内にある「**bin**」フォルダのパスを記述します。

「**bin**」フォルダのパスは、例えばCドライブ直下に「**spring-2.0**」と配置したなら、「**C:\spring-2.0\bin**」と記述すればいいでしょう。

図2-4：Pathのダイアログに「新規」ボタンで項目を追加し、パスを記述する。

環境変数 Path への追加（macOS）

macOSの場合、ホームディレクトリにある「**.bash_profile**」というファイルにパスを記述しておきます。このファイルの末尾に、

```
PATH=……Spring Boot CLIのパス……/bin:$PATH
export PATH
```

このような形でパスの記述を追記しておけば、Spring Bootのコマンドがそのままターミナルから実行できるようになります。

Groovyスクリプトを作成する

では、実際にSpring Bootの簡易アプリケーションを作ってみましょう。といっても、STSは使いません。メモ帳などのテキストエディタを開いて下さい。そして、以下のスクリプトを記述しましょう。

リスト2-1
```
@RestController
class App {
```

```
    @RequestMapping("/")
    def home() {
        "Hello!!"
    }
}
```

　記述したら、適当な場所に「**app.groovy**」という名前で保存をしておきます(ここでは、デスクトップに保存しておきます)。この「○○**.groovy**」という拡張子は、Groovyのスクリプトファイルとして使われています。そう、これはGroovyのスクリプトなのです。

app.groovyを実行する

　内容は後回しにして、作成したスクリプトを実行してみましょう。コマンドプロンプト(あるいはターミナル)を起動し、app.groovyがある場所にカレントディレクトリを移動して下さい。デスクトップなら、「**cd Desktop**」と実行すればいいでしょう。そして、以下のように実行して下さい。

```
spring run app.groovy
```

図2-5：spring run app.groovyを実行すると、Webアプリケーションとしてプログラムが起動する。

　これで、app.groovyがWebアプリケーションとして起動します。Webブラウザから、http://localhost:8080/ にアクセスしてみましょう。画面に「**Hello!!**」とテキストが表示されます。**第1章**でSTSからサーバーを起動して試したのと違い、サーバー名だけでアプリケーションにアクセスできるのですね。これは、spring runコマンドで、指定したスクリプトだけをWebアプリケーションとして起動しているためです(STSでは、tc Serverというサーバーに複数のアプリケーションを追加できたので、アプリケーション名までアドレスに指定する必要があったのです)。

図2-6：ブラウザからアクセスすると「Hello!!」と表示される。

Groovyクラスの定義について

では、記述したスクリプトの内容について簡単に説明しましょう。このスクリプトは、Groovyで書かれています。Groovyは、Javaと同様に「**クラス**」を定義してプログラミングをします。が、定義の仕方はJavaとは多少違います。その基本的な形を整理すると以下のようになります。

```
class クラス名 {

  def メソッド名 ( 引数 ){
     ……処理……
  }
}
```

クラスの定義は、「**class** ○○」という形でJavaと同じように行えますが、メソッドは「**def**」を付けて定義します。実は、Groovyでも、Javaと同様に戻り値やアクセス権のキーワードなどを付けてメソッドを定義することはできるのですが、それらを省略して「**def**」だけで済ませることもできます。こちらのほうがずっと簡単なので、Groovyでは「**def** ○○」という書き方が一般的になっています。

この骨格から先ほどのスクリプトを読み返してみると、「**App**」というクラスの中に「**home**」というメソッドが定義されている、ということがよくわかるでしょう。Groovyでも、継承などの機能はありますが、ここでのクラスはそうしたものはまったく使っていません。

では、このクラスやそこにあるメソッドが、なぜWebアプリケーションとしての機能を持つことができるのでしょうか。その秘密は「**アノテーション**」にあります。

@RestController アノテーション

アノテーションは、Javaでも利用されていますね。Groovyのアノテーションも、基本的にはJavaと同じ働きをします。クラスやメソッド、フィールドなどにさまざまな機能を付加することができます。

クラス定義の前には、**@RestController**というアノテーションが用意されています。これは、そのクラスが「**RESTコントローラー**」であることを示します。

「REST」とは、「**Representational State Transfer**」の略で、分散システムのアーキテクチャーです。そういうと難しそうですが、要するに「**外部からアクセスして必要な情報などを取り出すシステム**」を構築するのに用いられる仕組みです。アクセスしたら、必要な情報などをJSONやXMLなどの型式で送り返すようなサービスをイメージすればよいでしょう。

この@RestControllerというアノテーションを付けることにより、このクラスはRESTアプリケーションの「**コントローラー**」として機能するようになります。コントローラーというのは、MVCアーキテクチャーの「**Controller**」のことです。MVCアーキテクチャーについては、改めて説明しますが、「**コントローラーは、アプリケーション全体の処理をコントロールする役目を果たす**」ということだけ理解しておきましょう。要するに、アプリケーションにアクセスした時の処理をコントローラーに用意しておけば、アプリケーションとして機能するようになる、ということなのです。

@RequestMapping アノテーション

Appクラスには、homeというメソッドが1つだけ用意されています。これには、**@RequestMapping**というアノテーションが付けられています。

これは「**リクエストマッピング**」と呼ばれる機能のアノテーションです。リクエストマッピングとは、「**このアドレスにアクセスしたら、このメソッドを実行する**」という、アクセスするアドレスと実行する処理(メソッド)の結びつきを設定します。

以下のような形で記述します。

```
@RequestMapping("割り当てるパス")
```

引数に、割り当てるパスを指定します。これにより、そのパスにアクセスがあると、そのアノテーションが付けられたメソッドが呼び出されるようになります。

ここでは、**@RequestMapping("/")**というように、引数として**"/"**が用意されていました。これで、http://○○/にアクセスした時にこのメソッドが実行されるようになる、というわけです。@RequestMappingの引数にパスを指定するだけで、そのアドレスにアクセスした時の処理をメソッドとして作ることができるのです。

こうした、特定のアドレスにアクセスすると呼び出されるメソッドを「**リクエストハンドラ**」と呼びます。基本的に「**@RequestMappingアノテーションが付けられたメソッドは、リクエストハンドラだ**」と考えていいでしょう。

home メソッドの働き

homeメソッドでは、単に"Hello!!"というテキストリテラルが書かれているだけですね。これは、この"Hello!!"というテキストが、メソッドの呼び出し元に返される、ということを示しています。Groovyでは、メソッドの最後に書かれた値が、そのまま戻り値としてreturnされます。

リクエストマッピングに設定されたメソッドでは、戻り値として返されたテキストがそのままアクセスしてきたクライアント(Webブラウザなど)側に送り返されます。です

から、ここでは"Hello!!"というテキストがブラウザに表示されたのです。

図2-7：クライアントからサーバーにアクセスすると、コントローラーにあるリクエストマッピングされたメソッドが呼び出され、その戻り値が呼び出し元へと返される。

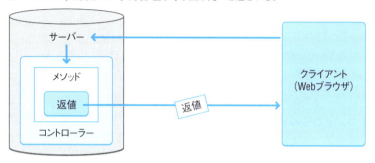

HTMLを表示する

では、簡単なテキストの表示が確認できたところで、一般的なWebページで使われる「**HTML**」の表示を行ってみましょう。app.groovyを以下のように修正して下さい。

リスト2-2
```
@RestController
class App {

  @RequestMapping("/")
  def home() {
    def header = "<html><body>"
    def footer = "</body></html>"
    def content = "<h1>Hello!</h1><p>this is html content.</p>"

    header + content + footer
  }
}
```

再びWebブラウザでアクセスしてみましょう。**リスト2-1**はspring runでプログラムを実行していましたが、そのままになっていますか？ もし、Ctrlキー＋「**C**」キーでスクリプトを中断している場合は、改めてspring run app.groovyを実行して下さい。

ブラウザからlocalhost:8080にアクセスすると、HTMLの簡単なサンプルが表示されます。

図2-8：アクセスすると、HTMLのページが表示される。

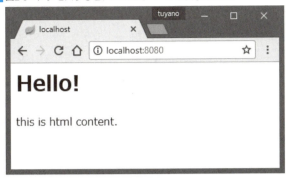

　ここで行っているのは、HTMLのソースコードをテキストとして用意し、returnするというだけの処理です。
　あらかじめ「**header**」「**footer**」「**content**」という3つの変数を用意しています。Groovyでは、変数も「**def ○○**」というようにして宣言することができます。タイプの指定などは不要です。そしてそれらにHTMLのコードを用意し、最後にそれらをheader + content + footerというようにまとめてreturnしています。これで、HTMLがそのままブラウザに送られ、表示されます。

　リスト2-1との違いは、単に「**テキストを返すか、HTMLコードを返すか**」だけであり、基本的な方法はまったく同じです。とにかく、「**returnする値に、表示する内容をテキストとして設定しておく**」ということさえわかっていれば、簡単なWebページぐらいは作れるのです。

2.2 Thymeleafを利用する

　Groovyアプリでは、コントローラーから、ThymeleafやGroovyによるテンプレートを読み込んで画面を表示できます。これらのテンプレートを使った画面作成の基本について説明しましょう。

テンプレートの利用

　ここまでは、表示する内容をテキストとして用意し、出力させてきました。しかし、現実問題としてこのようなやり方では、本格的なWebページは作成できません。HTMLファイルなどをあらかじめ用意しておき、それを必要に応じて読み込んで表示する仕組みが必要でしょう。こうした場合に用いられるのが「**テンプレート**」と呼ばれる機能です。

　テンプレートは、HTMLをベースにして記述されたソースコードを読み込み、レンダリングしてWebページの表示を生成する機能です。単純に「**HTMLのコードを読み込んで表示する**」というだけでなく、必要に応じてさまざまな情報をHTML内にはめ込み、表示させるような機能を持っています。これにより、**プログラム内から画面の表示を操作する**ことが可能になります。

Thymeleaf について

こうしたテンプレートのライブラリ類はいくつかありますが、Spring Bootでは「**Thymeleaf**」(タイムリーフ)と呼ばれるテンプレートライブラリがよく使われます。これは以下のサイトで公開されています。

http://www.thymeleaf.org/

図2-9：Thymeleafのサイト。ここで公開されている。

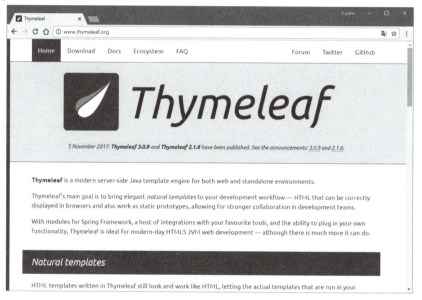

Thymeleafは、Java用に作成されたテンプレートライブラリです。プログラムはJavaのクラスとして実装されています。Groovyでは、Javaのクラスをそのまま利用できるため、Thymeleafも使うことができます。また、Spring Boot自体にも、Thymeleafを利用する機能が用意されているので、別途Thymeleafのライブラリなどをインストールする必要もありません。

Java EEでは、長らくJSPがWebページの表示に用いられてきました。JSPに慣れている人も多いことでしょう。が、JSPは、HTMLと同じようなタグを使ってJavaコードを埋め込むため、HTMLのビジュアルエディタなどでうまく扱うことができません。

Thymeleafは、タグの中に「**th:**○○」という特殊な属性を用意し、また、**${ }**といった特殊な記号を使って値をはめ込むことで、HTMLのタグ構造に影響を与えることなく内容を記述できます。HTMLのビジュアルエディタなどを使っても、表示が崩れたりすることもありません。

2.2 Thymeleaf を利用する

Thymeleafを利用する

では、実際にThymeleafを利用して、HTMLテンプレートを表示してみましょう。といっても、必要な作業は、テンプレートを作成し、コントローラーの記述を書き換えるだけです。Thymeleafをダウンロードしたり、インストールする必要はまったくありません。

■テンプレートの作成

まずはテンプレートを作成しましょう。メモ帳などのテキストエディタを起動し、以下のように記述して下さい。

リスト2-3

```html
<!DOCTYPE html>
<html>
<head>
  <meta charset="utf-8">
  <title>Index Page</title>
  <style>
  body {font-size:16pt; color:#999; }
  h1 { font-size:100pt; text-align:right; color:#f6f6f6;
    letter-spacing:-0.1em;margin:-50px 0px -50px 0px; }
  </style>
</head>
<body>
  <h1>Hello!</h1>
  <p>this is sample web page.</p>
</body>
</html>
```

見ればわかるように、ただのHTMLソースコードです。特殊なものは何もありません。まずは、何の仕掛けもないHTMLファイルを読み込んで表示させることから始めよう、というわけです。Thymeleafは、これから先、何度となく利用することになりますので、焦る必要はありません。まずは、ごく普通のHTMLから始めることにしましょう。

■「templates」フォルダへ保存する

記述したテンプレートを保存しましょう。先ほど作成したapp.groovyのファイルがあるところに、「**templates**」という名前のフォルダを作成して下さい。そして、このフォルダの中に、**リスト2-3**で記述したテンプレートファイルを、「**home.html**」という名前で保存しましょう。

テンプレートは、このようにコントローラのある場所に「**templates**」というフォルダを用意し、その中にまとめておきます。ほかの場所に置くと、テンプレートを正しく認識できないので注意して下さい。

65

図2-10：app.groovyがある場所に「templates」フォルダを作り、その中に「home.html」を保存する。なお、わかりやすいように、デスクトップに「groovy-app」というフォルダを作り、その中にファイルとフォルダをまとめてある。

コントローラーを修正する

では、テンプレートを読み込んで表示するようにコントローラーを修正しましょう。app.groovyの内容を次のように書き換えて下さい。

リスト2-4
```groovy
@Grab("thymeleaf-spring5")

@Controller
class App {

  @RequestMapping("/")
  @ResponseBody
  def home(ModelAndView mav) {
    mav.setViewName("home")
    mav
  }
}
```

図2-11：ブラウザからアクセスすると、テンプレートに用意した内容が表示される。

記述したら、Ctrlキー＋「**C**」キーで一度プログラムを中断し、再度spring runを実行し直してブラウザからアクセスしてみて下さい。

> **Note**
>
> テンプレートを利用するようになると、最初にテンプレートを読み込んで表示するため、途中でテンプレートを書き換えても反映されなくなります。面倒ですが、毎回サーバーを再起動して動作チェックを行うようにして下さい。

　Webブラウザでアクセスすると、**リスト2-3**で用意したテンプレートファイル（home. html）の内容がブラウザに表示されます。まぁ、Thymeleafらしいことは何もしていないので、「**Thymeleafテンプレートを使って画面が表示された！**」といわれても「**そうなの？**」と思ってしまうでしょうが、ちゃんとThymeleafは動いています。

ControllerとThymeleaf

　リスト2-4のコントローラーでは、いろいろと重要な変更がされています。順を追って説明していきましょう。

@Grab("thymeleaf-spring5")

　まず、冒頭にあるのが「**@Grab**」というアノテーションです。これは、Groovyに追加されているライブラリなどを利用できるようにします。
　「**thymeleaf-spring5**」というモジュール（外部から組み込んで使えるプログラム）は、SpringからThymeleafを使えるようにします。これにより、thymeleaf-spring5というライブラリにあるクラス類がソースコードで使えるようになります。

> **Note**
>
> thymeleaf-spring5は、Spring Boot 2でThymeleafを使うためのモジュールです。ライブラリ名はSprinb Bootのバージョンによって微妙に異なるので注意して下さい。Spring Boot 1.xならば、使用するライブラリはthymeleaf-spring4となります。

@Controller

　クラス定義の前に書かれているアノテーションも、変わりました。@RestControllerという記述はなくなり、その代わりに「**@Controller**」というアノテーションが用意されました。
　@RestControllerは、あるクラスを「**RESTコントローラー**」という、特殊なコントローラーにするものでした。これは、アクセスした側にテキストを出力するだけのものでした。
　これに対して@Controllerは、Spring Bootの一般的なコントローラーとしてクラスを利用できるようにします。つまり@Controllerは、もっと一般的な使い方をするコントローラーの指定です。わかりやすくいえば、「**テンプレートを利用してHTMLページをレンダリングし、表示する**」という操作を行うページに用いられます。
　テンプレートを利用してHTMLのページを表示する場合は、@RestControllerではなく@Controllerを使うと覚えておけばよいでしょう。

@ResponseBody

　メソッドには、@RequestMappingのほかに、もう1つ「**@ResponseBody**」というアノ

テーションが追加されます。これは、レスポンス（サーバーからクライアントへ返送される内容）をオブジェクトで設定できるようにします。**リスト2-2**のhomeメソッドでは、出力する内容をテキストで用意していましたが、@ResponseBodyを指定することで、オブジェクトを返せば、それを元にページ内容が生成されるようになります。

といっても、「**どんなオブジェクトを返してもいい**」というわけではありません。あらかじめSpring Bootで用意されているオブジェクトを使います。

home メソッドと ModelAndView クラス

リスト2-4のhomeメソッドを見ていると、引数がこれまでと違っていることに気がつきます。こうなっていますね。

```
def home(ModelAndView mav) {……
```

この「**ModelAndView**」というのが、レスポンスとして返せるクラスです。これは、その名の通り「**モデル**」と「**ビュー**」の情報をまとめて管理するクラスです。モデルとビューは、MVCの「**Model**」と「**View**」のことで、データを管理するモデルと、画面表示に関するビューをまとめて扱います。

@ResponseBodyでレスポンスとして利用できるのは、このModelAndViewだけではありませんが、これがもっとも基本となるレスポンス用のクラスと考えていいでしょう。

ビューの名前を設定する

では、homeメソッドではどのようなことを行っているのでしょうか。見てみると、非常に単純なことしかしていないのがわかるでしょう。

```
mav.setViewName("home")
mav
```

「**setViewName**」というメソッドを実行していますね。これは、ビューの名前を設定するためのメソッドです。これにより、「**templates**」フォルダから、引数に指定した名前のテンプレートをロードするようになります。

ここでは"home"としてありますので、「**templates**」内から「**home.html**」という名前のファイルをテンプレートとして読み込むようになります（拡張子は指定する必要はありません。"home"で、自動的にhome.htmlが読み込まれます）。

後は、このModelAndViewインスタンスをそのままhomeメソッドの戻り値として返せば、この中からページのレンダリングに必要な情報を取り出してページを生成してくれる、というわけです。

Groovyでもテンプレートは書ける！

Spring Bootで利用できるテンプレートは、Thymeleafだけではありません。このほかにも使えるものはあります。実をいえば、GroovyでWebページのテンプレートを書くこともできるのです。これもやってみましょう。

まず、メモ帳などのテキストファイルで、新たに以下のようなソースコードを記述して下さい。

リスト2-5　home.tpl
```
html {
  head {
    title('index page')
  }
  body {
    h1('Hello')
    p('this is Groovy template!')
  }
}
```

　これが、Groovyによるテンプレートです。HTMLのタグのようなものはまったくありません。この内容については後述するとして、まずは完成させておきましょう。「**home.tpl**」というファイル名で「**templates**」フォルダ内に保存して下さい。拡張子を間違えないようにして下さい。

　続いて、コントローラー（app.groovy）の修正です。といっても、実は修正らしい修正はありません。ここではThymeleafを使わないので、冒頭の@Grab("thymeleaf-spring5")を削除して下さい。そのほかのソースコードは、**リスト2-4**と同じで構いません。
　準備ができたら、spring runを実行し直して、ブラウザからアクセスしてみましょう。Helloというタイトルの下に、this is Groovy template!とテキストが表示されます。

図2-12：Groovyによるテンプレートを表示したところ。

GroovyによるHTMLの記述

　では、作成したhome.tplの内容を改めて見てみましょう。Groovyによるテンプレートは、GroovyのソースコードとしてHTMLの構造を記述していきます。その基本的な形は以下のようになります。

```
html {
  head {
    ……ヘッダーの内容……
  }
  body {
```

```
        ……ボディの内容……
    }
}
```

　htmlという枠組みの中に、headとbodyという項目が用意されていますね。これらが、それぞれ<html>、<head>、<body>タグに相当します。これらの中では、以下のようなメソッドが書かれています。

title(テキスト)	<title>タグを出力する
h1(テキスト)	<h1>タグを出力する
p(テキスト)	<p>タグを出力する

　見ればわかるように、表示するタグ名がそのままメソッドとなっています。そして開始タグと終了タグの間に挟んで表示するテキストが、そのまま引数に指定されます。例えば、こういうことですね。

```
title("index page')
```

```
<title>index page</title>
```

　こんな具合に、出力するタグ名のメソッドを記述していくことで、HTMLのタグを構築していくことができます。このやり方だと、生成されるHTMLコードは必ずHTMLの構造として正しい形で記述されます。閉じタグの書き忘れや間違った場所にタグを記述してしまうようなこともありません。

　ただし、HTMLのタグのようなものは一切ありませんから、HTMLのビジュアルエディタなどはまったく利用できません。すべてソースコードとして記述するため、こうしたコーディングに慣れているプログラマにはわかりやすい（が、デザイナーには理解不能な）テンプレート、といってよいでしょう。

<div>タグと<a>タグ

　<title>や<h1>といったシンプルなタグは簡単ですが、HTMLのタグはそうしたものばかりではありません。例えば、**<div>**タグなどは、その中に更に別のタグを記述するのが一般的です。こうした「**入れ子構造のタグ**」はどう書くのでしょう。また、**<a>**タグなどはhref属性でリンク先を記述しますが、こうしたタグの属性はどうするのでしょう。

　これも、実際にサンプルを見ながら説明したほうがわかりやすいでしょう。home.tplを、次のように書き換えてみて下さい。

リスト2-6
```
html {
  head {
    title('index page')
  }
  body {
    h1('Hello')
    p('this is Groovy template!')
    div(){
      a(href:'http://google.com'){
        yield 'google link'
      }
    }
  }
}
```

■図2-13：<div>タグの中に<a>タグを用意してリンクを表示する。

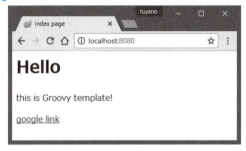

　これは、ボディ部分に<div>タグと<a>タグを追加したサンプルです。アクセスしてみると、「**google link**」と表示されたリンクが現れます。クリックすると、google.comにジャンプします。
　表示されたWebページのソースコードを見てみると、以下のような形でボディ部分が記述されているのがわかるでしょう。

```
<body>
  <h1>Hello</h1>
  <p>this is Groovy template!</p>
  <div>
    <a href='http://google.com'>google link</a>
  </div>
</body>
```

タグの入れ子構造

　<div>タグの中に<a>タグが組み込まれているのがわかります。この部分がテンプレートでどのように書かれているかというと、こんな形になっているのがわかります。

Chapter 2 Groovy による超簡単 アプリケーション開発

```
div(){
    ……内部のタグ……
}
```

　こんな具合に、divメソッドの後に**{ }**を付け、内部に組み込まれるタグを記述しています。これによって、簡単に入れ子構造を作ることができるのです。

■タグの属性

　また、<a>タグを記述しているaメソッドの記述を見ると、hrefなどの属性が引数として記述されているのがわかります。整理すると以下のような形です。

```
メソッド ( 属性名 ： 値 ， 属性名 ： 値, ……){
    yield '表示するテキスト'
}
```

　タグの属性は、属性の名前と値を「○○:」といった形で記述していきます。が、そうすると、**リスト2-5**でtitleやh1、pなどのメソッドで引数に記述していた、タグに表示するテキストが書けなくなってしまいます。これは、その後に**{ }**を付け、そこに「**yield** '○○'」といった形で記述をしてやります。この**yield**というのはGroovyの予約語で、値を返すのに用いられます。ここでは、「**タグを生成するメソッドでは、yieldで値を返すと、それがテキストコンテンツとして扱われる**」と考えて下さい。

■メソッドの書き方を整理する

　引数で指定する書き方と、{}内にyieldで記述するやり方があるため混乱しがちですが、わかりにくければ「**引数はすべて属性を指定するのに使う。表示テキストはyeildを使う**」と割りきってしまえば、すっきり理解できるでしょう。つまり、こういうことです。

```
メソッド ( 属性に関する記述 ){
    ……開始タグと終了タグの間にあるもの……
}
```

　( )内には、タグの**属性**に関するものを記述し、その後の**{ }**内には開始タグと終了タグの間に用意するものを記述する。この原則を頭に入れておけば、それほど書き方に迷うこともないでしょう。

どのテンプレートを使うべきか？

　以上、ThymeleafとGroovyによるテンプレートについて簡単に説明しました。このほかにも使えるテンプレートはありますが、ここでは省略します。

　いろいろありますが、本書では基本的に「**Thymeleaf**」を使うことにします。理由はいくつかありますが、「**HTMLのタグそのままに、少し追記するだけでいい**」というのが大

きいでしょう。

　新しいフレームワークについて学ぶとなると、覚えないといけない事柄は膨大なものになります。できれば、覚えなければいけない事柄はなるべく少なくしておきたいもの。Groovyを使うとなると、何より「**Groovyの使い方**」をしっかり理解しないといけません。ただでさえ覚えることが多いのに、これはけっこう負担となります。

　Thymeleafなら、Thymeleafで使ういくつかの書き方さえ知っていれば、とりあえず使うことができます。HTMLで書いたものをコピペして少し追記し、再利用することも簡単でしょう。こうした「**新たに覚えなくてもすぐに使える**」ということを考え、Thymeleafを利用することにします。

　が、もちろん、「**Groovyはダメ**」ということではまったくありません。基本的な使い方はわかりましたから、余力のある人はそれぞれで学んでみるとよいでしょう。

2.3 ビューとコントローラーの連携

　テンプレートには、コントローラーから必要な値を渡して利用できます。またフォームなどを使い、ビューからコントローラーへ値を送ることもできます。こうした値のやり取りの基本を覚えましょう。

ビューに値を渡す

　ここまでに見たテンプレートは、ただHTMLのソースコードがあるだけでした。が、テンプレートのメリットは、さまざまな値を中に埋め込むことができる点にあります。コントローラー側で、値をModelAndViewに保管することで、それがテンプレートに組み込まれて表示されるようになるのです。では、やってみましょう。

　まず、home.htmlを修正します。**リスト2-3**の<body>の部分を、以下のように書き換えて下さい。

リスト2-7

```
<body>
  <h1>Hello!</h1>
  <p th:text="${msg}">this is sample.</p>
</body>
```

　これで、<p>タグの部分に「**msg**」という変数の値が表示されるようになります。秘密は、<p>タグに追加した属性です。

■ th:text 属性について

　ここでは、「**th:text**」という属性が追加されています。これは、Thymeleaf独自の属性です。Thymeleafによってページ内容がレンダリングされる際、こうした「**th:○○**」という独自属性の値がタグの値に置き換えられてレンダリングされるようになります。独自の属性ですから、レンダリングがされなければ、表示にはまったく影響を与えません。

例えば、何らかの理由でこのhome.htmlが直接表示されたような場合には、<p>タグに用意されたthis is sample.というテキストがそのまま表示されるだけです。Thymeleaf用に記述した情報が表示に悪影響をおよぼすことはありません。

値の埋め込み

このth:textには、「**${msg}**」という値が記述されています。これは、あらかじめ用意された「**msg**」という変数をここに埋め込むことを示します。Thymeleafでは、このように、

```
${ 変数の名前 }
```

と記述して、コントローラー側で用意した値をここに出力することができます。

注意したいのは、「**埋め込む値は、必ずThymeleaf用に用意された属性の値として用意する**」という点です。例えば、<p>タグを、

```
<p>${msg}</p>
```

このように書いてもいいんじゃないか？　と思うかもしれません。が、これは違います。このようにすると、ただ「**${msg}**」という文字が表示されるだけです。${msg}はThymeleaf用に用意された値とはみなされず、コントローラーで用意した値に変換されません。必ずth:○○という属性の値に埋め込むようにしましょう。

コントローラーを修正する

では、コントローラー側を修正しましょう。Appクラスに用意されているhomeメソッドを以下のように修正して下さい。また、先にGroovyで記述したテンプレート「**home.tpl**」は、誤って読み込まれないように削除するか、ほかの場所に移動するかしておいて下さい。

リスト2-8

```
// @Grab("thymeleaf-spring5") を追記しておく

@RequestMapping("/")
@ResponseBody
def home(ModelAndView mav) {
  mav.setViewName("home")
  mav.addObject("msg","Hello! this is sample page.")
  mav
}
```

修正したら、spring runしてアクセスしてみましょう。ブラウザには、Hello! this is sample page.とテキストが表示されます。テンプレートに用意されているテキストではなく、コントローラー側で用意したものが表示されていることが確認できるでしょう。

図2-14：アクセスすると、コントローラー側で用意されたHello! this is sample page.というテキストが表示される。

addObject について

リスト2-8で行っているのは、「**addObject**」というメソッドを利用して値を保管する作業です。このaddObjectは、以下のように呼び出します。

```
《ModelAndView》.addObject( 名前 , 値 )
```

第1引数には、保管する値の名前、第2引数に保管する値をそれぞれ指定します。これで、指定した名前で値が保管されるようになります。今回のサンプルでは、"msg"と**名前**を指定して、Hello! this is sample page.という**値**を保管しています。その値が、テンプレート側に用意した**${msg}**に置き換えられ、ページ内に表示される、というわけです。

日本語は文字化けする？

このaddObjectによる値の追加は、実はちょっと問題があります。それは「**日本語だと文字化けする**」という点です。試しに、addObjectの行を以下のように書き換えてみましょう。

リスト2-9
```
mav.addObject("msg","こんにちは！")
```

こうして再度アクセスしてみると、「**こんにちは！**」と表示されるべきところに、なんだかわけのわからない文字が出力されてしまいます。

図2-15：日本語は、このように文字化けする。

この文字化けを解消するには、Spring Bootで使われている機能の設定などを操作しないといけません。これは、「**Groovyのスクリプトファイル1つだけで簡単にWebアプリが作れる**」というSpring Boot CLIの手軽さを殺すことにもなってしまいます。

本格的な日本語の利用は、Javaベースでしっかり勉強を開始してから行うことにして、ここでは対症療法的な方法だけ紹介しておきましょう。

native2ascii で変換する

文字化けは、Springの内部で日本語のテキストが正しく扱えない部分があるために発生します。ということは、そもそも日本語を使わず、すべて半角英数字だけで済ませれば、文字化けの問題などは発生しないわけですね。

「**日本語を使う以上、それは無理だ**」と思った人。無理ではありませんよ。Javaには、2バイト文字を普通の半角英数字に変換するツールが用意されているではありませんか。それは「**native2ascii**」です。

native2asciiは、JDKに用意されているコマンドプログラムです。JDKのbinフォルダへのパスが環境変数Pathに追加されていれば、そのままコマンドとして実行できます。既に皆さんはJavaの開発経験があるはずですから、JDKのjavacコマンドぐらいは使ったことがあるでしょう。あれと同様に、コマンドプロンプトやターミナルからnative2acsiiコマンドを実行すればいいのです。これは、以下のように実行します。

```
native2ascii -encoding エンコード 変換元ファイル 変換先ファイル
```

app.groovy を変換する

では、実際にやってみましょう。既にspring runを実行するのにコマンドプロンプト（あるいはターミナル）を開いて、app.groovyのある場所にカレントディレクトリが設定されているはずですね。では、spring runの実行を中断し、以下のように実行して下さい。

```
native2ascii -encoding utf-8 app.groovy app2.groovy
```

図2-16：native2asciiコマンドで、app.groovyの文字コードを変換する。

これで、「**app2.groovy**」というファイルが作成されます。このファイルを開くと、addObjectの行が以下のように変換されていることがわかります。

リスト2-10

```
mav.addObject("msg","\u3053\u3093\u306b\u3061\u306f\uff01")
```

これが、ユニコードエスケープシーケンスに変換された日本語テキストです。ファイルの変換が確認できたら、

```
spring run app2.groovy
```

このように実行してみて下さい。そしてブラウザからアクセスすると、今度は文字化けせずに日本語が表示されるようになります。

図2-17：日本語も文字化けせずに表示されるようになった。

フォームを送信する

単純に「**コントローラー側で用意した値をテンプレートで表示する**」というやり方はわかりました。今度は、ユーザーが入力した値をコントローラーで受け取り、加工して再び表示する、というインタラクティブな操作を行ってみましょう。わかりやすくいえば、「**フォームの送信**」ですね。

フォーム送信は、テンプレート側にフォームを設置し、コントローラー側でそれを受け取ったあとの処理を用意する必要があります。まずは、フォームの設置をしましょう。

リスト2-11　home.html

```
<body>
  <h1>Hello!</h1>
  <p th:text="${msg}">${msg}</p>
  <form method="post" action="/send">
    <input type="text" name="text1" th:value="${value}" />
    <input type="submit" value="Click" />
  </form>
</body>
```

リスト2-7のhome.htmlの<body>部分をこのように書き換えて下さい。ここでは、<p>タグにth:textを指定して${msg}を表示させています。また<form>タグを用意し、/sendにフォームをPOST送信するようにしています。

フォームには、<input type="text">タグと送信ボタンを用意してあります。<input type="text">タグには、**th:value**という属性が用意されていますね。これは、Thymeleafの属性で、value属性を上書きする役割を持ちます。つまり、Thymeleafでレンダリングされると、このタグのvalueの値(<input value="○○">の○○の値)がth:valueの値に置き換えられる、というわけですね。基本的な働きはth:textと同じと考えていいでしょう。

コントローラーを修正する

では、app.groovyを修正しましょう。今回は、新たにメソッドを追加するので、全ソースコードを掲載しておくことにします。

リスト2-12

```groovy
@Grab("thymeleaf-spring5")


@Controller
class App {

  @RequestMapping(value="/", method=RequestMethod.GET)
  @ResponseBody
  def home(ModelAndView mav) {
    mav.setViewName("home")
    mav.addObject("msg","please write your name...")
    mav
  }

  @RequestMapping(value="/send", method=RequestMethod.POST)
  @ResponseBody
  def send(@RequestParam("text1")String str, ModelAndView mav) {
    mav.setViewName("home")
    mav.addObject("msg","Hello, " + str + "!!")
    mav.addObject("value",str)
    mav
  }
}
```

記述したら、spring run app.groovyで実行し、Webブラウザでアクセスしてみましょう。名前を入力するフォームが現れるので、記入して送信すると、「**Hello, ○○!!**」とテキストが表示されます。試してみるとわかりますが、入力するテキストは日本語でも文字化けしたりはしません。

▌図2-18：アクセスすると表示されるフォームに名前を書いて送信すると、「Hello, ○○!!」とメッセージが表示される。

@RequestMapping の methods 指定

　リスト2-12では、Appクラスの中に「**home**」「**send**」という2つのメソッドを用意してあります。homeは、従来通りサーバーのルート(/)にアクセスすると呼び出されるメソッドで、sendはフォームを送信した際に呼び出されます。

　どちらも**@RequestMapping**でリクエストのアドレスを指定していますが、書き方がちょっと変わっていますね。これまでは、引数に**("/")**というように割り当てるアドレスを指定するだけでしたが、

```
@RequestMapping( value=アドレス , method=メソッド )
```

このような形で書かれています。実は、この書き方が**アノテーションの引数の正しい書き方**なのです。ただし、valueだけしか値を用意しない場合は、省略して値だけを記述することもできます。今までの("/")といった書き方は、実は**(value="/")** の省略形だったのですね。

　追加された引数「**method**」は、リクエストのメソッド（GETか、POSTか）を指定します。これは、RequestMethodクラスのGETまたはPOSTで値を指定します。例えば、method=RequestMethod.POSTとすれば、POSTでアクセスされた場合にのみメソッドが呼び出されます。

@RequestParam アノテーション

　また、新たに追加されたのは「**send**」メソッドです。これも、リクエストマッピングを使ってアクセス時に呼び出されますが、引数がhomeとは違っています。

```
def send(@RequestParam("text1")String str, ModelAndView mav) {……
```

Chapter 2 Groovy による超簡単 アプリケーション開発

このように、ModelAndViewの前に「**@RequestParam("text1")String str**」という引数が付けられています。なんだかわかりにくいですが、これは以下のようにわけて考えればよいでしょう。

@RequestParam("text1")	引数の前に付けられたアノテーション
String str	これが実際の引数

つまり、String strという引数の前に「**@RequestParam**」というアノテーションが付いていたのですね。

このアノテーションは、リクエストに渡されたパラメータの値を示します。「**パラメータ**」とは、わかりやすくいえば「**フォームから送信された値**」のことです。@RequestParam("text1")というのは、つまり「**text1という名前で送られてきたフォームの値**」を意味します。

このアノテーションを指定することで、フォームから送られた値が、この引数に設定されるようになります。今回の例ならば、**<input type="text name="text1" />**の入力フィールドに書かれた値が、**@RequestParam("text1")**によって、String strの引数に渡されるようになっている、というわけです。

フォームから送信された値は、このように「**@RequestParamアノテーションを付けた引数**」に自動的に渡されます。後は、この値を取り出して処理すればいいのです。特殊なオブジェクトからパラメータの値を取り出すような作業は一切不要なのです。

GroovyからJavaへ

ごくざっとですが、Groovyを使った簡単な開発について説明しました。ちょっとしたアプリケーションを作る程度なら、あるいはプロトタイプをさっと作り上げるような際には非常に便利なものです。が、本格的な開発を行う際には、Javaを使ってきっちりと開発する方法を覚えておくべきでしょう。

Spring Bootの本家サイトでも、全ての説明はJavaベースで行われており、Groovyはオプション的な扱いになっています。インターネットで検索しても、見つかる情報はほとんどがJavaベースです。何より、Spring Frameworkそのものが「**Javaで作った、Javaによる開発のフレームワーク**」なのですから。

というわけで、次の章からJavaを使ったSpring Boot開発について説明していくことにしましょう。

Chapter **3**

Javaによる
Spring Boot開発の基本

いよいよ、JavaによるSpring Bootアプリケーションの
作成について説明していくことにしましょう。

まずは、ビルドツールの「Maven」と「Gradle」によるプロ
ジェクト作成の方法を学びます（3-1）。

次いで、STSで同じことをしてみます（3-2）。

その後で、Spring Bootアプリケーションの基本となる
RestController（3-3）とController（3-4）について、使い方
を一通り説明していきましょう。

Spring Boot 2 プログラミング入門

Chapter **3**　Java による Spring Boot 開発の基本

3.1 Maven/Gradleによるアプリケーション作成

Spring Bootでは、MavenやGradleといったビルドツールを使ってプロジェクトを作成し、アプリケーション開発を行います。これらのビルドツールを使ったプロジェクト作成の基本について説明しましょう。

ビルドツールとSpring Boot

では、Spring Bootを使ったWebアプリケーション開発について説明をしていきましょう。まずは、「**どのようにしてアプリケーション（あるいは、そのためのプロジェクト）を作るか？**」からです。

「**STSでプロジェクトを作ればいいのでは？**」と思った人。もちろん、その通りです。が、Spring Bootは、STSを使わなくとも開発することができます。それは、「**Apache Maven**」（以下、Maven）や「**Gradle**」といったビルドツールを使うのです。

ビルドツールとは、コンパイルやテスト、デプロイなどといったビルドに必要な作業を自動化するツールです。これは、専用の設定ファイルにビルドの情報を記述することで、必要なライブラリやファイル、フォルダなどをすべて自動的に作成し、コンパイルなど各種の処理を行ってくれます。

STSは、非常に便利な機能を用意していますが、「**Spring Bootが、どのような仕組みで動いているか**」という基本的な部分がきれいに隠蔽され、見えなくなっている感があります。Spring Bootの基礎から学習するのであれば、ビルドツールを使って一からプロジェクトを作っていくほうが、はるかに学ぶべきことが多いのです。

そこで本書では、それぞれの説明に際して、①**ビルドツールを使った説明**を行い、②続いて**STSによる開発の説明**を行う、というように両者を併記していくことにします。

MavenとGradle

Spring Bootでは、「**Maven**」と「**Gradle**」という2つのビルドツールをサポートしています。この2つは、いずれもJavaの世界で非常に幅広く利用されているビルドツールです。それぞれの特徴を簡単に整理しておきましょう。

Maven の特徴

Mavenは、専用のXMLファイルを作成してビルド処理を記述します。XMLは、プログラミング言語のような複雑な処理ではなく、あくまでデータを構造的に記述していくだけのものなので、比較的わかりやすいといえます。ただ、Javaとはまるで違うコードの書き方を覚えないといけないので面倒、という人も多いかもしれません。また、「**ゴール**」と呼ばれる「**目的の指定**」で処理をまとめるため、手続きを書くのに慣れたプログラマにとっては概念がつかみにくい面もあるでしょう。

Mavenは、「**リポジトリ**」によってライブラリを管理します。中でも標準でサポートさ

82

れている「**セントラルリポジトリ**」では、Javaの開発で用いられるほとんどのライブラリが用意されており、いつでもMaven経由でダウンロードして利用できます。これにより、「**Mavenでビルド処理を書けば、どんなライブラリもすべて使える**」という環境を構築できるようになりました。

このセントラルリポジトリは非常に強力で、Maven以外のビルドツールでも利用されています。

Gradle の特徴

Gradleは、Groovyによるビルドツールです。ビルドの情報や処理などはすべてGroovyによるスクリプトとして記述されます。これは、Groovyに慣れてしまえば、XMLのようにJavaとはまったく異なる言語を使うよりも、はるかにわかりやすいでしょう。

また、「**タスク**」を使い、実行する処理をそのままプログラミング言語で記述するため、Javaプログラマには非常に仕組みがわかりやすいのも確かです。Mavenと比べると、「**なんでもJavaで書いたほうが楽**」という人ほどGradleを使いやすく感じるはずです。

更に、Mavenのセントラルリポジトリを利用できるため、Mavenの膨大な資産を使ったビルド処理が作成できます。

この2本のツールは、Javaのビルド界を二分するほどの人気を誇っています。どちらが優れているか、ということでなく、それぞれに特徴があるため「**どちらが自分には向いているか**」を考えて選ぶのがよいでしょう。

Mavenのセットアップ

まずは、Mavenのセットアップから説明しましょう。Mavenは、以下のアドレスにて公開されています。

https://maven.apache.org/download.cgi

図3-1：Mavenのサイト。ここからダウンロードできる。

このページのFilesという項目（次の図3-2を参照）に、Mavenのバイナリおよびソースコードのダウンロードリンクがあります。ここからリンクをクリックしてダウンロードして下さい。「**Link**」という欄にtar.gzファイルとzipファイルがまとめてあります。Windowsならばzip、Macならばtar.gzをダウンロードすればよいでしょう。

図3-2：Filesの圧縮ファイルのリンクをクリックしてダウンロードする。

Mavenは、専用のインストールプログラムなどの形にはなっていません。圧縮ファイルを展開すると、「**apache-maven-xxx**」（xxxは任意のバージョン名）というファイルが作成され、そこにMavenの中身が保存されます。これを適当な場所に配置するだけです。

環境変数の設定

Mavenは、コマンドプログラムです。コマンドプロンプトやターミナルから実行して利用します。したがって、実行するプログラムのあるパスを環境変数Pathに追加しておいて下さい。

■Windows

Windowsであれば、「**システム**」コントロールパネルを開き、「**詳細設定**」タブの「**環境変数…**」ボタンをクリックして環境変数のダイアログウインドウを呼び出します。

図3-3：「システム」コントロールパネルの「詳細設定」タブから「環境変数...」ボタンをクリックする。

表示されたダイアログウインドウから、「**システム環境変数**」のリスト内にある「**Path**」を選択し、「**編集...**」ボタンを押します。これでPathの値を編集するダイアログが現れるので、そこに「**apache-maven-xxx**」フォルダ内にある「**bin**」フォルダのパスを追記します。

Windows 10では、登録したパスのリストがダイアログに表示されるので、「**新規**」ボタンを押して新しいパスを追記すればよいでしょう。Windows 10よりも前では、Pathの値がテキストとして表示されるので、その末尾にセミコロンを付け、更にその後に「**bin**」フォルダのパスを記述します。

図3-4：システム環境変数「Path」を選択し、「編集...」ボタンをクリックしてダイアログを呼び出し、値を追記する。

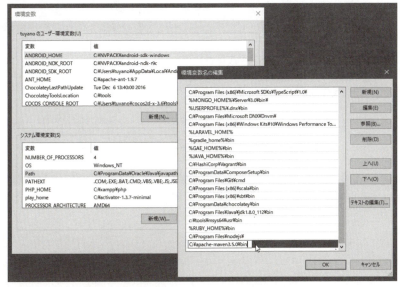

■macOS

macOSの場合は、**第2章**のSpring Boot CLIの箇所で説明したように、.bash_profileの中にMavenフォルダ内の「**bin**」フォルダのパスを追記して下さい。

Mavenでプロジェクトを生成する

では、Mavenを使ってプロジェクトを作ってみましょう。コマンドプロンプトあるいはターミナルを起動して下さい。そしてcdコマンドで、プロジェクトを作成する場所に移動します。サンプルでは、「**cd Desktop**」としてデスクトップに移動し、ここに作成することにします。

続いて、以下のようにコマンドを実行しましょう。

```
mvn archetype:generate
```

図3-5：「mvn archetype:generate」を実行する。

これが、プロジェクト生成のためのコマンドです。「**mvn**」がMavenのコマンドプログラム、その後の archetype:generateがプロジェクトを生成するためのパラメータになります。Mavenのコマンドは、

```
mvn パラメータ
```

という形で実行します。一通り実行状況を示すテキストが出力された後、このような表示で動作が停止します(後出の**図3-6**も参照)。

3.1 Maven/Gradle によるアプリケーション作成

```
Choose a number or apply filter (format: [groupId:]artifactId,
case sensitive contains): 整数:
```

　このまま、Enterキー（あるいはReturnキー）を押して下さい。すると、作成するプロジェクトに関する入力項目が順に表示されていきます。以下の手順で設定していきましょう。

❶ クイックスタート・バージョンの選択

```
Choose org.apache.maven.archetypes:maven-archetype-quickstart version:
1: 1.0-alpha-1
2: 1.0-alpha-2
3: 1.0-alpha-3
4: 1.0-alpha-4
5: 1.0
6: 1.1
```

　最初に出力されるのは、maven-archetype-quickstartという機能のバージョンの選択です。1〜6でバージョンが表示されています。ここから使いたいバージョン番号を入力します。デフォルトでは最新バージョンを示す数字が設定されているので、特に変更の必要がなければそのままEnterします。

図3-6：クイックスタートのバージョンを入力する。最新版でいいならそのままEnterする。

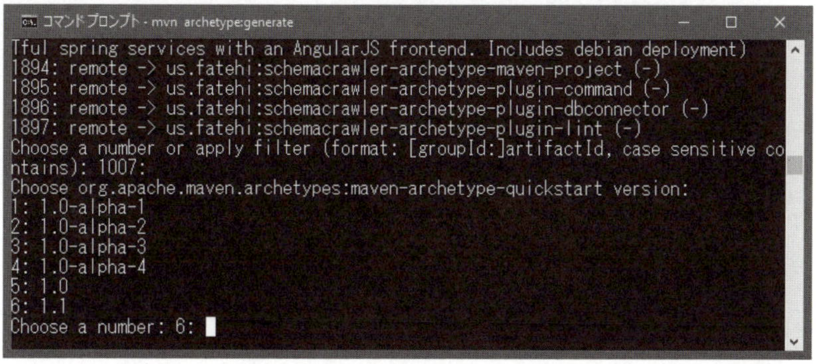

❷ グループIDの入力

```
Define value for property 'groupId': :
```

　続いて表示されるのは、「**グループID**」です。これは、Javaの**パッケージ名**をイメージするとよいでしょう。作成するプロジェクトが含まれているIDを記入します。ここでは、「**com.tuyano.springboot**」としておきました。

87

Chapter 3 Java による Spring Boot 開発の基本

図3-7：グループIDの入力。com.tuyano.springbootとしておく。

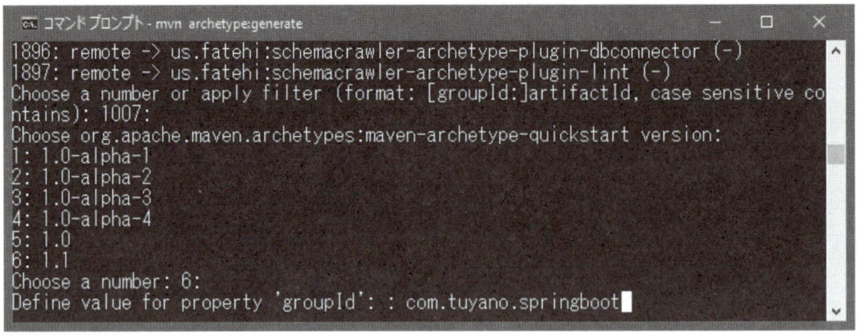

❸ アーティファクトIDの入力

```
Define value for property 'artifactId': :
```

これが、いわば**アプリケーション名**に相当するものでしょう。ここでは、「**MyBootApp**」
としておきました。

図3-8：アーティファクトIDの入力。MyBootAppと入力しておく。

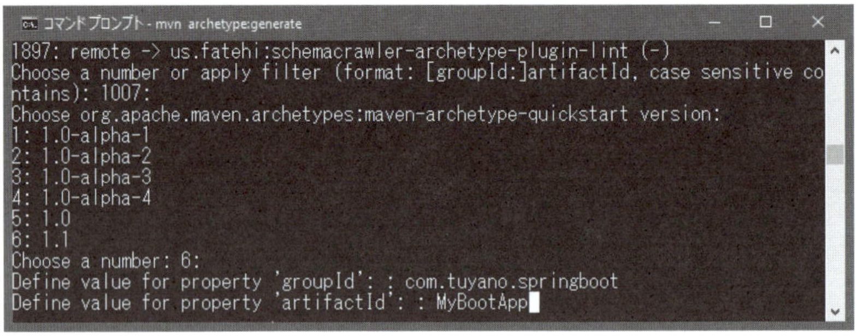

❹ バージョンの入力

```
Define value for property 'version':  1.0-SNAPSHOT: :
```

プロジェクトをWARファイルなどに変換するとき、デフォルトで付けられるバー
ジョンのテキストです。これは、デフォルトのままでよいでしょう。

図3-9：バージョン入力。デフォルトの値そのままで問題ない。

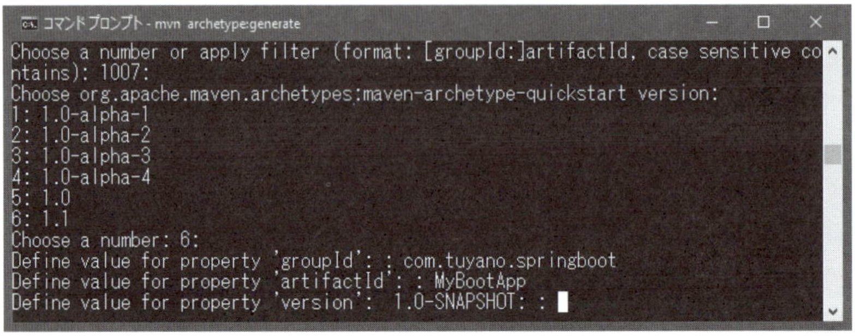

❺パッケージ名の指定

```
Define value for property 'package':
```

プロジェクトのプログラムにデフォルトで設定されるパッケージです。ここでは、デフォルトでcom.tuyano.springbootと設定されていますので、そのままEnterします。

■**図3-10**：パッケージ名。そのままEnterすればいい。

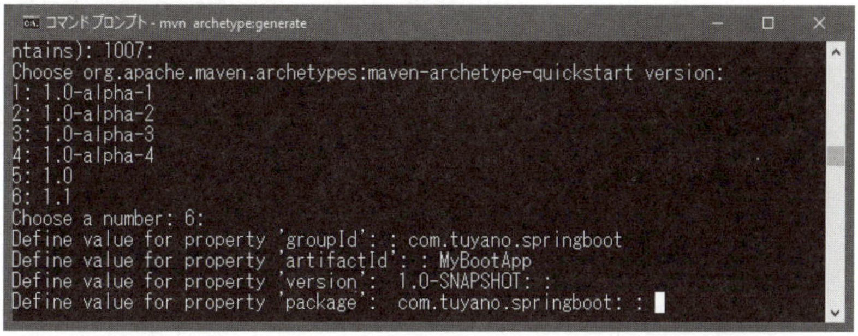

❻「**Y**」を実行する

これで入力は終わりです。最後に「**Y:**」と表示されるので、そのままEnterキーを押せばプログラムが実行され、ファイルが生成されます。

■**図3-11**：そのままEnterすれば、プロジェクトは生成される。

❼ プロジェクトが生成された！

実行すると、[INFO]といったテキストがずらっと出力されていきます。そして以下のようにメッセージが出力され、作業が終了します。

```
[INFO] ----------------------------
[INFO] BUILD SUCCESS
[INFO] ----------------------------
[INFO] Total time: xxxx min
[INFO] Finished at: xxxx
[INFO] Final Memory: xxxx
[INFO] ----------------------------
```

xxxxには任意の値が入ります。このように「**BUILD SUCCESS**」というテキストが表示されていれば、問題なくプロジェクトは生成できています。

図3-12：メッセージが出力され、プロジェクトが生成される。「BUILD SUCCESS」とメッセージがあれば正常に作成されている。

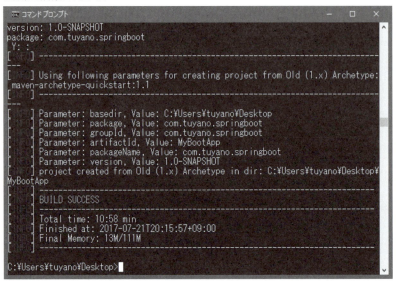

プロジェクトの内容をチェックする

では、プロジェクトの保存場所に指定したフォルダ（今回はデスクトップ）を見てみましょう。「**MyBootApp**」というフォルダが作成されているはずです。これが、プロジェクトのフォルダです。これを開くと、以下のような2つの項目が見つかります。

「src」フォルダ	ソースコードファイル類がまとめられる場所。すべてのファイルは、この中に用意される。
pom.xml	プロジェクトの内容を記述したXMLファイル。この内容を元に、プロジェクトのビルドなどが行われる。

「**src**」フォルダは、その中に更に以下の2つのフォルダが作成されています。これは、第1章でSTSを使ってSpringレガシープロジェクトを作成したときの「**src**」フォルダの構成とほぼ同じで、以下のようになっています。

「main」フォルダ	プログラムのソースコードファイル類をまとめておく。
「test」フォルダ	ユニットテスト関連のソースコード類をまとめておく。

「**main**」と「**test**」フォルダは、その中に使用言語のフォルダが用意され、そこにソースコードファイルが保管されます。Spring BootではJavaを利用しますので、それぞれのフォ

3.1 Maven/Gradle によるアプリケーション作成

ルダ内に「**java**」フォルダが用意され、その中にソースコードファイルが保管されます。

App.java をチェック！

作成されたプロジェクトでは、「**main**」フォルダの「**java**」フォルダ内にソースコードファイルが1つだけ用意されています。「**com**」「**tuyano**」「**springboot**」とフォルダを開いていくと、一番奥に「**App.java**」というファイルが用意されているのがわかるでしょう。

ソースコードファイルには、以下のような内容が書かれています。

リスト3-1

```
package com.tuyano.springboot;

/**
 * Hello world!
 *
 */
public class App
{
  public static void main( String[] args )
  {
    System.out.println( "Hello World!" );
  }
}
```

見ればわかるように、ただの単純なアプリケーションのプログラムです。実は、Mavenで生成されるのは、「**Spring Bootを利用するためのプロジェクト**」というわけではないのです。Mavenは、Spring Framework以外にもさまざまなフレームワークなどで使われますので、デフォルトでは単純に「**Javaのもっとも基本的なプログラムのプロジェクト**」として作成されます。ですから、こんなシンプルなものがサンプルとして用意されていたのですね。

とりあえず、プロジェクトそのものはこれで作成できました。後は、これに必要なファイルを追加して、本格的なプログラムにしていけばいい、というわけです。

Mavenによるコンパイルと実行

では、Mavenを使ってプロジェクトを動かすにはどうすればいいのでしょうか。これも、もちろんmvnコマンドを使って行います。

コンパイル

まず、プログラムをコンパイルしましょう。プロジェクト内にカレントディレクトリを設定したまま、以下のように実行して下さい。

```
mvn compile
```

91

▌図3-13：mvn compileでコンパイルする。

これで、ソースコード類がすべてコンパイルされます。プロジェクト内には「**target**」というフォルダが作成され、その中に「**classes**」「**test-classes**」といったフォルダを用意してコンパイルしたクラスファイル類がまとめられます。

パッケージ化

次は、プログラムをパッケージ化しましょう。

```
mvn package
```

▌図3-14：mvn packageは、プログラムのコンパイル、ビルド、テストを一括して実行する。

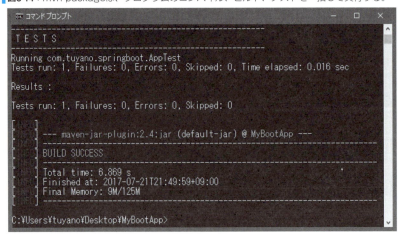

mvn packageは、プログラムのコンパイル、ビルド（プログラム全体をパッケージにまとめる作業）、そしてユニットテストの実行を一括して実行します。これにより、「**target**」フォルダの中に、JARファイルが作成されます。これが、パッケージ化されたプログラムです。このJARファイルを実行すれば、プロジェクトのプログラムが実行できる、というわけです。

ただし、デフォルトの状態では、JARファイルにはMain-Classの設定がされていないため、Executable JARにはなっていません。

▌プラグインによるビルド・実行

実をいえば、Spring Bootにはプログラムの実行に関するプラグインが用意されており、もっとシンプルにプロジェクトのビルド・実行ができます。

```
mvn spring-boot:run
```

このように実行すればいいのです。コンパイルもパッケージ化もすべてやってくれますから、Spring Boot開発に限っていえば、これ1つだけ覚えておけばそれで十分なのです。

ただし！　今、このコマンドを実行してもエラーになって動きません。それは、必要な情報がMavenのビルド設定を記述したファイル（**pom.xml**）に書かれていないからです。

この問題は、もう少し説明を進めていって、pom.xmlを編集して必要なものを組み込めるようになると解決できます。今のところは「**プロジェクトを作成してビルドするまででできればOK**」と考えましょう。mvn spring-boot:runによる実行は、もう少し後で説明します。

Gradleのセットアップ

続いて、Gradleを使ったプロジェクト作成について説明しましょう。まずは、Gradleを準備します。Gradleは、以下のサイトで公開されています。

https://gradle.org/

図3-15：Gradleのサイト。ここでプログラムやドキュメントなどが公開されている。

　Gradleのインストールには、さまざまな方法があります。最近では、各種のパッケージ管理ツールを利用してインストールするやり方が増えていますが、ここではもっとも基本といえる、「**プログラム本体をダウンロードしてインストールする**」というやり方をしましょう。まずは、Gradle本体をダウンロードして下さい。

　https://gradle.org/releases/

　この「**Release**」ページに、最新バージョンのリンクがあります。本書執筆時では、「**4.4.1**」というバージョンが最新版となっており、以下のように表示がされています。

```
v4.4.1
Dec 20, 2017
Download: binary-only or complete
```

　この「**Download**」にある「**binary-only**」または「**complete**」というリンクをクリックすれば、プログラムをダウンロードします。

図3-16：Releasesにあるバージョン表示部分の「Download」からリンクをクリックする。

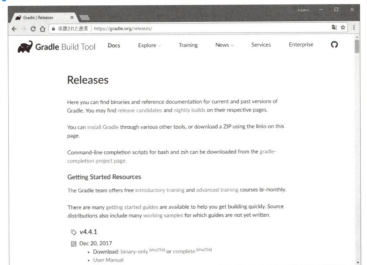

Zipを展開配置する

ダウンロードされたファイルはZip圧縮ファイルになっています。これを展開すると、「**gradle-xxx**」(xxxは任意のバージョン)というフォルダが作成され、その中にGradleのプログラムが保存されます。

このフォルダを、適当な場所に配置します。ここでは、ドライブ直下(ドライブを開いたところ)に配置しておくことにします。

環境変数Pathへの登録

Gradleはコマンドとして実行しますので、環境変数PathにGradleコマンドのパスを追加しておきましょう。Pathへの追加は、先にMavenのところで行いましたから、改めて説明するまでもないでしょう。

Gradleのフォルダ内には「**bin**」というフォルダが用意されており、この中にGradleのコマンドプログラムが用意されています。この「**bin**」フォルダのパスを、Pathに追加して下さい。

例えば、Cドライブ直下に「**gralde-4.4.1**」という名前でGradleのフォルダを配置したとすると、パスは「**c:\gradle-4.4.1\bin**」となります。これをpathに追加しておきましょう。

Chapter 3 Javaによる Spring Boot 開発の基本

図3-17：「システム」コントロールパネルで、環境変数「Path」にGradleの「bin」フォルダのパスを追加しておく。

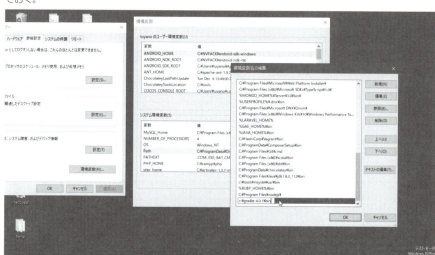

Gradleでプロジェクトを作成する

では、Gradleでプロジェクトを作成しましょう。Gradleでは、Mavenのようにプロジェクトの基本的なファイルやフォルダを自動生成するような機能はありません。ただし、プロジェクトでGradleを利用するためのセットアップ機能は用意されています。これを使ってプロジェクトをセットアップし、後は手作業でプロジェクトのファイルを作成していくことになります。

コマンドプロンプトあるいはターミナルを起動し、cdコマンドでプロジェクトを作成する場所に移動して下さい（ここでは、「**cd Desktop**」でデスクトップに移動しておきました）。

「**MyBootGApp**」というフォルダを作成し、その中にカレントディレクトリを移動しておきます。

```
mkdir MyBootGApp
cd MyBootGApp
```

図3-18：mkdirでフォルダを作成し、その中に移動する。

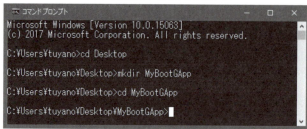

この状態で、Gradleの初期化を行います。以下のようにコマンドを実行して下さい。

```
gradle init
```

図3-19：gradle initでGradleを初期化する。

これで、フォルダの中にGradleが必要とするファイル類が作成されます。ただし、プログラム関係（Javaのソースコードファイルなど）は一切ありません。いわば、「**Gradleを使うための入れ物の部分**」だけができた状態といえます。

Gradleのファイル構成

では、どのようなファイル類が用意されているのでしょうか。「**MyBootGApp**」フォルダを開いて、作成されているファイルやフォルダ類を見てみましょう。

「.gradle」「gradle」フォルダ	Gradle本体が使用するファイル類が保存されます。これらのフォルダは、開発者が利用することはほとんどありません。
build.gradle	Gradleのビルドファイルです。Mavenのpom.xmlに相当します。このファイルの中に、ビルドに関する情報や実行する処理などが記述されています。
settings.gradle	Gradleの設定情報を記述します。
gradlew/gradlew.bat	Gradle実行のバッチファイルです。

これらのファイルの中でも重要なのは、**build.gradle**です。この**ビルドファイル**をいかに作成していくかが、Gradle活用のポイントとなります。

Gradleのビルドと実行

では、プログラムのビルドと実行はどのように行えばいいのでしょうか。まずビルドですが、これは以下のようなコマンドを使います。

```
gradle build
```

これで、プロジェクトがビルドされ、JARファイルにパッケージ化されます。パッケージは、「**target**」フォルダを作成し、その中に「**libs**」フォルダを用意して、そこに保存されます。

プログラムの実行は、作成されたJARファイルをそのままjavaコマンドで実行すればいいのです。例えば、こんな形です。

```
java -jar build\libs\MyBootGApp-0.0.1-SNAPSHOT.jar
```

ただし！　今、この段階でこれらの作業を実行しても、プログラムのビルドや実行はできません。なぜなら、まだbuild.gradleを記述していないからです。とりあえず、ここまでの「**プロジェクトを作成し、開発の準備を整える**」ことがわかればOKとしておきましょう。続きは後ほど行います。

3.2 STSによるプロジェクト作成の実習

STSでは、MavenやGradleを利用したSpring Bootプロジェクトを作成できます。これらの作成手順を覚え、作成されたプロジェクトの構成やビルドファイルの内容などについて理解を深めていきましょう。

STSでMavenベースのプロジェクトを作る

ここで、コマンドを一度離れ、STSを使ったプロジェクト作成について説明を行うことにしましょう。

まずは、MavenベースでSpring Boot利用のプロジェクトを作成します。STSでは、Spring利用のプロジェクトはビルドツールを使って作成するように設計されています。標準ではMavenが組み込み済みになっているため、STSを使う場合は、まずMavenベースでプロジェクトを作ることになるでしょう。

第1章でSpringレガシープロジェクトを作ってみましたが、Spring Bootの「**Springスタータープロジェクト**」は、細かな点が違ってきます。以下の手順に沿って作業して下さい。

❶ ＜Spring Starter Project＞メニューを選ぶ
　＜File＞メニューの＜New＞メニューから、＜Spring Starter Project＞メニューを選びましょう。これが、Spring Boot用のプロジェクトになります。

■図3-20：＜Spring Starter Project＞メニューを選ぶ。

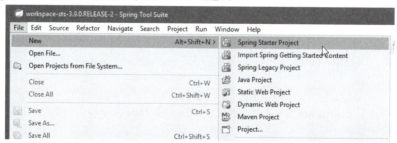

3.2 STS によるプロジェクト作成の実習

❷ プロジェクトの設定を行う

画面に「**New Spring Starter Project**」というダイアログウインドウが現れます。ここで、作成するプロジェクトの設定を入力していきます。以下を参考に入力して下さい。

Name	プロジェクト名です。「MyBootApp」としておきます。
Use default location	デフォルトの保存場所に保管するためのチェックです。これはONにしておきます。
Location	上のチェックがOFFのとき、保存場所を入力します。設定不要です。
Type	プロジェクトのタイプを選択します。「Maven」を選びます。
Packaging	パッケージの方式を選択します。ここでは「Jar」にします。
Java Version	Javaのバージョンを選びます。ここでは「8」にしておきます。
Language	使用言語の選択です。「Java」にしておきます。
Group	グループIDを指定します。「com.tuyano.springboot」としておきます。
Artifact	アーティファクトIDを指定します。「MyBootApp」としておきます。
Version	バージョン名を入力します。デフォルトで「0.0.1-SNAPSHOT」となっているので、そのままにしておきます。
Description	説明文を記入します。「sample project for Spring Boot」としておきましょう。
Package	プログラムを配置するパッケージの指定です。「com.tuyano.springboot」とします。
Working sets	ワーキングセットは使わないので、デフォルトのままにしておきましょう。

99

図3-21：プロジェクトの設定を記入する。

❸ Dependenciesの選択
　次に進むと、ずらっとチェックボックスが並んだ画面が現れます。これは「Dependencies」の設定を行う画面です。このプロジェクトで使用するフレームワークやライブラリなどを選択する画面と考えて下さい。
　最低限のものとして「Web」という項目だけを選択しておきましょう。下の方にある「Web」という項目の左側にある▼をクリックして更に細かな項目を表示し、その最初にある「Web」のチェックボックスをONにしてください。

■図3-22：Dependenciesの設定を行う。「Web」だけONにしておく。

❹ アクセスするアドレスをチェックする
次に進むと、サイトのアドレスが表示された画面になります。これは何かというと、STSがアクセスしてプロジェクトをダウンロードするためのURLなのです。
Springスタータープロジェクトは、Springのサイトにアクセスし、そこからプロジェクトデータをダウンロードしてプロジェクトを作成します。そのアドレスがここに表示されている、というわけです。
これらは勝手に修正したりせず、そのまま「**Finish**」ボタンで終了して下さい。

図3-23：アクセスするアドレスを確認し、Finishする。

さぁ、Finishすると、サーバーにアクセスを開始し、必要な情報がダウンロードされ、プロジェクトが生成されます。

プロジェクトの内容をチェック！

　プロジェクトが作成されたら、STSのパッケージエクスプローラーを確認しましょう。「**MyBootApp**」というプロジェクトのフォルダが作成されています。そして「**src/main/java**」という項目内に「**com.tuyano.springboot**」パッケージと「**MyBootAppApplication.java**」が作成されているのがわかります。

　「**src**」内に「**main**」があり、その中に「**java**」があって、更にその中にソースコード類がまとめられる、という構成は、Maven利用のプロジェクトであればほぼ共通しています。ちょっと階層が深くてわかりにくいかもしれませんが、このフォルダ構成はプロジェクトの基本構成としてしっかり理解しておいて下さい。

図3-24：作成されたプロジェクトの内容。MyBootAppApplication.javaというソースコードが用意されている。

プロジェクトに用意されるもの

「**src**」フォルダ以外にも、いろいろな項目がプロジェクト内に用意されていますね。ここで、それぞれの内容を簡単に説明しておきましょう。

「src/main/java」フォルダ	Mavenで作ったプロジェクトにもありました。「main」フォルダの中の「java」フォルダへのショートカットです。
「src/main/resources」フォルダ	「main」フォルダ内の「resources」フォルダへのショートカットです（このフォルダは、Mavenで作ったプロジェクトにはありません）。
「src/test/java」フォルダ	「test」フォルダ内の「java」フォルダへのショートカットです。
JRE System Library	開発に使っているJDK/JREのシステムライブラリです。
Maven Dependencies	Mavenによって組み込まれたライブラリ類です。
「src」フォルダ	ソースコード類がまとめられているフォルダです。
「target」フォルダ	ビルドして生成されるバイナリ類が保存されます。
mvnw、mvnw.cmd	Mavenのバッチ処理用スクリプトです。
pom.xml	ビルドのための情報を記述した、Mavenを利用する上でもっとも重要となるファイルです。

多くは、**第1章**で作成したSpringレガシープロジェクトと同じような構成です。どちらもMavenを使ってプロジェクト生成をしていますから当然ともいえます。

「**src/○○**」といったフォルダは、「**src**」フォルダ内にあるもののショートカットです。「**src**」フォルダから順にフォルダを開いていくのは面倒ですから、よく使うフォルダをこ

うしてショートカットとして用意してあるのでしょう。開発に必要なソースコードファイル類は、たいていこれらのショートカットとして用意したフォルダに保管されます。

プロジェクトを実行してみる

では、STSで作成したプロジェクトを実行してみることにしましょう。これは、以下のように行います。

❶ まず、パッケージエクスプローラーで、プロジェクトのフォルダ（ここでは「**MyBootApp**」）を選択します。

❷ ＜Run＞メニューの＜Run As＞内から、＜Spring Boot App＞メニューを選びます。

図3-25：＜Spring Boot App＞メニューを選んで実行する。

これで、Consoleビューが開かれ、メッセージが出力されていきます。そして、プロジェクトが実行されます。mvn spring-boot:runコマンドの解説で、pom.xmlが書かれていないのでMavenコマンドで作ったプロジェクトでは「**実行するとエラーになる**」といいましたが、こちらのプロジェクトは、エラーにもならず、ちゃんと実行できます。

図3-26：Consoleにメッセージが表示され、アプリケーションが起動する。

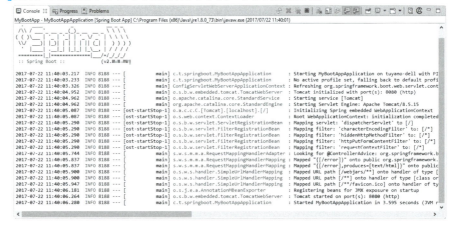

実行したアプリケーションは、Webブラウザからアクセスして確認できます。実際に「**localhost:8080**」にアクセスしてみましょう。おそらく「**Whitelabel Error Page**」という表示がされるはずです。これは、サーバー内部でエラーが起こっていることを示すエラーメッセージです。

何が起こったかというと、「**まだページがない**」ためにエラーが起きていたのですね。エラーにはなりますが、「**サーバープログラムが動いていて、アクセスすると何らかの反応がある**」ということは確認できました。実際にちゃんと表示できるようにするのはもう少し後にして、今は「**動いているのが確認できた**」ということでよしとしましょう。

▎**図3-27**：アクセスするとエラーが表示される。これはまだページが存在しないため。

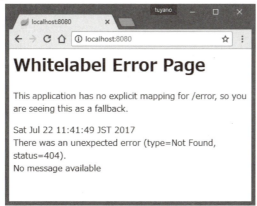

ちなみに、実行したアプリケーションは、Consoleビューの上部に見える赤い四角形のアイコンをクリックすると終了します。

▎**図3-28**：Consoleの赤い四角形アイコンをクリックするとサーバーが終了する。

Spring Bootアプリケーションの仕組み

とりあえず、Spring Bootを使ってWebアプリケーションを作り、動かすまでの手順はわかりました。ここで、このような疑問が浮かんだ人もいるのではないでしょうか。

「**第1章でSpringレガシープロジェクトで作ったときは、ServersビューでPivotal tc Serverにプロジェクトを追加し、サーバーを起動してアプリケーションにアクセスをしていた。今回は、サーバーにも組み込まず、プロジェクトを実行したらそのままアプリケーションにアクセスできた。一体、何が違うんだろう？**」

そうなのです。そこが、従来のSpring FrameworkアプリケーションとSpring Bootアプリケーションの大きな違いです。

一般に、Webアプリケーションの開発というのは、「**アプリケーションとは別にサー**

バーを用意し、それにデプロイする」というのが普通でした。既にサーバーは別途用意されており、開発したアプリをそこに追加して動かす、という考え方ですね。おそらく、皆さんは今までJSPやサーブレットを使ってWebアプリケーションの基本を学んできたと思いますが、それらはすべて「**Webアプリケーションが完成したらWARファイルを作って、Tomcatなどのサーバーに追加する**」といったやり方をしてきたと思います。先に作ったSpringレガシープロジェクトでも、基本的にはこの方式をとっていました。

が、Spring Bootは違います。Spring Bootは、ユーザーによるサーブレットコンテナ（いわゆるJavaサーバー）の構築を必要としないのです。実はSpring Bootにはサーブレットコンテナが内蔵されており、それを使って直接サーバーを起動し、アプリケーションを実行します。ですから「**サーバーへのデプロイ**」などは不要なのです。

▌サーバー内蔵方式のメリット

なぜ、そんな方法をとるのか。そんなことをすればサーバーの分だけプログラムも肥大化するし面倒じゃないか。そう思うかもしれません。

が、考えてみてください。現在、Javaで開発したWebアプリケーションがどのようにして公開され、利用されているのか？ ということを。もちろん、大規模なエンタープライズ開発になれば、エンタープライズサーバーの設計からすべてを管理し、運営するでしょう。が、もっと小規模な場合はどうでしょう。自前でTomcatサーバーなどを立てて運営しますか？ あるいは、どこかTomcatが利用できるレンタルサーバーを探す？

現在、JavaベースのWebアプリケーション開発においてもっとも注目されるのは、そのどちらでもなく、「**クラウドサービス**」を利用する方法でしょう。AWS（Amazon Web Services）やGoogle Cloud Platform、Heroku、Open Shift……。クラウドを利用してアプリケーションを公開するサービスにはさまざまなものがあります。それらに共通するのは、「**サーバー内でプログラムを実行させる**」というやり方です。Tomcatなどのサーバーがあらかじめ用意されているのではなく、それらも含めてユーザーが環境を構築し、アプリケーションを公開していくのです。

このようなクラウドサービスでは、「**サーバープログラムまで内蔵して、実行するだけでアプリケーションが公開される**」というSpring Bootのような方式は非常に便利なのです。Spring Bootは、**クラウド時代に適したプログラムのあり方**といえるでしょう。

pom.xmlを調べる

さて、再びプロジェクトの説明に戻りましょう。まずは、先ほど「**実行に失敗する**」と説明した、Mavenコマンドによるプロジェクトに話を戻します。

なぜ、Mavenコマンドを使って作られたプロジェクトは実行に失敗してしまうのか？

それは、プロジェクトがSpring Bootのアプリケーションとして完成されていなかったからです。

Mavenのコマンドによるプロジェクト生成は、Spring Boot用に設計されたものにはなっていません。ただ、一般的なアプリケーションのプロジェクトにすぎないのです。

3.2 STSによるプロジェクト作成の実習

では、これをどうやってSpring Bootアプリケーションのプロジェクトに変更すればいいのか。実は、それは簡単です。特別なフォルダを用意したりファイルを作ったりする必要はありません。ただ、「**pom.xml**」ファイルを編集すればいいだけです。

pom.xml は Maven のビルドファイル

pom.xmlは、Mavenのビルド情報を記述したファイルです。Mavenは、このpom.xmlに記述されている内容を元に、必要なライブラリをダウンロードして組み込むなどでプログラムをビルドし、実行するのです。

第1章でSpringレガシープロジェクトを作成してみました。これにも、やはりpom.xmlは用意されていました。が、書かれている内容が異なるために、Spring Bootを使ったプロジェクト（Springスタータープロジェクト）とはみなされなかったのですね。Mavenコマンドで作ったものも、やはりpom.xmlが不備なために実行できませんでした。つまり、Mavenを利用したプロジェクトは、このpom.xmlをきちんと用意するかどうかがすべてなのです。

そのためには、pom.xmlの中身がどうなっているのか、その基本を知らなくてはいけません。

pom.xmlの基本形

まずは、もっともシンプルな内容になっている、Mavenコマンドで生成したプロジェクトのpom.xmlを見てみましょう。これは、以下のように記述されていました。

リスト3-2

```
<project xmlns="http://maven.apache.org/POM/4.0.0"
  xmlns:xsi="http://www.w3.org/2001/XMLSchema-instance"
  xsi:schemaLocation="http://maven.apache.org/POM/4.0.0
  http://maven.apache.org/xsd/maven-4.0.0.xsd">

  <modelVersion>4.0.0</modelVersion>

  <groupId>com.tuyano.springboot</groupId>
  <artifactId>MyBootApp</artifactId>
  <version>1.0-SNAPSHOT</version>
  <packaging>jar</packaging>

  <name>MyBootApp</name>
  <url>http://maven.apache.org</url>

  <properties>
    <project.build.sourceEncoding>UTF-8</project.build.sourceEncoding>
  </properties>
```

107

```
    <dependencies>
      <dependency>
        <groupId>junit</groupId>
        <artifactId>junit</artifactId>
        <version>3.8.1</version>
        <scope>test</scope>
      </dependency>
    </dependencies>
</project>
```

　pom.xmlは、XMLですからタグを使ってデータが構造的に記述されています。これは整理すると、こんな形になっているのがわかるでしょう。

```
<project xmlns="http://maven.apache.org/POM/4.0.0" 略 >

  ……各種設定情報のタグ……

  <properties>
    ……プロジェクトのプロパティ……
  </properties>

  <dependencies>
    <dependency>
      ……ライブラリの情報……
    </dependency>

    ……必要なだけ<dependency>を用意……

  </dependencies>
</project>
```

　<project>というタグがあり、その中にプロジェクトに関する各種の情報を記したタグが並びます。中でも**<properties>**と**<dependencies>**は、更にその中に詳細な情報が記述されるようになっています。

<project> タグについて

　pom.xmlは、<project>というタグの中にすべての情報が記述されます。これが、ルート（一番外側にある、もっとも土台となるタグ）となります。このタグには、以下のような属性が記述されます。

```
xmlns="http://maven.apache.org/POM/4.0.0"
```

　MavenのXML名前空間の指定です。これにより、ここに記述される内容がMavenのタ

グ構成であることがわかります。

```
xmlns:xsi="http://www.w3.org/2001/XMLSchema-instance"
```

XMLのスキーマインスタンスの指定です。これはXMLでは必ず指定します。

```
xsi:schemaLocation="http://maven.apache.org/POM/4.0.0
  http://maven.apache.org/xsd/maven-4.0.0.xsd"
```

Mavenのスキーマ指定です。XSDファイルというスキーマを定義したファイルのURLが指定されます。

これらの属性は、「**Mavenのpom.xmlでは、必ずこの通りに記述する**」と割りきって考えて下さい。xmlnsとxsi:schemaLocationで、Mavenのバージョン番号が若干変更される場合はあるでしょうが、基本的にデフォルトで生成されたものをそのままコピー＆ペーストとして利用すれば、どんな場合も問題なく使えるはずです。

pom.xml の主なタグ

リスト3-2で記述されているタグ類は、pom.xmlのもっとも基本的なものになります。以下に整理しておきましょう。

<modelVersion>	Mavenのモデルバージョンです。Mavenのバージョンと考えてもいいでしょう。
<groupId>	グループIDのタグです。
<artifactId>	アーティファクトIDのタグです。
<version>	バージョン名のタグです。
<packaging>	パッケージングの型式を指定するタグです。
<name>	プロジェクトの名前です。
<url>	MavenのURLです。
<properties>	プロジェクトに関する各種プロパティが用意されます。
<project.build.sourceEncoding>	<properties>内にあります。ソースコードのエンコーディングを指定します。
<dependencies>	プロジェクトと依存関係にあるライブラリ類の情報がまとめられます。

これらは、pom.xmlのもっとも基本的なタグです。プロジェクトに用意する必要最低限のものと考えてよいでしょう。これらの情報を元に、Mavenはプロジェクトを生成します。

<dependency> タグについて

これらのタグの中でも、もっとも重要で、しかもわかりにくいのが**<dependencies>**

109

でしょう。これは、プロジェクトで利用しているライブラリなどの情報を記述します。

利用するライブラリの情報は、このタグ内に**<dependency>**というタグを使ってまとめられます（<dependencies>ではありません。こちらは単数形です）。この中には、以下のようなタグが記述されます。

<groupId>	ライブラリのグループIDです。
<artifactId>	ライブラリのアーティファクトIDです。
<version>	使用するバージョンです。
<scope>	このライブラリが利用される範囲を示すのに用います。

これらは、常にすべてのタグを用意しなければいけないわけではありません。例えば、<version>や<scope>は、特に指定する必要がない（バージョンや用途を特定していなくても普通に使える）場合は省略されます。

が、**<groupId>**と**<artifactId>**は必ず用意しなければいけません。これらは、使用するライブラリを特定するためのものなのです。

JUnit の <dependency> タグ

リスト3-2に用意されている<dependency>タグは、「**JUnit**」というライブラリのものです。これは、以下のように指定されます。

```
<dependency>
  <groupId>junit</groupId>
  <artifactId>junit</artifactId>
  <version>3.8.1</version>
  <scope>test</scope>
</dependency>
```

JUnitは、Javaプログラマなら既にお世話になったことがあるかもしれませんね。これは、Javaによるユニットテストのライブラリです。Mavenでは、デフォルトで「**src**」内に「**test**」フォルダが用意されることからもわかるように、ユニットテスト機能は必須になっています。そのため、JUnitのライブラリが標準で用意されています。

Spring スタータープロジェクトのpom.xml

pom.xmlで最低限必要なタグについてざっと頭に入ったところで、正常にプロジェクトの実行ができたSpring スタータープロジェクトのpom.xmlがどのようになっているか、見てみることにしましょう。こちらは、Mavenを利用して生成したプロジェクトに比べると、いろいろとタグが増えています。

リスト3-3
```
<?xml version="1.0" encoding="UTF-8"?>
<project xmlns="http://maven.apache.org/POM/4.0.0"
```

```
xmlns:xsi="http://www.w3.org/2001/XMLSchema-instance"
xsi:schemaLocation="http://maven.apache.org/POM/4.0.0
http://maven.apache.org/xsd/maven-4.0.0.xsd">

<modelVersion>4.0.0</modelVersion>

<groupId>com.tuyano.springboot</groupId>
<artifactId>MyBootApp</artifactId>
<version>0.0.1-SNAPSHOT</version>
<packaging>jar</packaging>

<name>MyBootApp</name>
<description>sample project for Spring Boot</description>

<parent>
    <groupId>org.springframework.boot</groupId>
    <artifactId>spring-boot-starter-parent</artifactId>
    <version>2.0.0.RELEASE</version>
    <relativePath/>
</parent>

<properties>
    <project.build.sourceEncoding>UTF-8</project.build.sourceEncoding>
    <project.reporting.outputEncoding>UTF-8
        </project.reporting.outputEncoding>
    <java.version>1.8</java.version>
</properties>

<dependencies>
    <dependency>
        <groupId>org.springframework.boot</groupId>
        <artifactId>spring-boot-starter-web</artifactId>
    </dependency>

    <dependency>
        <groupId>org.springframework.boot</groupId>
        <artifactId>spring-boot-starter-test</artifactId>
        <scope>test</scope>
    </dependency>
</dependencies>

<build>
    <plugins>
        <plugin>
```

Chapter 3 Java による Spring Boot 開発の基本

```
        <groupId>org.springframework.boot</groupId>
        <artifactId>spring-boot-maven-plugin</artifactId>
      </plugin>
    </plugins>
  </build>


</project>
```

リスト3-2のMavenを利用して生成されたプロジェクトに記述されていたタグもありますが、新たに登場するタグも見られます。この新たに登場するのが、Spring Bootの利用に関する情報を記述しているのです。

Spring Bootのタグを整理する

では、**リスト3-3**で新たに登場したタグについてざっと整理していきましょう。

▌ <parent> タグ

これは、「**pom.xmlの継承**」に関する設定情報です。Mavenでは、既にあるpom.xmlの内容を受け継いで新たなpom.xmlを作成することができます。このタグ内には、Spring Bootに用意されているpom.xmlの情報が以下のように記述されています。

```
<groupId>org.springframework.boot</groupId>
<artifactId>spring-boot-starter-parent</artifactId>
<version>2.0.0.RELEASE</version>
<relativePath/>
```

見ればわかるように、グループID、アーティファクトID、バージョンが指定されているだけのものです（<relativePath/>は特に使っていません）。これにより、org.springframework.bootのspring-boot-starter-parentというpomが継承され、そこにある情報がすべて読み込まれるようになります。

なお、ここでは2.0正式版（2.0.0.RELEASE）を使う前提で掲載してあります（動作確認は2.0.0.M7で行っています。160ページ参照）。

▌ <properties> の追加

<java.version>1.8</java.version>というタグが追加されています。これでJavaのバージョンを指定します。

▌ <dependency> の追加

2つの<dependency>タグが用意されています。Spring BootのWebアプリケーションのためのライブラリと、ユニットテスト用のライブラリです。

▌Webアプリケーション用

```
<dependency>
```

112

```
    <groupId>org.springframework.boot</groupId>
    <artifactId>spring-boot-starter-web</artifactId>
</dependency>
```

　Spring BootでWebアプリケーションを作成する際に必要です。これを用意することで、Webアプリケーションに必要なライブラリがすべて組み込まれるようになります。

■ユニットテスト用

```
<dependency>
    <groupId>org.springframework.boot</groupId>
    <artifactId>spring-boot-starter-test</artifactId>
    <scope>test</scope>
</dependency>
```

　Spring Bootのユニットテストに関するライブラリです。これにより、テスト関連の機能が一通り組み込まれます。なお、これにより、Mavenを利用して作成されたプロジェクトに用意されていたJUnit用のタグは不要となるため、記述されていません。

<build> タグと <plugins> タグ

　リスト3-3のpom.xmlでは、初めて登場するタグがまだあります。それは、**<build>**です。このタグの中には、**<plugins>**というタグが用意されています。<build>は、プログラムのビルド時に利用される機能などの情報を用意するのに用いられます。

　<plugins>は、ビルド時に使うプラグインに関する情報をまとめておきます。ここでは、1つのプラグイン情報が記述されています。

spring-boot-maven-plugin について

　<plugins>タグに用意されているのは、**spring-boot-maven-plugin**というプラグインの情報です。これは以下のように記述されています。

```
<plugin>
    <groupId>org.springframework.boot</groupId>
    <artifactId>spring-boot-maven-plugin</artifactId>
</plugin>
```

　<plugin>タグには、グループIDとアーティファクトIDが記述されます。これにより、spring-boot-maven-pluginというプラグインがビルド時に利用されるようになります。このプラグインは、Spring Bootのアプリケーションを単独で実行できるようにする機能を提供します。このプラグインがないとMavenで実行することはできないので注意しましょう。

　リスト3-3のpom.xmlのポイントは、<parent>タグと、2つの<dependenccy>タグでしょう。特に、**spring-boot-starter-web**は重要です。これがあることで、Spring BootのWebアプリケーションに関する機能をすべてまとめて、プロジェクトに用意してくれるようになるのです。

Chapter 3　Java による Spring Boot 開発の基本

Column マイルストーン&スナップショット用リポジトリ

　以上で、プロジェクトに関するタグ類はすべてなのですが、このほかにもう1つ触れておきたいものがあります。それは、「**リポジトリ**」のタグです。

　本書は、2.0.0.RELEASEをベースにプロジェクトを構成する前提で説明しています（動作確認は2.0.0.M7で行っています）が、Spring Bootは随時アップデートされており、頻繁にスナップショット（現時点の最新版）や正式リリース前のマイルストーン版が配布されています。これらは正式リリースされていないため、Mavenのセントラルリポジトリで公開されていません。

　こうしたスナップショット版を利用したい場合は、Spring独自のリポジトリを追加しておく必要があります。

　pom.xmlには、**<repositories>**と**<pluginRepositories>**の2つを用意できます。これらがリポジトリのタグです。<project>タグ内に以下を追記すると、Spring独自のリポジトリが使えるようになります。

リスト3-4

```
<repositories>
  <repository>
    <id>spring-snapshots</id>
    <name>Spring Snapshots</name>
    <url>https://repo.spring.io/snapshot</url>
    <snapshots>
      <enabled>true</enabled>
    </snapshots>
  </repository>
  <repository>
    <id>spring-milestones</id>
    <name>Spring Milestones</name>
    <url>https://repo.spring.io/milestone</url>
    <snapshots>
      <enabled>false</enabled>
    </snapshots>
  </repository>
</repositories>

<pluginRepositories>
  <pluginRepository>
    <id>spring-snapshots</id>
    <name>Spring Snapshots</name>
    <url>https://repo.spring.io/snapshot</url>
    <snapshots>
      <enabled>true</enabled>
    </snapshots>
```

```
    </pluginRepository>
    <pluginRepository>
      <id>spring-milestones</id>
      <name>Spring Milestones</name>
      <url>https://repo.spring.io/milestone</url>
      <snapshots>
        <enabled>false</enabled>
      </snapshots>
    </pluginRepository>
  </pluginRepositories>
```

<repository>タグや<pluginRepository>タグの中に、**spring-snapshots**と**spring-milestones**というIDの情報が記述されているのがわかります。

これは、ソフトウェアを入手するホストの情報なのです。Mavenでは、リポジトリという形でダウンロード先のホストの情報を用意しておくことで、そのホストから必要なソフトウェアを検索し、ダウンロードします。

ここで用意されている2つのリポジトリは、「**Spring スナップショット**」と「**Spring マイルストーン**」のホストです。Springスナップショットは、開発中のソフトウェアの最新状態を配布するものです。Springマイルストーンは、ソフトウェアの正式リリース直前のバージョン（マイルストーン）を配布するホストです。

正式リリース版以外を利用する場合は、これらのタグをpom.xmlに追記して下さい。

pom.xmlをコピー&ペーストして利用する

pom.xmlの最大の利点は、「**汎用性**」にあります。必要な情報の書かれたタグをコピーし、ほかのプロジェクトのpom.xmlにペーストすれば、そのプロジェクトに必要な設定が行われるようになります。

既に、mvnコマンドを使ってプロジェクトを作成しましたね。このプロジェクトは、まだ未完成なのでプログラムを実行することができませんでした。が、STSで作成したプロジェクトは、ちゃんと実行することができました。

ということは、STSのプロジェクトにあるpom.xmlをコピーして、Mavenコマンドで作ったプロジェクトにペーストすれば、動くようになるのではありませんか？

実際にやってみましょう。STSで作成されたプロジェクトの中にあるpom.xmlをテキストエディタ等で開き、すべてを選択して内容をコピーします。そして、Mavenコマンドで作ったプロジェクトのpom.xmlをテキストエディタで開き、内容を一度すべて削除してから、ペーストしてSTSのpom.xmlの内容に書き換えます。

ファイルを保存したら、コマンドプロンプトからMavenコマンドで作ったプロジェクトを実行してみましょう。プロジェクトのフォルダ内にcdコマンドで移動し、以下のようにコマンドを実行してみてください。

```
mvn spring-boot:run
```

図3-29：mvn spring-boot:runを実行するとAppクラスが実行され、結果が表示される。

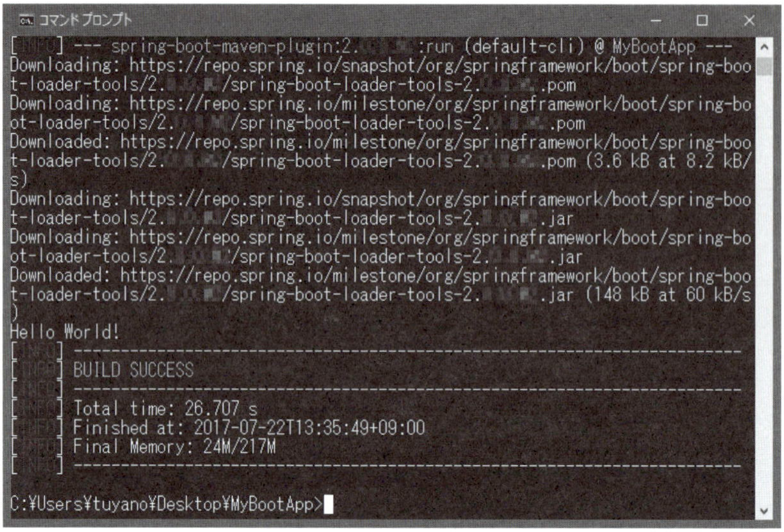

　プログラムが実行され、メッセージが出力されていく途中で、「**Hello World!**」という
テキストが出力されているのに気がつくはずです。これが、デフォルトで用意されてい
るApp.javaを実行した結果です。
　既に述べたように、App.java（**リスト3-1**）にはmainメソッドがあり、

```
System.out.println( "Hello World!" );
```

このような文が1行だけ書かれていました。これが実行されて、「**Hello World!**」とメッ
セージが出力されていたのですね。

アプリケーションと Web アプリケーション

　ところで、STSで作ったプロジェクトでは、spring-boot:runを実行すると、**Webアプ
リケーション**として起動しました。が、今回は、単にmainメソッドの内容が実行された
だけです。つまり、**普通のアプリケーション**として実行されたにすぎないのです。この
両者の違いは何でしょうか？

　それは、「**クラスの定義の違い**」です。mvnコマンドによって作成されたプロジェクト
に用意されていたApp.javaは、ごく普通のアプリケーションのサンプルでした。だから、
spring-boot:runでは、ただそれが実行されただけだったのです。これに対し、STSで作
成したプロジェクトでは、最初からWebアプリケーションとして起動する処理が用意さ
れていたのです。このため、spring-boot:runでWebアプリケーションが実行されたので
す。

では、STSで作成されたプロジェクトにはどのようなJavaのクラスが用意されていたのか？　それを調べることが、Spring BootによるWebアプリケーションプログラミングの入口となる、といってよいでしょう。

STSでGradleを利用する

さて、Spring Bootのプログラミングに進む前に、今度はGradleによるプロジェクト作成について説明しておくことにしましょう。

STSでは、Gradleを使ってプロジェクトを作成することもできます。が、注意したいのは、「**STSには、標準ではGradleを利用するための機能がない**」という点です。プロジェクト作成の際にはちゃんとGradleを選べるようになっているのですが、肝心のGradleは未インストールなのですね。ですから、まずはGradleのプラグインをSTSにインストールしておく必要があります。

❶ ＜Install New Software...＞メニューを選ぶ
では、＜Help＞メニューから、＜Install New Software...＞メニューを選んで下さい。これが、新しいプログラムをインストールするためのメニューです。

図3-30：＜Install New Software...＞メニューを選ぶ。

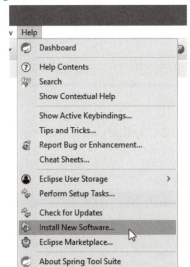

❷ Buildship: Eclipse Plug-ins for Gradleを選択
現れたダイアログで、「**Work with:**」のフィールドに以下のアドレスを入力して下さい。

http://download.eclipse.org/buildship/updates/e46/releases/2.x/2.0.0.v20170111-1029/

これで、「**Buildship: Eclipse Plug-ins for Gradle**」という項目(バージョンは、v20170111-1029)が表示されます。この項目のチェックをONにして次に進みます。ほかの項目はデフォルトのままで構いません。

図3-31：ダイアログから「Buildship: Eclipse Plug-ins for Gradle」を選ぶ。

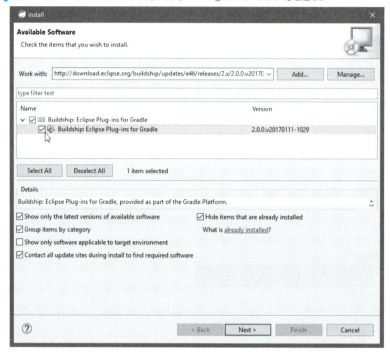

❸ Install Detailsの確認

「**Install Details**」という項目が現れ、そこにBuildship: Eclipse Plug-ins for Gradleが表示されます。これを確認して、次に進みます。

図3-32：Install Detailsの内容を確認し、次に進む。

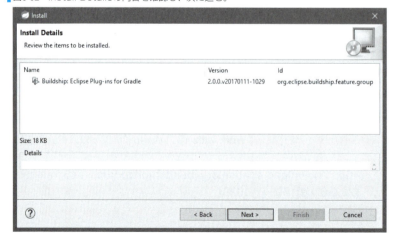

❹Review Licenses
「**Review Licenses**」という画面になります。ライセンス契約画面です。「**I accept the terms of the license agreement**」のラジオボタンを選択して「**Finish**」ボタンを押すとインストールを開始します。

図3-33：ライセンス契約画面。ラジオボタンを「I accept 〜」にして「Install」ボタンを押す。

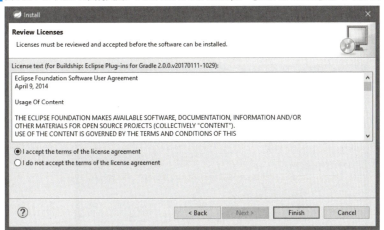

後は、インストールが完了するまで待つだけです。インストールできると、STSをリスタートするように確認するダイアログが現れるので、そのままリスタートして下さい。次に起動したときには、Gradleが使えるようになっているはずです。

Gradleプロジェクトを作成する

では、Gradleを利用して、Springスタータープロジェクトを作りましょう。＜**File**＞メニューの＜**New**＞から＜**Spring Starter Project**＞メニューを選び、Springスタータープロジェクト作成のダイアログを呼び出して下さい。そして設定をしていきましょう。

❶ プロジェクトの設定
ダイアログが現れたら、それぞれの項目を以下のように設定していきましょう。

Service URL	http://start.spring.io（デフォルトのまま）
Name	MyBootGApp
Use default location	ONのまま
Type	Gradle(Buildship2.x)を選択
Java version	1.8
Packaging	Jar
Language	Java
Group	com.tuyano.springboot

Artifact	MyBootGApp
version	0.0.1-SNAPSHOT
Description	sample project for Spring Boot
Package	com.tuyano.springboot
Working sets	OFFのまま

▌図3-34：＜Spring Starter Project...＞メニューでプロジェクト作成のダイアログを呼び出し、入力をする。

❷ New Spring Starter Project Dependencies
プロジェクトで使うライブラリなどの設定です。ここでは「**Web**」のチェックをONにしておきます。

■図3-35：ライブラリの設定。「Web」のチェックだけ追加しておく。

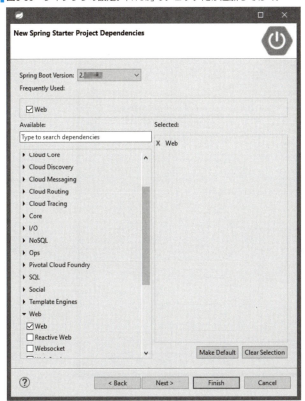

❸ Site Info
プロジェクトをダウンロードするサイトの情報が表示されます。そのまま変更しないで「**Finish**」ボタンを押して下さい。これでプロジェクトが作成されます。

Chapter 3　JavaによるSpring Boot開発の基本

図3-36：そのまま「Finish」ボタンを押せばプロジェクト作成。

プロジェクトの構成

では、作成されたプロジェクトの中身を見てみましょう。アプリケーションを構成するJavaソースコードなどはMavenベースのプロジェクトと同じですが、それ以外のものが違っているのがわかります。

「src/main/java」フォルダ	「main」フォルダの中の「java」フォルダへのショートカットです。
「src/main/resources」フォルダ	「main」フォルダ内の「resources」フォルダへのショートカットです。
「src/test/java」フォルダ	「test」フォルダ内の「java」フォルダへのショートカットです。
JRE System Library	開発に使っているJDK/JREのシステムライブラリです。
Project and External Dependencies	Mavenによって組み込まれたライブラリ類です。
「gradle」フォルダ	Gradleが使用するフォルダです。私たちが利用することはありません。
「src」フォルダ	ソースコード類がまとめられている「src」フォルダです。

3.2 STSによるプロジェクト作成の実習

「target」フォルダ	ビルドして生成されるバイナリ類が保存されます。初期状態ではまだ作成されていません。
build.gradle	Gradleのビルドファイルです。ビルドに関する情報が記述されています。
gradlew/gradlew.bat	Gradle実行のためのバッチファイルです。

■図3-37：作成されたプロジェクトの構成。

プロジェクトを実行する

では、作成したプロジェクトを実行してみましょう。パッケージエクスプローラーでプロジェクトのフォルダ（MyBootGApp）を選択し、<**Run**>メニューの<**Run As**>内にある<**Spring Boot App**>メニューを選んで下さい。

■図3-38：<Spring Boot App>メニューを選ぶ。

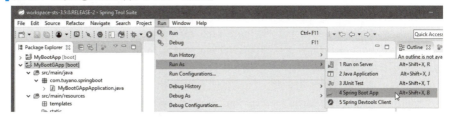

これでSpring Bootによるビルドと実行が行われます。Consoleビューを見ると、Spring Bootが実行されていくのがわかるでしょう。このあたりの操作は、先にMavenベースでプロジェクトを作成したときとまったく同じです。

123

図3-39：ConsoleビューにSpring Bootの実行状況が出力される。

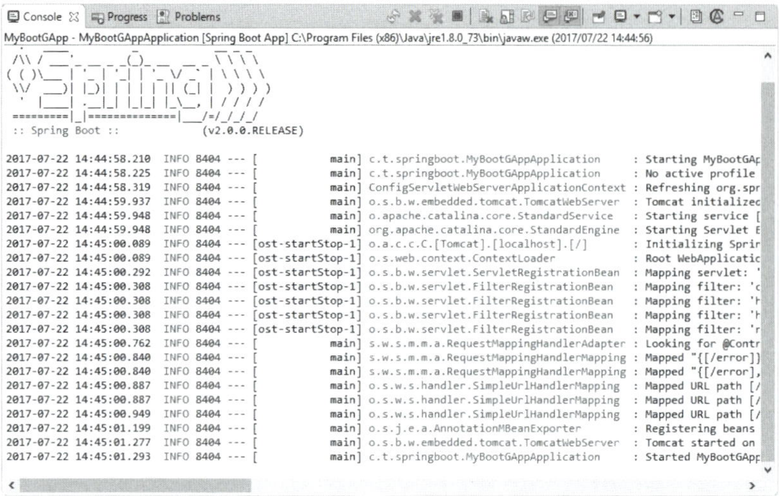

まだ、Webアプリケーションのページなどはまったく用意されてないので、ブラウザからアクセスすることはできません。Consoleビューの赤い四角形アイコンをクリックしてアプリケーションを停止しておきましょう。

build.gradleの内容

プロジェクトがちゃんと動作することがわかったところで、Gradleのビルドファイルである「**build.gradle**」の内容を見てみることにしましょう。以下のように記述されています。

リスト3-5

```
buildscript {
  ext {
    springBootVersion = '2.0.0.RELEASE'
  }
  repositories {
    mavenCentral()
    maven { url "https://repo.spring.io/snapshot" }// ●
    maven { url "https://repo.spring.io/milestone" }// ●
  }
  dependencies {
    classpath("org.springframework.boot:spring-boot-gradle-
      plugin:${springBootVersion}")
  }
}


apply plugin: 'java'
```

```
apply plugin: 'eclipse'
apply plugin: 'org.springframework.boot'
apply plugin: 'io.spring.dependency-management'

version = '0.0.1-SNAPSHOT'
sourceCompatibility = 1.8

repositories {
  mavenCentral()
}

dependencies {
  compile('org.springframework.boot:spring-boot-starter-web')
  testCompile('org.springframework.boot:spring-boot-starter-test')
}
```

　Mavenのpom.xml（**リスト3-1**）とはだいぶ違っていますね。Gradleは、Groovyのスクリプトとしてビルド情報を記述します。実行する処理の内容や情報がそのままコードとして書かれているわけですね。

　では、どのようなものが書かれているのか、ざっと整理しましょう。

buildscript

　これは、ビルドに使われる処理の内容がまとめられています。Gradleでビルドを行う際の情報として、以下の3つが用意されています。

ext	Spring Bootのバージョン情報が用意されています。
repositories	リポジトリの情報です。mavenCentralは、Mavenのセントラルリポジトリです。そのほか、mavenという文が2つ用意されていますが、これらは2.0正式版（2.0.0.RELEASE）以外を利用する際に記述します。正式版利用時には削除して下さい。
dependencies	使用するライブラリなどの情報です。classpathというもので、org.springframework.bootとspring-boot-gradle-pluginを設定しています。

```
apply plugin: 'java'
apply plugin: 'eclipse'
apply plugin: 'org.springframework.boot'
apply plugin: 'io.spring.dependency-management'
```

　これらはすべてGradleのプラグインの指定です。これらを用意しておくことで、プラグインの機能が使えるようになります。この4つは、それぞれ「**Java言語の対応**」「**Eclipseの対応**」「**Spring Boot対応**」「**dependencyの管理**」といった機能を提供するプラグインを

ロードしています。

repositories

リポジトリの設定です。buildscript内にもありましたが、こちらはGradle全体で使われるリポジトリです。●の行は、正式版以外を使う際に記述します。

dependencies

これも、buildscriptとは別のもので、Gradle全体で使うライブラリの指定です。ここでは、以下の2つが用意されています。

compile	プロジェクトのコンパイル時に使われるライブラリの設定です。org. springframework.bootとspring-boot-starter-webが用意されます。
testCompile	ユニットテスト実行時に使われるライブラリの設定です。org. springframework.bootとspring-boot-starter-testが用意されます。

── ざっと見ればわかるように、build.gradleは「**buildscript**」「**repositories**」「**dependencies**」の3つと、いくつかの「**apply plugin**」で構成されています。これらの記述により、必要なものがダウンロードされ、実行できるようになります。いずれも、それほど複雑な内容ではありませんから、なんとなく「**こういうことを書いているんだろう**」といったことはわかったのではないでしょうか。

Gradleコマンドによるプロジェクトの違い

3-1節でGradleコマンドを使って作成したプロジェクトにも、build.gradleはありました。このGradleコマンドで作ったものと、STSで作ったものとでは、build.gradleに何か違いがあるのでしょうか。

実は、一ヶ所だけ違いがあります。この部分です。

```
dependencies {
    compile('org.springframework.boot:spring-boot-starter')
    testCompile('org.springframework.boot:spring-boot-starter-test')
}
```

何が違うがわかりますか？ compileに指定したライブラリです。**spring-boot-starter**が用意されていますね。これは、Spring Bootを使った一般的なアプリケーションのためのライブラリです。これに対して、STSのプロジェクトでは、**spring-boot-starter-web**が指定されていました。これは、Spring Bootを使ったWebアプリケーションのためのライブラリなのです。

このように、dependenciesで設定するライブラリの内容によって、Webアプリケーションとして実行できたり、普通のアプリケーションになったりします。GradleでSpring

Bootプロジェクトを作る際には、「**spring-boot-○○**」というライブラリの指定によく注意しておく必要があるでしょう。

3.3 RestControllerを利用する

RestControllerは、ビューを使わずコントローラーだけでアプリの基本部分を作成できます。その使い方を覚え、アプリの基本的な処理について学んでいきましょう。

MyBootAppApplicationクラス

では、実際にプロジェクトのプログラム（Javaソースコード）について見ていきましょう。ここでは、STSのプロジェクトを使って説明していきます。MavenでもGradleでも、作成するプログラムそのものは同じですのでどちらを使っても構いません。ここでは、Mavenベースのプロジェクトを使って説明を行います。

STSで作成したSpringスタータープロジェクトには、Javaのソースコードファイルが1つ、デフォルトで用意されています。STSのパッケージエクスプローラーから、「**src/main/java**」フォルダを展開してみましょう。その中に「**com.tuyano.springboot**」というパッケージがあり、更にその中に「**MyBootAppApplication.java**」というソースコードファイルが用意されているのがわかります。

図3-40：パッケージエクスプローラーでソースコードファイルをチェックする。

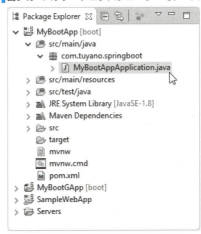

MyBootAppApplication をチェックする

では、このMyBootAppApplication.javaを開いて、どのようなソースコードが書かれているかチェックしてみましょう。

リスト3-6

```
package com.tuyano.springboot;

import org.springframework.boot.SpringApplication;
import org.springframework.boot.autoconfigure.SpringBootApplication;

@SpringBootApplication
public class MyBootAppApplication {

  public static void main(String[] args) {
    SpringApplication.run(MyBootAppApplication.class, args);
  }
}
```

　よく見ると、一般的なアプリケーションクラスであることがわかるでしょう。特にクラスを継承しているわけでもなく、mainメソッドが1つあるだけのシンプルなソースコードです。が、アノテーションのおかげで、ちょっと違うものに見えますね。

@SpringBootApplication アノテーション

　冒頭に付いている「**@SpringBootApplication**」というアノテーションは、このクラスがSpring Bootのアプリケーションクラスであることを示します。

　詳細は、もう少しSpring Bootについて理解しないと説明しづらいのですが、Spring Boot（というより、ベースになっている**Spring MVC**）では、設定ファイルなどを用意する代わりに、アノテーションを記述しておくだけで、プログラムで利用するコンポーネントをすべて自動的に読み込んで使えるようにする機能が用意されています。

　@SpringBootApplicationは、その機能を利用しています。このアノテーションを付けておくことで、Spring Bootは、ほかに設定ファイルなどを一切書かなくとも、「**MyBootAppApplicationというクラスがSpring Bootで起動する**」ということを知ることができるのです。

SpringApplication クラスと run

　mainメソッドで実行しているのは、1文だけのごく単純なものです。「**SpringApplication**」というクラスの「**run**」メソッドを実行する処理です。

```
SpringApplication.run(MyBootAppApplication.class, args);
```

　このSpringApplicationクラスは、文字通りSpring Bootのアプリケーションクラスです。このクラスに、Spring Bootアプリケーションとしての基本的な機能がまとめられています。ここで実行している「**run**」は、アプリケーションを起動するためのメソッドです。

　引数には、実行するクラスのClassインスタンスと、パラメータとして渡すデータを用意します。ここでは、MyBootAppApplicationクラスをそのまま起動するクラスとして設定し、呼び出しています。

MyBootAppApplicationには、@SpringBootApplicationアノテーションが付いているほかは、何もSpring Bootのアプリケーションらしいものはありません。このようなクラスを引数に指定した時は、Spring Bootはデフォルトの設定をそのまま使ってアプリケーションを実行します。

より本格的にSpring Bootを使いこなすようになると、さまざまな設定情報を記述したクラスを定義してSpringBootApplication.runの引数に指定するようになるでしょう。が、今のところは、とりあえず「**@SpringBootApplicationアノテーションを付けたクラスをそのまま引数指定すればいい**」と考えておきましょう。

MVCアーキテクチャーについて

これで、Spring Bootのアプリケーションクラスについてはわかりました。このクラスが用意されていることで、プロジェクトがアプリケーションとして起動できるようになっていたのですね。

が、起動はできましたが、実際にブラウザからアクセスするとエラーになってしまいました。これは、アプリケーションは用意されていても、実際に表示するページが存在しなかったからです。

Spring Bootでは、Webアプリケーションは「**MVCアーキテクチャー**」と呼ばれる考え方に基づいて設計されます。既に触れましたが、アプリケーションを「**Model**」「**View**」「**Controller**」という役割に分けて構築していく考え方です。

Model(モデル)	アプリケーションで使うデータを管理する
View(ビュー)	画面の表示を扱う
Controller(コントローラー)	全体の処理の制御を行う

図3-41：MVCでは、データを管理するModel、表示を担当するView、全体を制御するControllerがお互いに呼び出し合いながら動く。

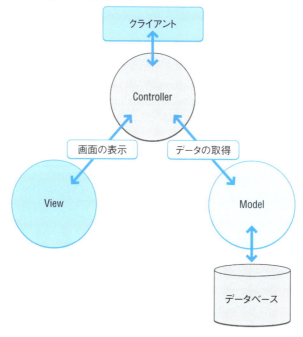

コントローラーとWebページ

これらの中で、最初に用意しなければならないのが「**コントローラー**」(Controller)でしょう。コントローラーは、アプリケーションの制御を担当します。この「**アプリケーションの制御**」とは、具体的には「**特定のアドレスにアクセスした時に実行される処理**」を意味します。

Spring Bootには、「**URLマッピング**」と呼ばれる機能が内蔵されています。特定のURLと処理を関連付ける機能です。これにより、あるURLにアクセスをすると、コントローラーに用意されているメソッドが呼び出されるような仕組みを作ることができます。

つまり、コントローラーを作れば、そこに用意してあるメソッドに割り当てられたURLにアクセスした時の処理が用意できる(つまり、そのアドレスにアクセスできるようになる)というわけです。

コントローラークラスを用意する

では、コントローラークラスを作成しましょう。Mavenで生成したプロジェクトの場合は、「**App.java**」クラスが保管されている場所に「**HeloController.java**」という名前でファイルを作成するだけです。

STS利用の場合は、一般的なJavaクラスとして作成をします。＜**File**＞メニューの＜**New**＞内から、＜**Class**＞メニューを選んで下さい。

図3-42：＜Class＞メニューを選ぶ。

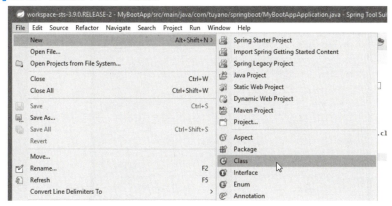

Java Class の設定

画面に、「**Java Class**」と表示されたダイアログウインドウが現れます。ここで、作成するクラスに関する設定を行っていきます。下記のように項目を設定しておきましょう。

Source folder	ファイルを保管する場所を指定します。デフォルトで「MyBootApp/src/main/java」となっているはずなので、そのままにしておきましょう。
Package	クラスを置くパッケージを指定します。「com.tuyano.springboot」としておきます。
Enclosing type	これは内部クラスを作る時の設定です。OFFにしておきます。
Name	クラス名です。ここでは「HeloController」とします。
Modifiers	アクセス権の拡張子を指定します。ここでは「public」を選んでおきます。
Superclass	継承するスーパークラスを指定します。デフォルトでは「java.lang.Object」となっているので、そのままにしておきます。
Interfaces	組み込むインターフェイスを設定します。特にないので空欄のままにしておきます。
Which method stubs would you like to create?	生成するメソッドを設定します。一番下にある「Inherited abstract methods」（継承されている抽象メソッド）のみをONにしておきます。
Do you want to add comments?	コメントを追加するかを指定します。OFFにしておきます。

これらを一通り設定したら、「**Finish**」ボタンを押せば、ウインドウが消え、ソースコードファイルが生成されます。

Chapter 3　Java による Spring Boot 開発の基本

図3-43：Java Classの設定を行い、Finishする。

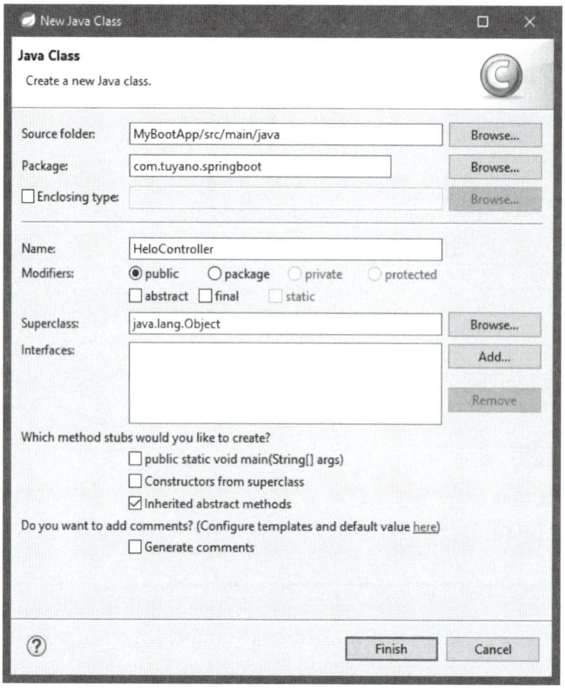

HeloControllerを作成する

作成されたHeloController.javaは、デフォルトではクラスの骨格のみが用意された状態になっています。こんな形ですね。

リスト3-7

```
package com.tuyano.springboot;


public class HeloController {

}
```

これに必要な情報を追加してクラスを完成させていきます。では、以下のような形にソースコードを書き換えてみましょう。

リスト3-8

```
package com.tuyano.springboot;

import org.springframework.web.bind.annotation.RequestMapping;
import org.springframework.web.bind.annotation.RestController;
```

132

```
@RestController
public class HeloController {

  @RequestMapping("/")
  public String index() {
    return "Hello Spring-Boot World!!";
  }
}
```

記述したら、プロジェクトを実行してみましょう。そして、http://localhost:8080/ にブラウザからアクセスして下さい。今度は、エラーメッセージは表示されず、「Hello Spring-Boot World!!」というテキストが表示されます。ごく単純なものですが、Webアプリケーションとしてちゃんと機能していることがわかりましたね！

図3-44：http://localhost:8080/にアクセスすると、「Hello Spring-Boot World!!」とテキストが表示される。

RestControllerについて

作成したHeloControllerクラスも、特殊なクラスを継承したり実装したりしているわけでもない、ごくシンプルなクラスです。ただし、アプリケーションのクラスと同様、専用のアノテーションが付けられています。

クラスに用意されているのは、「**@RestController**」というアノテーションです。これは、前章でGroovyを使ったアプリケーションを作ったときにも登場しましたが、覚えているでしょうか。このアノテーションは、このクラスが「**RestController**」であることを示します。

REST のためのコントローラー

RestControllerとは、「**REST**」のために用意されている専用コントローラーです。前章で触れたように、RESTは「**Representational State Transfer**」の略で、分散システムのためのアーキテクチャーです。ネットワーク経由で外部のサーバーにアクセスし、必要な情報を取得するような仕組みを作るのに利用される考え方です。また、このRESTの考え方にしたがって設計されるシステムを「**RESTful**」と表現したりします。

こうしたRESTfulなWebサービスを構築するようなときのために用意されているコントローラーが、RestControllerなのです。

RestControllerが出力するページは、Webアプリケーションの一般的なページ（HTMLのソースコードを送信するページ）に比べると、シンプルです。RESTのサービスは、たいていはHTMLを使わず、ただのテキストとして情報を送信するだけですので、HTMLベースのWebページより簡単に作成できます。

まずは、このRestControllerクラスを作成し、RESTのサービスを作りながら、コントローラー利用の基本を覚えていくことにしましょう。

図3-45：RESTは、クライアントからWebサービスにアクセスし、必要な情報を取得する基本的なアーキテクチャースタイル。多くはシンプルなテキストの形でデータを送信する。

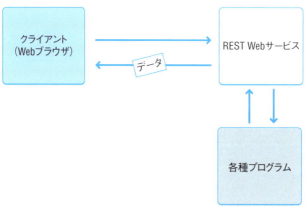

@RequestMappingについて

このクラスには、「**index**」というメソッドが1つだけ用意されています。このメソッドにも、「**@RequestMapping**」というアノテーションが用意されています。これも、Groovyアプリで登場しました。「**リクエストマッピング**」に関するもので、以下のように記述しました。

```
@RequestMapping( アドレス )
```

「**リクエストマッピング**」は、既に簡単に触れましたが、**サーバーが受け付けるURLと処理を関連付ける（マッピング）仕組み**です。用意されるメソッドごとに「**これは○○というアドレス用**」という具合に関連付けを用意し、サーバーにアクセスがあったら、そのアドレスに割り当てられているメソッドが自動的に呼びだされ、実行されるようにします。

このリクエストマッピングの設定を行うのが、@RequestMappingアノテーションです。引数に指定したアドレスにアクセスがあると、アノテーションが付けられているメソッドが自動的に実行されます。

サンプルでは、**("/")** と引数が指定してありましたね。これにより、"/"というアドレス（ここでは、http://localhost:8080/）にアクセスがあると、このindexメソッドが実行される

ようになっていた、というわけです。

■ リクエスト用のメソッド（リクエストハンドラ）について

RestControllerでリクエストにマッピングされるメソッドは、書き方が決まっています。整理すると以下のような形になります。

```
public String メソッド() {
    ……処理……
    return テキスト ;
}
```

メソッドは、Stringを戻り値として指定します。引数は不要です（ただし、引数を用意する場合もあります。これについては後述します）。戻り値としてreturnされるテキストが、クライアント側に送信されるテキストになります。つまり、メソッド内でテキストを作成し、それをreturnすれば、もうRESTfulなWebサービスが作れてしまうのです。

こうしたリクエスト用メソッドは、「**リクエストハンドラ**」と呼ばれる、と前章で説明しましたね。Javaの場合も同じで、**リクエストハンドラには@RequestMappingアノテーションが付けられる**、と考えていいでしょう。

パラメータを渡す

では、もう少しインタラクティブな処理をさせてみましょう。簡単な値をサーバーに送り、それを利用した結果を受け取るようにしてみます。これには、リクエストハンドラに、パラメータを受け取るための仕掛けを用意してやります。

リスト3-9

```
package com.tuyano.springboot;

import org.springframework.web.bind.annotation.PathVariable;
import org.springframework.web.bind.annotation.RequestMapping;
import org.springframework.web.bind.annotation.RestController;

@RestController
public class HeloController {

    @RequestMapping("/{num}")
    public String index(@PathVariable int num) {
        int res = 0;
        for(int i = 1;i <= num;i++)
            res += i;
        return "total: " + res;
    }
}
```

indexメソッドの部分に用意したアノテーションと、メソッドの引数が変更されています。これを実行したら、アドレスの末尾に整数値を付けてアクセスしてみましょう。例えば、

http://localhost:8080/100

このようにアクセスすると、「**total: 5050**」とテキストが表示されます。100のパラメータを受け取り、1から100までの合計を計算して表示しているのです。最後の整数（100）をいろいろと変更してアクセスしてみましょう。

図3-46：http://localhost:8080/100にアクセスすると、「total: 5050」と表示される。

パス変数と@PathVariable

ここでは、「**パス変数**」という機能を利用しています。これは、URLのパス部分に渡された値を変数として取り出して利用する機能です。アノテーションを見ると、

```
@RequestMapping("/{num}")
```

このようになっていますね。この**{num}**の部分が、パス変数の指定です。これは、"/"というアドレスの後にあるパスの値をnumという変数として受け取ることを示します。
　indexメソッドを見ると、このように書き換わっていますね。

```
public String index(@PathVariable int num) {……
```

　int numという引数が追加されています。その前には、「**@PathVariable**」というアノテーションが用意されています。これは、「**この引数が、パス変数によって値を渡されるものだ**」ということを示しています。つまり、"/{num}"で指定されたnumが、引数のnumに渡されるのです。

　http://localhost:8080/100というアドレスでアクセスすると、"/100"というパスの「**100**」が、{num}のパス変数の値の部分になります。この値が、indexメソッドの引数numに渡されるのです。後は、受け取った変数を使って計算をし、結果をreturnするだけです。実に簡単ですね。

136

受け取るタイプについて

ここでは、http://localhost:8080/100とアクセスすれば100が引数に渡されました。では、http://localhost:8080/abcとアクセスしたらどうなるでしょう？　これは、エラーになります。abcという値は、整数として取り出せないからです。

図3-47：/abcにアクセスすると、エラーが発生する。

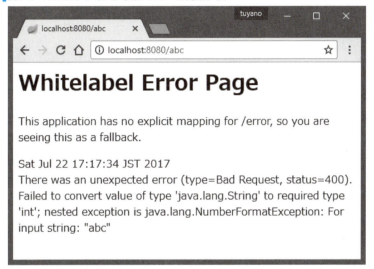

では、整数でないとダメかというと、そうとばかりはいえません。例えば、/12.345にアクセスすると、「**total: 78**」と表示されます。12.345がint値にキャストされ、1〜12までの合計が計算されたのです。引数に指定しているタイプにキャストできる値ならば、エラーにならず動作するのですね。

オブジェクトをJSONで出力する

RESTのサービスというのは、確かに「**テキストを出力する**」だけのシンプルなものですが、実際には「**Hello**」といったテキストを出力するだけのサービスを作ることはないでしょう。こうしたサービスは、必要な情報を取り出すために用意されるものです。したがって出力される内容も、もっと複雑なものであることのほうが多いのです。

Javaでは、複雑な情報を扱う場合にはクラスを定義し、そのインスタンスの形でやり取りするのが一般的です。RestControllerも、考え方は同じです。

RestControllerクラスは、Stringを戻り値に指定していましたが、これをクラスに変更することもできます。この場合、returnされたインスタンスの内容をJSON型式に変換したテキストが出力されるようになるのです。

JSONは、「**JavaScript Object Notation**」の略で、主にJavaScriptのオブジェクトをテキストとしてやり取りする際のフォーマットとして使われます。**RestControllerは、Javaのインスタンスを、このJSON型式のテキストの形に変換して出力します。**これは

Chapter 3 Javaによる Spring Boot 開発の基本

Spring Boot側で自動で行いますので、プログラマが手作業でインスタンスをJSON型式に変換するような作業は必要ありません。ただインスタンスをreturnするだけでいいのです。

DataObject を出力する

では、実際にやってみましょう。ここでは「**DataObject**」というデータを管理するクラスを利用することにします。HeloController.javaを以下のように書き換えて下さい。

リスト3-10

```java
package com.tuyano.springboot;

import org.springframework.web.bind.annotation.PathVariable;
import org.springframework.web.bind.annotation.RequestMapping;
import org.springframework.web.bind.annotation.RestController;

@RestController
public class HeloController {
    String[] names = {"tuyano",
        "hanako","taro",
        "sachiko","ichiro"};
    String[] mails = {"syoda@tuuyano.com",
        "hanako@flower","taro@yamda",
        "sachiko@happy","ichiro@baseball"};

    @RequestMapping("/{id}")
    public DataObject index(@PathVariable int id) {
        return new DataObject(id,names[id],mails[id]);
    }

}

class DataObject {
    private int id;
    private String name;
    private String value;

    public DataObject(int id, String name, String value) {
        super();
        this.id = id;
        this.name = name;
        this.value = value;
    }

    public int getId() { return id; }
```

138

```
    public void setId(int id) { this.id = id; }

    public String getName() { return name; }

    public void setName(String name) {
        this.name = name;
    }

    public String getValue() {
        return value;
    }

    public void setValue(String value) {
        this.value = value;
    }
}
```

図3-48：http://localhost:8080/の後に0〜4の整数を付けてアクセスすると、その番号のデータがJSON型式で出力される。

ここではサンプルとして0〜4の番号のデータを用意してあります。ブラウザから、http://localhost:8080/0というように、末尾に0〜4の整数値を付けてアクセスしてみましょう。その番号のデータがJSON型式で出力されます。

DataObject クラスについて

HeloControllerクラスのほかに「**DataObjet**」というクラスを用意してあります。このクラスでは、以下のようなフィールドが用意されています。

```
private int id;
private String name;
private String value;
```

これらのフィールドには、それぞれGetterおよびSetterメソッドが用意されており、外部からアクセス可能になっています。RestControllerで出力するクラスは、このようにアクセサを使って各フィールドの値が取得できるような形で作成しておきます。

Chapter 3 Java による Spring Boot 開発の基本

リクエストハンドラの変更をチェックする

では、HeloControllerのindexメソッドがどのように変更されたのかを確認しましょう。ここでは、以下のようにメソッドが用意されていました。

```
@RequestMapping("/{id}")
public DataObject index(@PathVariable int id) {
  return new DataObject(id,names[id],mails[id]);
}
```

@RequestMappingでは、"/{id}"という形でURLパスからidの値を受けるようにしてあります。これは、@PathVariable int idで引数として渡されます。

メソッドは、これまでStringが戻り値になっていましたが、これが「**DataObject**」に変更されています。returnでは、new DataObjectした値をそのまま返しています。DataObjectをStringに変換するような処理はまったくありません。

これで、returnされたDataObjectは、

```
{"id":1,"name":"hanako","value":"hanako@flower"}
```

こんな形のテキストに変換されて出力されます。これが、JSON型式のテキストです。JavaScriptでは、このテキストを簡単にオブジェクトに変換することができます。後はオブジェクトから値を自由に取り出して処理していくことができるでしょう。

3.4 ControllerによるWebページ作成

Spring BoBootでは、Thymeleafを使ってテンプレートを作成するのが一般的です。コントローラーとThymeleafを使い、Webアプリの基本的な値のやり取りについて覚えましょう。

ControllerとThymeleaf

RestControllerクラスは、RESTのサービスを簡単に作成するのに役立ちました。が、実際のWebアプリケーションでは、RESTサービスよりも、一般的なHTMLのWebページのほうが圧倒的に利用頻度は高いでしょう。

こうした普通のWebページを作る場合は、RestControllerはあまり役立ちません。代わりに用いられるのが「**Controller**」というクラスです。

これも、既にGroovyのアプリケーションを作ったときに少しだけ利用しましたね。Controllerクラスを作る場合は、RestControllerとはいくつか違う点があります。

@Controller をクラスに付ける

通常のWebページを利用する場合は、コントローラークラスの前に「**@Controller**」アノテーションを付けます。これも、Groovyアプリケーションで使いましたね。

140

ページのテンプレートを用意する

Controllerクラスの場合、RestControllerのように「**表示するテキストを出力すればOK**」とはいきません。一般的には、あらかじめ表示するページをテンプレートとして用意しておき、それを読み込んで表示内容を作成します。

テンプレート用ライブラリを用意する

テンプレートを利用する関係上、そのためのライブラリも用意しておく必要があります。先にGroovyを利用した際には、Thymeleafというテンプレートエンジンが標準で利用できましたが、Javaベースで開発を行う際には、テンプレートエンジンのためのライブラリも手動で追加しておかないといけません。

これらの点に注意して、プロジェクトを変更していくことになります。では、順に作業していきましょう。

Thymeleafを追加する（Mavenベース）

まずは、Mavenベースのプロジェクトからです。最初に行うのは、「**テンプレートエンジンを利用するためのライブラリを追加する**」という作業です。今回も、先のGroovyアプリケーションで使ったThymeleafテンプレートエンジンを利用することにしましょう。

これを利用するためには、ビルドファイルにライブラリの情報を追記する必要があります。

では、プロジェクトのフォルダ内にあるpom.xmlファイルを開いて下さい。Mavenコマンドでプロジェクトを作成している場合は、そのままテキストエディタ等でpom.xmlを開いて編集しましょう。

STSを利用している場合、そのまま開くと、たくさんのフィールドが並んだ表示が現れます。これは、pomファイル編集のための専用ビジュアルエディタです。pom.xmlは、情報を正確に記述していないとプログラムをビルドできません。そこで、直接テキストを編集するのでなく、専用のフォームに記入していくことで、正確にXMLデータを構築できるようにしてあるのです。では、データの追加を行いましょう。

▌図3-49：pom.xmlを開くと、このような専用のビジュアルエディタが現れる。

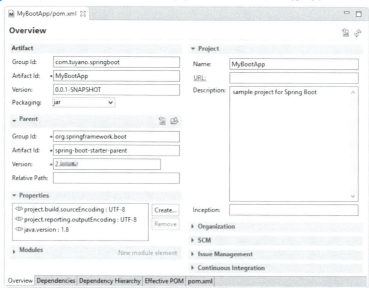

❶「**Dependencies**」タブに切り替える
　エディタの下部には、いくつもの切り替えタブが並んでます。この中から、左から2番目の「**Dependencies**」タブをクリックして切り替えて下さい。これで、ライブラリの設定（＜dependencies＞タグに記述するもの）を行います。

▌図3-50：「Dependencies」タブに切り替える。

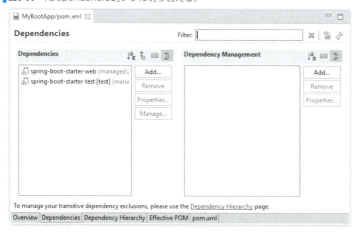

❷「**Add**」ボタンを押してダイアログに入力する
　左側の「**Dependencies**」という項目の右にある「**Add**」ボタンを押して下さい。画面に、追加する項目の内容を記入するダイアログが現れます。ここで、以下のように記入を行います。

3.4 ControllerによるWebページ作成

Group Id	グループIDの設定です。「org.springframework.boot」と記入します。
Artifact Id	アーティファクトIDの設定です。ここでは「spring-boot-starter-thymeleaf」とします。
Version	バージョンの設定です。空欄でいいでしょう。
Scope	Versionの右側にあるのは、スコープ（どういう状況の時に使われるか）の設定です。デフォルト（compile）のままにしておきます。
Enter groupId, artifactId or sha1 prefix or pattern	グループID、アーティファクトIDなどを入力して検索します。未入力のままで構いません。
Search Results	検索結果を表示します。

ここでは、Group IdとArtifact Idのみ記入します。そして「**OK**」ボタンをクリックすれば、設定情報が追記されます。

図3-51：Group IdとArtifact Idを記入し、OKする。

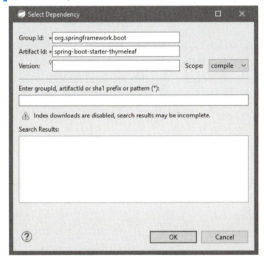

Thymeleaf用の pom.xml タグ

これで生成されるのは、<dependencies>タグ内に記述されるThymeleaf用のタグです。以下のように記述が追加されています。

リスト3-11

```
<dependency>
    <groupId>org.springframework.boot</groupId>
    <artifactId>spring-boot-starter-thymeleaf</artifactId>
</dependency>
```

これが、Thymeleafを利用するためのタグです。「**spring-boot-starter-thymeleaf**」とアーティファクトIDが指定されていることからもわかるように、これはSpringスタータープロジェクトでThymeleafを利用するためのライブラリです。これを追加することで、SpringスタータープロジェクトでThymeleafを利用するために必要なものがすべて用意されます。

> **Note**
> STSを使わず、mvnコマンドでプロジェクトを作成している場合は、pom.xmlをエディタなどで開き、上記のタグを手作業で追記して下さい。

Gradleでの修正

続いて、Gradleでの開発についてです。Gradleの場合は、プロジェクト内にある「**build.gradle**」ファイルにThymeleaf利用のための情報を追記します。このファイルを開いて下さい。そして、いちばん最後に記述されている**dependencies**（buildscript内にあるものではなく、スクリプトの最後に書かれているものです）を以下のように修正します。

リスト3-12
```
dependencies {
    compile('org.springframework.boot:spring-boot-starter-thymeleaf')
    compile('org.springframework.boot:spring-boot-starter-web')
    testCompile('org.springframework.boot:spring-boot-starter-test')
}
```

dependenciesの最初の文が新たに追記したものです。これにより、**spring-boot-starter-thymeleaf**というライブラリがロードされるようになります。ただし、これを書いただけでは、まだライブラリはダウンロードされていません。

パッケージエクスプローラーでプロジェクトのフォルダ（「**MyBootGApp**」フォルダ）のアイコンを右クリックし、ポップアップして現れるメニューから、＜**Gradle**＞内の＜**Refresh Gradle Project**＞メニューを選んで下さい。これでプロジェクトが更新され、未インストールだったspring-boot-starter-thymeleafが組み込まれます。

図3-52：＜Refresh Gradle Project＞メニューでプロジェクトを更新しておく。

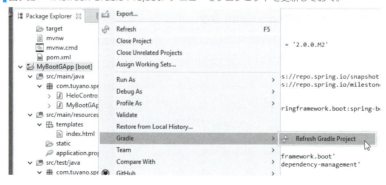

コントローラーの修正

　では、コントローラークラスを修正しましょう（これは、MavenとGradleのどちらでも共通です）。HeloController.javaを開き、以下のように修正して下さい。

リスト3-13

```java
package com.tuyano.springboot;

import org.springframework.stereotype.Controller;
import org.springframework.web.bind.annotation.RequestMapping;

@Controller
public class HeloController {

  @RequestMapping("/")
  public String index() {
    return "index";
  }
}
```

　見ればわかるように、もっともシンプルなコントローラークラスのソースコードになっています。@Controllerアノテーションを付け、@RequestMapping("/")を設定したindexメソッドが1つだけあります。ここでは、"index"というStringをreturnするだけの処理が用意されています。新たなものは何も使っていませんから、これ以上の説明は無用でしょう。

テンプレートファイルを作る

　では、表示するWebページのテンプレートを作りましょう。テンプレートファイルは「**resources**」フォルダ内に「**templates**」というフォルダを用意し、この中に保管します。この点も、Groovyアプリケーションとまったく同じですね。

　Maven/Gradleコマンドで作成している人は、「**main**」フォルダ内に「**resources**」フォルダを作成し、更にその中に「**templates**」フォルダを用意して下さい。そしてこのフォルダの中に「**index.html**」というファイルを作って配置します。

▌STS の場合

　STSを利用する場合は、パッケージエクスプローラーで「**src/main/resources**」内の「**templates**」フォルダを選択した状態で、＜**File**＞メニューの＜**New**＞内にある＜**Other...**＞メニューを選び、以下の手順で作成して下さい。

❶ HTML Fileを選択
　画面にウィザード選択のウインドウが現れたら、「**Web**」内にある「**HTML File**」を選択し、「**Next**」ボタンで次に進みます。

図3-53：＜Other...＞メニューを選んで現れるウィザードウインドウで「Web」内の「HTML File」を選ぶ。

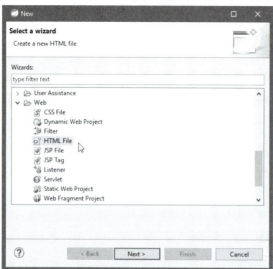

❷ 保存場所とファイル名を入力

HTMLファイルの保存場所とファイル名を入力する表示に変わります。中央付近に表示されているフォルダの階層表示から「**templates**」フォルダを選択し、その下にある「**File name**」欄に「**index.html**」と入力して次に進みます。

図3-54：「templates」フォルダを選択し、ファイル名を「index.html」とする。

❸ HTMLテンプレートを選択
HTMLのテンプレートファイルを選択する表示になります。リストに一覧表示されているのが、用意されているテンプレートです。ここから、「**New HTML File (5)**」という項目を選択し、「**Finish**」ボタンで終了しましょう。これでファイルが作成されます。

図3-55：テンプレートは「New HTML File (5)」を選択する。

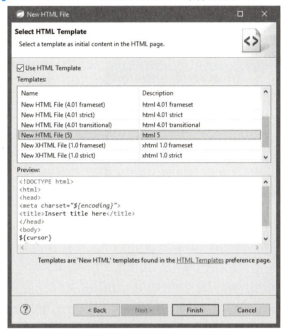

index.html のコードを修正する

作成されたindex.htmlには、必要最低限のHTMLタグのみが書かれています。これを元に書き加えていって、テンプレートを完成させましょう。

リスト3-14
```
<!DOCTYPE HTML>
<html xmlns:th="http://www.thymeleaf.org">
<head>
  <title>top page</title>
  <meta http-equiv="Content-Type"
    content="text/html; charset=UTF-8" />
  <style>
  h1 { font-size:18pt; font-weight:bold; color:gray; }
  body { font-size:13pt; color:gray; margin:5px 25px; }
  </style>
</head>
<body>
```

```
        <h1>Helo page</h1>
        <p class="msg">this is Thymeleaf sample page.</p>
    </body>
</html>
```

完成したら、http://localhost:8080/にアクセスしてみましょう。用意したindex.htmlの内容が表示されます。テンプレートがきちんと機能していることがわかりますね。

図3-56：ブラウザからアクセスすると、index.htmlの内容を読み込んで表示する。

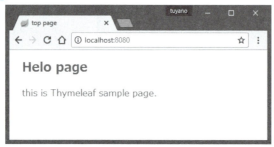

リクエストハンドラを見ると、単純に「**return "index";**」と実行しているだけなのがわかります。このように、Controllerクラスのリクエストハンドラでは、テンプレート名を返すと、その名前のテンプレートを検索し、それを読み込んでレンダリングし、クライアント側に送信します。

ただし！　これはControllerクラスならなんでもそうしてくれる、というわけではありません。pom.xmlで、spring-boot-starter-thymeleafを設定してあるからです。この<dependency>タグをカットすると、アクセスした際にはただ「**index**」とテキストが表示されるだけになります。テンプレートエンジンのためのSpring Bootのライブラリを組み込むことで、「**名前でテンプレートが自動的にロードされる**」という機能が使えるようになっているのです。

テンプレートに値を表示する

では、前章（**リスト2-7**, **2-8**）のGroovyアプリケーションでもやりましたが、コントローラーからテンプレートに値を渡すことをやってみましょう。まずは、テンプレート側のソースコードを修正します。

リスト3-15
```
<body>
    <h1>Helo page</h1>
    <p class="msg" th:text="${msg}"></p>
</body>
```

ここでは、修正が必要な<body>部分だけを掲載しておきます。残る<head>部分はそのままでいいでしょう。

内容については後述することにし、続いてコントローラー側も書き換えておきましょう。

リスト3-16
```
package com.tuyano.springboot;

import org.springframework.stereotype.Controller;
import org.springframework.ui.Model;
import org.springframework.web.bind.annotation.PathVariable;
import org.springframework.web.bind.annotation.RequestMapping;

@Controller
public class HeloController {

  @RequestMapping("/{num}")
  public String index(@PathVariable int num, Model model) {
    int res = 0;
    for(int i = 1;i <= num;i++)
      res += i;
    model.addAttribute("msg", "total: " + res);
    return "index";
  }
}
```

前節（**リスト3-9**）ででやったように、整数値をURLパスでコントローラーに渡し、その合計を表示させるようにしています。修正したら、ブラウザから「**http://localhost:8080/整数**」といった具合にアクセスしてみましょう。例えば、http://localhost:8080/123とアクセスすると、「**total: 7626**」と結果が表示されます。

図3-57：/123と末尾に正数をつけてアクセスすると合計が表示される。

テンプレートへの値の出力

では、修正箇所を見ていきましょう。まずは、テンプレートです。これは、以下のようにして値を出力させていますね。

```
<p class="msg" th:text="${msg}"></p>
```

Chapter **3** Java による Spring Boot 開発の基本

Thymeleafでの値の出力については、前章で簡単に説明しましたが、覚えているでしょうか。**th:text**という属性を用意し、そこに**${変数名}**といった形で変数を埋め込んでやればいいのでしたね。ここでは${msg}として、変数msgの値を表示するようにしてあります。

Modelクラスの利用

さて、問題はコントローラー側です。メソッドの引数に見慣れないものが用意されています。

```
@RequestMapping("/{num}")
public String index(@PathVariable int num, Model model) {……
```

@RequestMappingアノテーションと、@PathVariableは、いずれも前節で登場しました。アノテーションの引数に"/{num}"と指定し、このnumの値が@PathVariableの変数numに渡されるんでしたね。

問題は、その後の引数です。ここでは「**Model**」というクラスのインスタンスが引数として用意されています。「**Model**」は、Webページで利用するデータを管理するためのクラスです。このModelに、テンプレートで利用する値を設定しておくことで、データを渡すことができるのです。例では、

```
model.addAttribute("msg", "total: " + res);
```

このように、「**addAttribute**」というメソッドで値を設定します。第1引数には値の名前を、第2引数には保管する値をそれぞれ指定します。

例えば、サンプルでは、"total: " + resという値を、msgという名前で保管しています。こうすることで、テンプレート側で${msg}という形で変数msgの値を取り出すことができるようになります。

ModelAndViewクラスの利用

ここで、ちょっとした疑問を持った人がいるかもしれません。「**Groovyアプリケーションでは、Controllerを使うとき、引数や戻り値をModelAndViewというクラスに変更していた。これはJavaでは使わないのか？ また、Modelとは何がどう違うのか？**」といった疑問です。

実は、何も違いはありません。GroovyのときにModelAndViewを使い、今回はModelを使ったのは、「**いろいろなクラスの使い方を見せる**」ためです。

ModelAndViewとModel、この2つは、どちらもリクエストハンドラで利用することができます。ただし両者は以下のような違いがあるため、利用の仕方は若干異なります。

150

Model	テンプレート側で利用するデータ類をまとめて管理します。データを管理するだけなので、ビュー関連（利用するテンプレート名など）の情報は持っていません。ですから、このModelを戻り値として使うことはできません（テンプレートの情報を持たないため）。
ModelAndView	テンプレートで利用するデータ類と、ビューに関する情報（利用するテンプレート名など）をすべてまとめて管理します。ビュー関連の情報も持っているので、ModelAndViewを戻り値で返すことで、設定されたテンプレートを利用するようになります。

どちらも引数として利用するのですが、**Modelは戻り値にしないのに対し、ModelAndViewは戻り値として使用します。**「ビュー関連の情報を含むかどうか」の違いにより、扱い方が変わってくるのです。

ModelAndView に書き直す

では、先ほどのModelを利用したサンプルを、ModelAndView利用に書き直したらどうなるか、コントローラーのコードだけを挙げておきましょう。

リスト3-17

```
package com.tuyano.springboot;

import org.springframework.stereotype.Controller;
import org.springframework.web.bind.annotation.PathVariable;
import org.springframework.web.bind.annotation.RequestMapping;
import org.springframework.web.servlet.ModelAndView;

@Controller
public class HeloController {

    @RequestMapping("/{num}")
    public ModelAndView index(@PathVariable int num,
        ModelAndView mav) {
        int res = 0;
        for(int i = 1;i <= num;i++)
            res += i;
        mav.addObject("msg", "total: " + res);
        mav.setViewName("index");
        return mav;
    }
}
```

indexの引数と戻り値にModelAndViewが用意されています。メソッドでは、以下のようにして値の保管とテンプレートの設定を行っています。

Chapter **3** Java による Spring Boot 開発の基本

```
mav.addObject("msg", "total: " + res);
mav.setViewName("index");
```

　値の保管は、基本的にはModelと同じようなやり方なのですが、メソッド名が
「**addObject**」になっています。また、使用するビューの名前を「**setViewName**」で設定し
ます。これを忘れると、テンプレートが見つからないエラーになるので注意しましょう。

フォームを利用する

　もう少し本格的なデータのやり取りを行う場合は、フォームを利用することになる
でしょう。これもGroovyアプリケーションで簡単な使い方をやっていましたね（**リスト
2-11、2-12**）。Javaではどうなるか、試してみましょう。
　まずは、テンプレートの修正です。以下のように変更して下さい。

リスト3-18

```
<body>
  <h1>Helo page</h1>
  <p th:text="${msg}">please wait...</p>
  <form method="post" action="/">
    <input type="text" name="text1" th:value="${value}" />
    <input type="submit" value="Click" />
  </form>
</body>
```

　リスト3-15と同様、<body>タグの部分のみをピックアップして掲載しました。ここで
は、<form method="post" action="/">という形でフォームを用意しています。送信先は、
同じ"/"で、POST送信させています。<input type="text">タグでは、th:value="${value}"
というようにしてvalueの値を入力フィールドに表示させています。

コントローラーを修正する

　では、コントローラー側も修正しましょう。メソッドが2つに増えています。以下の
ように書き換えて下さい。

リスト3-19

```
package com.tuyano.springboot;

import org.springframework.stereotype.Controller;
import org.springframework.web.bind.annotation.RequestMapping;
import org.springframework.web.bind.annotation.RequestMethod;
import org.springframework.web.bind.annotation.RequestParam;
import org.springframework.web.servlet.ModelAndView;

@Controller
```

152

```
public class HeloController {

  @RequestMapping(value="/", method=RequestMethod.GET)
  public ModelAndView index(ModelAndView mav) {
    mav.setViewName("index");
    mav.addObject("msg","お名前を書いて送信してください。");
    return mav;
  }

  @RequestMapping(value="/", method=RequestMethod.POST)
  public ModelAndView send(@RequestParam("text1")String str,
      ModelAndView mav) {
    mav.addObject("msg","こんにちは、" + str + "さん！");
    mav.addObject("value",str);
    mav.setViewName("index");
    return mav;
  }
}
```

修正ができたら、ブラウザからアクセスしてみましょう。名前を入力するフィールドが表示されるので、ここで名前を書いて送信すると、「**こんにちは、○○さん！**」とメッセージが表示されます。

図3-58：フォームに名前を書いて送信すると、メッセージが表示される。

@RequestMapping の修正

いろいろとソースコードが修正されています。まず、@RequestMappingアノテーションです。これは以下のように書かれています。

```
@RequestMapping(value="/", method=RequestMethod.GET)
```

既にGroovyアプリケーションのところで触れましたが、@RequestMappingの引数は、通常、「**value="/"**」といった具合に書かなくてはいけません。が、valueだけしか値がない場合は、省略して値だけを書けばよいことになっています。ここでのように、引数が複数あるような場合は、面倒でも1つ1つの引数名を指定して書かなくてはいけません。

ここでは、value="/"にマッピングするメソッドが2つあります。1つはGETアクセス時に使うもの、もう1つはPOST送信された場合のものです。どちらも同じアドレスですから、methodを指定して「**こちらはGET用、あちらはPOST用**」と明確に区別する必要があります。

@RequestParam によるフォームの受け取り

フォームから送信された値は、sendメソッドで受け取り、処理しています。これは、以下の引数によって値を取得しています。

```
@RequestParam("text1")String str
```

@RequestParamが、フォーム送信された値を指定するためのアノテーションです。これにより、フォームにあるname="text1"というコントロールに入力された値が、引数strに渡されるようになります。

そのほかのフォームコントロール

フォーム送信の基本がわかったところで、そのほかのコントロール類についても見てみることにしましょう。主なコントロール類の、コントローラー側での扱いについて簡単に整理しておきましょう。

■チェックボックス

値は、選択状態をboolean値として得ることができます。

■ラジオボタン

値は、選択した項目のvalueをStringとして渡せます。未選択の場合はnullになります。

■選択リスト

単一項目のみを選択する場合、値は選択された項目をStringとして渡します。複数項目選択可の場合、値は選択された各項目を一つにまとめたString配列になります。いずれも未選択の場合はnullになります。

■フォームのテンプレートを用意する

では、実際にこれらのコントロールを使ってみましょう。まずは、テンプレートの修正からです。下のようにindex.htmlの<body>を修正して下さい。

リスト3-20

```
<!-- pre { font-size:13pt; color:gray; padding:5px 10px;
    border:1px solid gray; } を<style>に追加 -->
<body>
```

```html
<h1>Helo page</h1>
<pre th:text="${msg}">please wait...</pre>
<form method="post" action="/">
  <div>
  <input type="checkbox" id="check1" name="check1" />
  <label for="check1">チェック</label>
  </div>
  <div>
  <input type="radio" id="radioA" name="radio1" value="male" />
  <label for="radioA">男性</label>
  </div>
  <div>
  <input type="radio" id="radioB" name="radio1" value="female" />
  <label for="radioB">女性</label>
  </div>
  <div>
  <select id="select1" name="select1" size="4">
    <option value="Windows">Windows</option>
    <option value="Mac">Mac</option>
    <option value="Linux">Linux</option>
  </select>
  <select id="select2" name="select2" size="4" multiple="multiple">
    <option value="Android">Android</option>
    <option value="iphone">iPhone</option>
    <option value="Winfone">Windows Phone</option>
  </select>
  </div>
  <input type="submit" value="Click" />
</form>
</body>
```

コントローラークラスの修正

ここでは、**\<checkbox\>**、2つの**\<radio\>**、単一項目選択と複数項目選択の2種類の
\<select\>を用意してあります。これらの送信された値を処理するようにコントローラー
を書き換えましょう。

リスト3-21

```java
package com.tuyano.springboot;

import org.springframework.stereotype.Controller;
import org.springframework.web.bind.annotation.RequestMapping;
import org.springframework.web.bind.annotation.RequestMethod;
import org.springframework.web.bind.annotation.RequestParam;
import org.springframework.web.servlet.ModelAndView;
```

```java
@Controller
public class HeloController {

  @RequestMapping(value="/", method=RequestMethod.GET)
  public ModelAndView index(ModelAndView mav) {
    mav.setViewName("index");
    mav.addObject("msg","フォームを送信下さい。");
    return mav;
  }

  @RequestMapping(value="/", method=RequestMethod.POST)
  public ModelAndView send(
    @RequestParam(value="check1",required=false)boolean check1,
    @RequestParam(value="radio1",required=false)String radio1,
    @RequestParam(value="select1",required=false)String select1,
    @RequestParam(value="select2",required=false)String[] select2,
    ModelAndView mav) {

    String res = "";
    try {
      res = "check:" + check1 +
        " radio:" + radio1 +
        " select:" + select1 +
        "\nselect2:";
    } catch (NullPointerException e) {}
    try {
      res += select2[0];
      for(int i = 1;i < select2.length;i++)
        res += ", " + select2[i];
    } catch (NullPointerException e) {
      res += "null";
    }
    mav.addObject("msg",res);
    mav.setViewName("index");
    return mav;
  }
}
```

3.4 ControllerによるWebページ作成

図3-59：フォームを設定して送信すると、各コントロールの選択状態を調べて結果を表示する。

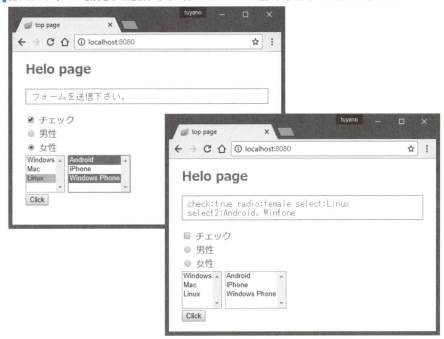

変更ができたら、ブラウザからアクセスしてください。そしてフォームを適当に設定し、送信してみましょう。それぞれのコントロールの状態がメッセージにまとめられて表示されます。

フォームの値の受け取り

フォームから送信された値は、sendメソッドで受け取ります。このメソッドに、フォームから送られた値が受け取れるように、**@RequestParam**を付けた引数が4つ用意されています。が、よく見ると、この記述が少し変わっています。

```
@RequestParam(value="check1",required=false)boolean check1
```

引数には、「**value**」と「**required**」という2つの値が用意されています。valueは、受け取るパラメータの名前ですね。もう1つのrequiredは、この値が必須ではない（つまり、値が渡されない場合もある）ことを指定するものです。

通常、@RequestParamを指定したパラメータは必ず用意され、引数に渡されなければいけません。値が存在しないと内部エラーになってしまいます。が、**required=false**を指定することで、そのパラメータがなくともエラーにならず処理が進められるようになります。

チェックボックス、ラジオボタン、選択リスト。これらは、まったくの未選択だと値が送られません。このためrequired=falseを指定しないとエラーになってしまいます。これを用意することで、未選択でも問題なく処理が実行できるようになります。値が渡さ

Chapter **3** Java による Spring Boot 開発の基本

れない場合は、nullの値として処理されます。

　受け取った値の処理は、「**nullの場合もある**」ということを前提に処理していきましょう。

ページの移動（フォワードとリダイレクト）

　基本的なコントローラーの使い方は一通りわかってきました。最後に、「**ページの移動**」についても触れておきましょう。

　あるアドレスにアクセスしたとき、必要に応じて別のアドレスに移動させたい場合もあります。こうした時に利用されるのが「**フォワード**」と「**リダイレクト**」です。

　フォワードは、サーバー内部で別のページを読み込み表示するものです。アクセスするアドレスはそのままに、表示内容だけが別のページに差し替えられます。

　リダイレクトは、クライアント側に送られた後で別のページに移動させるものです。ですから、アクセスしているアドレスそのものも移動先のものに変更されます。

　では、これもサンプルを用意しましょう。まずは、index.htmlからです。例によって、<body>タグだけを掲載しておきます。

リスト3-22

```
<body>
  <h1>Helo page</h1>
</body>
```

　そして、コントローラー。"/"と、リダイレクト用・フォワード用のアドレスで呼び出されるリクエストハンドラも用意しておくことにします。

リスト3-23

```
package com.tuyano.springboot;

import org.springframework.stereotype.Controller;
import org.springframework.web.bind.annotation.RequestMapping;
import org.springframework.web.servlet.ModelAndView;

@Controller
public class HeloController {

  @RequestMapping("/")
  public ModelAndView index(ModelAndView mav) {
    mav.setViewName("index");
    return mav;
  }
  @RequestMapping("/other")
  public String other() {
```

```
      return "redirect:/";
  }

  @RequestMapping("/home")
  public String home() {
    return "forward:/";
  }
}
```

図3-60：”/home”にアクセスすると、アドレスはそのままに”/”の表示が現れる。”/other”はアドレス自体が”/”に変わる。

だいぶシンプルになりましたから、やっていることはだいたいわかるでしょう。http://localhost:8080/homeにアクセスをすると、アドレスはそのままに、表示だけがhttp://localhost:8080/に変わります。http://localhost:8080/otherにアクセスすると、アドレス自体がhttp://localhost:8080/に変更されます。

フォワードとリダイレクト

フォワードとリダイレクトの処理は、実は非常に簡単です。見ればわかるように、returnするString値を、**"redirect:○○"** あるいは **"forward:○○"** といった形にすればいいのです（○○は、新しいアドレス）。たったこれだけで、別のアドレスに移動させることができてしまいます。

ModelAndView の場合は？

リクエストハンドラの戻り値がStringの場合はこれでOKです。が、ModelAndViewを戻り値に設定している場合は？　この場合は、新たにModelAndViewインスタンスを作成し、これをreturnすればいいのです。

```
return new ModelAndView("redirect:/");
```

例えば、こんな具合にModelAndViewインスタンスを作成し、その際、引数に"redirect:○○"というようにリダイレクト先を指定すれば、そのアドレスにリダイレクトします。フォワードの場合もやり方は同じです。

Chapter **3** Java による Spring Boot 開発の基本

Column マイルストーン版の利用について

　本書は、Spring Boot 2の正式版（2.0.0.RELEASE）での利用を前提に記述しています
が、本書執筆時点では、正式版はまだリリースされていません。正式版がリリースがさ
れていない時点で本書の記述通りに作成しても、正しく動作しないでしょう。

　本書発刊後、それほど日を置かずに正式版がリリースされる予定であるため、ほとん
どの読者に影響はないと思われますが、万が一、正式リリースが大幅に遅れるなどした
場合、本書の記述を修正する必要があります。

　https://projects.spring.io/spring-boot/

　上記サイトにアクセスし、正式版がまだリリースされていないことが確認できた場合
は、本書に掲載されたリストの一部を修正し、マイルストーン版を利用して下さい。修
正内容は以下のようになります。

❶ プロジェクトのpom.xmlを開き、マイルストーン用のリポジトリを追記します。こ
　れは、本書114ページ掲載のコラム「**マイルストーン＆スナップショット用リポジト
　リ**」に掲載しています。

❷ pom.xmlの<parent>内にある<version>の値を、マイルストーン版のバージョン
　に書き換えて保存します。

　これで、正式リリース前のマイルストーン版を利用することができます。なお本書で
は、<version>を「**2.0.0.M7**」に設定して動作確認を行っています。

Chapter 4

テンプレートエンジンを
使いこなす

Spring Bootでは、さまざまなテンプレートエンジンが利
用できます。ここでは、Thymeleafの使い方について一通り
説明していきましょう。また、JSPやGroovyの利用の仕方
についても簡単にまとめておきましょう。

Spring Boot 2 プログラミング入門

Chapter 4 テンプレートエンジンを 使いこなす

4.1 Thymeleafをマスターする

Thymeleafは、Spring Bootでもっとも多用されるテンプレートエンジンです。Thymeleafには、さまざまな機能が用意されています。それらを一通り説明し、Thymeleafの基本的な使い方をマスターしましょう。

Thymeleafの変数式

コントローラーの基本的な使い方がわかったところで、次にMVCの「**V**」である「**ビュー(View)**」について見ていくことにしましょう。

Spring Bootでは、画面の表示はテンプレートを使って作成します。利用可能なテンプレートエンジンとしては、以下のようなものがあります。

■Thymeleaf(タイムリーフ)

前章で利用していたテンプレートエンジンですね。th:○○といった属性をHTMLタグに追加することで、各種の値や処理などを組み込んでいくことができます。独自のタグなどを使わないため、HTMLのビジュアルエディタなどとの親和性も高く、編集しやすいのが利点です。

■JSP(JavaServer Pages)

「**よく知らないテンプレートエンジンなんか使わずに、JSPでいいじゃないの?**」と思う人も多いことでしょう。Spring Bootでも、JSPを利用することは可能です。ただし、いろいろと問題もあります。Spring Bootでは、アプリケーションは組み込み用のサーブレットコンテナとともにJARファイルにまとめて実行する形でデプロイすることが多いのですが、このやり方だとJSPが動かないのです(昔ながらの「**サーブレットコンテナが動いていて、そこにWARファイルをアップロードする**」というやり方なら動作します)。

■FreeMarker(フリーメーカー)

これは、${○○}といった形で値を埋め込んでいくテンプレートです。Thymeleafが特殊な属性で値を設定するのに対し、FreeMarkerはテキストを表示する場所に直接${}を埋め込んで表示できます。ただし、制御のための機能はHTMLのタグと同様の<#○○>といったタグを使うため、HTMLのビジュアルエディタなどでHTMLの構造に影響を与える可能性もあります。

■Groovy(グルービー)

これも**第2章**で少しだけ使いました。GroovyはJava仮想マシン上で動作するスクリプト言語ですが、Webページのテンプレートとして利用することもできます。多くのテンプレートがHTMLをベースにしているのに対し、GroovyテンプレートはHTMLとはまったく異なるコード体系となっているので、「**HTMLのタグで見ないとわからない**」という人には向かないでしょう。「**コードですべて画面表示を書けるほうが便利**」という人には向いています。

162

■GSP(Groovy Server Pages)

これもGroovyによるテンプレートです。これはJavaのJSPに相当するものをイメージするとよいでしょう。JSPと同様に、<% %>タグや<%= %>タグをHTML内に埋め込んで表示を作成することができます。また、<g:○○ >というGSPタグというもので制御構文的な処理なども作成できます。JSPと似ていますが、JSPよりもかなり高機能でしょう。

■Mustache(ムスタシェ)

Mustacheは、非常に幅広い言語に対応するテンプレートエンジンです。Javaだけでなく、PHP、Ruby、Python、JavaScriptなど多くの言語で使えるので、Java以外の言語も利用している人にはいい選択しかもしれません。{{}}記号を使い、変数などをHTMLコード内に埋め込みます。

▍Thymeleaf がオススメ！

それぞれに利点と欠点がありますので、自分の開発スタイルに合ったものを選ぶのがよいのですが、本書では、これまで使ってきた「**Thymeleaf**」をメインのテンプレートエンジンとして使うことにします。

理由はいくつかありますが、最大のものは「**Spring Bootでは、Thymeleafを選択する人がおそらく一番多い**」ということでしょう。また基本はHTMLそのものであり、そこに必要に応じて属性を追加していくだけ、というシンプルな構成がわかりやすい、ということもあります。テンプレートのためにまたわざわざ新しい体系を学ばないといけないのは大変ですから。

基本は変数式とOGNL

Thymeleafの基本は、「**値を出力する（表示する）**」ということです。これは、**${{○○}}**という形で記述されます。この${{}}という書き方は「**変数式**」と呼ばれます。

変数式の中に記述されるのは、「**OGNL**」(Object-Graph Navigation Language)式という、Javaの値にアクセスするための式言語です。Thymeleafに限らず、各種のライブラリやフレームワークなどで使われています。

OGNLは、Javaの簡易版のような書き方をするので、Javaプログラマであればそれほど難しくはありません。基本的に「**Javaで式を書けば、シンプルなものならたいていはOGNLの式になる**」と考えてしまっていいでしょう。

既に基本的なOGNLは使っていますが、もう少し違ったサンプルを挙げてみましょう。前章まで使ってきたHeloControllerをそのまま利用することにします。index.htmlを開き、<body>タグの部分をこのように書き換えてみてください。

リスト4-1

```
<body>
  <h1>Helo page</h1>
  <p th:text="${new java.util.Date().toString()}"></p>
</body>
```

図4-1：アクセスすると現在の日時を出力表示する。

ここでは、th:textに、**${new java.util.Date().toString()}**というように値を指定しています。変数式には、単に変数や値などを書くだけでなく、このようにインスタンスをnewしたり、メソッドを呼び出したりするOGNLの式を書くこともできるのです。

ユーティリティオブジェクト

変数式は、その名の通り、変数を記述してそのまま出力することができます。この変数は、既に簡単なサンプルで動作を確認したように、まずコントローラーで値を用意しておき、それをテンプレート側に出力する、というのが基本でした。

が、例えばJavaのクラスなどの中には、こうしたテンプレートで頻繁に用いられるクラスもあります。そうしたものを利用する際、常に「**コントローラーでこのクラスを変数として用意して……**」とやるのはかなり面倒くさいものですね。

そこでThymeleafでは、よく使われるクラスを「**#名前**」という定数として変数式の中に直接記述して利用できるようにしました。これが「**ユーティリティオブジェクト**」です。

ユーティリティオブジェクトには、以下のようなものがあります。

#strings	Stringクラスの定数です。
#numbers	Numberクラスの定数です。
#bools	Booleanクラスの定数です。
#dates	Dateクラスの定数です。
#objects	Objectクラスの定数です。
#arrays	Arrayクラスの定数です。
#lists	Listクラスの定数です。
#sets	Setクラスの定数です。
#maps	Mapクラスの定数です。

これらはクラスの定数ですので、ここから直接クラスメソッドなどを呼び出して利用することができます。ただし、例えば「**new #dates**」などとやってDateインスタンスを作る、といった使い方はできません。あくまで、「**#dates.○○**」というように、クラスフィー

ルドやクラスメソッドの呼び出しなどを行うのに利用するもの、と考えて下さい。

ユーティリティオブジェクトを使う

では、実際にユーティリティオブジェクトを利用した例を挙げておきましょう。これもコントローラー側は特に修正の必要はなく、テンプレート（index.html）側を修正するだけで済みますね。

リスト4-2

```
<body>
  <h1>Helo page</h1>
  <p th:text="${#dates.format(new java.util.Date(),'dd/MMM/yyyy HH:mm')}"></p>
  <p th:text="${#numbers.formatInteger(1234,7)}"></p>
  <p th:text="${#strings.toUpperCase('Welcome to Spring.')}"></p>
</body>
```

図4-2：実行すると、日付、整数、テキストなどの値が整形されて表示される。

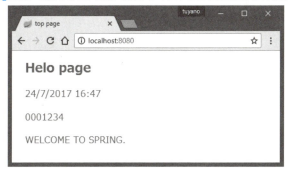

ここでは、日時、整数、テキストといった値を決まった形に整形して表示しています。順番に見てみましょう。

日時の整形

```
${#dates.format(new java.util.Date(),'dd/MMM/yyyy HH:mm')}
```

#datesは、Dateクラスの定数でした。そのformatメソッドを使い、引数で作成しているDateを決まった形式で表示しています。ここでは、dd/MMM/yyyy HH:mmという形でパターンを用意してあります。

整数の整形

```
#numbers.formatInteger(1234,7)
```

#numbersは、Numberクラスの定数でした。formatIntegerメソッドは、整数を決まった桁数表記にします。第1引数の整数を第2引数の桁表示にして返します。

Chapter **4** テンプレートエンジンを 使いこなす

■テキストの整形

```
${#strings.toUpperCase('Welcome to Spring.')
```

#stringsは、Stringクラスの定数でした。toUpperCaseは、引数のテキストをすべて大文字に変換するメソッドです。

ユーティリティオブジェクトは、このように、値を整形するなどちょっとした処理を変数式内に組み込みたい場合に役立ちます。

パラメータへのアクセス

Webアプリケーションでは、クエリー文字列にパラメーターを付けて送信することがよくあります。例えば、「**/index?id=123**」といった形でアクセスして、123の値を受け取って利用する、ということですね。

コントローラーでこうしたパラメータを処理するやり方は既に説明しました。が、コントローラーを通さず、直接テンプレート内でパラメータを利用したいこともあるかもしれません。

このような場合に利用されるのが「**param**」という変数です。これは、変数式の中で直接利用できる変数です。変数の中からパラメータ名を指定して値を取り出すことができます。例えば、${param.id}とすれば、id=○○という形で送られてきた値が受け取れます。ただし、通常はこうして得られる値は配列の形になっているので、ここから更に値を取り出します。

では、これも実際にやってみましょう。

リスト4-3

```
<body>
  <h1>Helo page</h1>
  <p th:text="'from parameter... id=' + ${param.id[0] + ',name=' +
    param.name[0]}"></p>
</body>
```

<body>部分を、このように書き換えてみましょう。そして、idとnameをクエリーテキストとして指定してアクセスをしてみてください。例えば、こんな具合です。

http://localhost:8080/home/?id=123&name=taro

こうすると、画面に「**from parameter... id=123,name=taro**」といった形でテキストが表示されます。コントローラーを介さず、テンプレート内から直接送られた値を利用しているのがわかるでしょう。

166

図4-3：クエリーテキストでidとnameを付けてアクセスすると、その値が表示される。

　ここでは、値を**${param.id[0]}**というようにして取り出しています。このようにparam内のidやnameの配列の最初の要素を指定することで、値を取り出すことができるのです。

テキストリテラルの記述

　ここで記述しているth:textの値を見ると、ダブルクォートの中に、更にシングルクォートで値が記述されていることがわかります。これは、OGNLでテキストリテラルを記述する際の書き方です。

　1つのテキストリテラルをそのまま表示する場合は、ダブルクォート内に直接テキストを書けばいいのですが、いくつかのリテラルをつなぎ合わせるような場合は、ダブルクォート内に更にシングルクォートでテキストリテラルを記述することができます。

■（例）
```
th:text="one two three"
th:text="'one ' + 'two ' + 'three'"
```

　上記の例文は、どちらも同じ「**one two three**」というテキストを出力しますが、後者はそれぞれの単語を＋記号でつなぎ合わせるようにしていますね。こんな具合に、ダブルクォートの中で更に式を使って値を組み立てられるのですね。

> **Column　配列は何のため？**
>
> 　paramの値を利用するとき、「**配列の最初の要素を取り出して使う**」と説明しました。が、「**そもそも、なんで配列なの？**」と思った人も多いかもしれませんね。
> 　これは、クエリーテキストとして値を送信するとき、同じ名前の値を複数送る場合に対応できるようにするためです。「**同じ名前の値を複数送る**」というのはわかりにくいでしょうが、例えばこういうことです。
>
> 　　http://localhost:8080/?id=123&id=456&name=tuyano&name=hanako
>
> 　こんな具合にすると、paramから取り出されるidとnameの値は、それぞれ{123, 456}、{"tuyano", "hanako"}となります。後は、ここから配列内のそれぞれの値を取り出して処理すればいい、というわけです。

Chapter 4 テンプレートエンジンを使いこなす

メッセージ式

　${}という変数式以外にも、Thymeleafでは利用できるものがあります。「**メッセージ式**」です。
　これは、プロジェクトにあらかじめ用意しておいたプロパティファイルから値を取り出し、表示します。Javaでは、プロパティファイルにあらかじめテキストをまとめておき、それを読み込んで利用することがよくあります。メッセージ式は、これをテンプレート内から直接利用できるようにしたものといえるでしょう。
　メッセージ式は、以下のように記述します。

```
#{ 値の指定 }
```

　${ }ではなく、#{ }という形で記述するのが特徴です。{ }内には、取り出す値を指定します。これは、プロパティファイルに記述する値に応じて記述します。

プロパティファイルを作成する

　では、実際にやってみましょう。まず、プロパティファイルを用意する必要があります。これは、一般的なテキストファイルとして作成します。Maven/Gradleをコマンド実行で開発している場合は、「**main**」フォルダ内の「**resources**」フォルダ内に「**messages.properties**」という名前でテキストファイルを作成しましょう。

　STSの場合は、＜**File**＞メニューの＜**New**＞内から、＜**File**＞メニューを選んでください。

図4-4：＜File＞メニューを選ぶ。

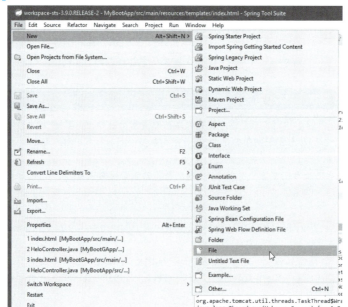

現れたダイアログウインドウで、プロジェクトの「**resources**」フォルダを選択し、「**File name**」の欄に「**messages.properties**」と入力して「**Finish**」ボタンを押し終了します。これで「**resources**」フォルダ内にプロパティファイルが作成されます。

図4-5：「resources」フォルダに「messages.properties」と名前を入力する。

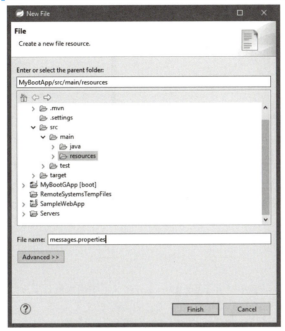

作成されたファイルを開き、そこに以下のようにプロパティの値を記述しておきましょう。

リスト4-4

```
content.title=message sample page.
content.message=this is sample message from properties.
```

とりあえず、content.titleとcontent.messageという2つの値を用意しておきました。では、これらをテンプレートで表示させましょう。index.htmlを開き、以下のように修正します。

リスト4-5

```
<body>
  <h1 th:text="#{content.title}">Helo page</h1>
  <p th:text="#{content.message}"></p>
</body>
```

これでブラウザからアクセスをしてみると、messages.propertiesに書いてあった値がタイトルとメッセージとしてページに表示されます。見ればわかるように、**#{content.**

title}というようにプロパティファイルの値の名前を指定するだけで、その値がここに出力されるようになるのです。

図4-6：アクセスすると、プロパティファイルに記述した値が表示される。

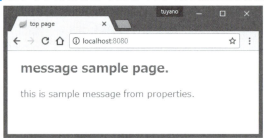

プロパティファイルとローカライズ

プロパティファイルとメッセージ式は、どういう働きをするのでしょうか。一つは「**値をテンプレートから分離する**」という点にあるでしょう。表示されるコンテンツをすべてテンプレート内にリテラルとして記述してしまうより、メッセージ式を書いておいて、値そのものはプロパティファイルで一括管理したほうが後々のメンテナンス性もよくなります。

また、Javaのプロパティファイルがローカライズに多用されるように、Spring Bootの場合も**ローカライズ**のために利用することが多いでしょう。例えば、messages.propertiesと同じ場所に「**messages_○○.properties**」というファイルを作成し、ここに指定した言語の値を保管しておけば、その言語の環境ではこのファイルから値を取り出して表示するようになります。

messages_ja.properties の利用

実際に試してみましょう。「**resources**」フォルダの中に、「**messages_ja.properties**」という名前のファイルを作成して下さい。そして、この中に日本語の値を用意します。STSの場合は、以下のように記述して下さい。

リスト4-6
```
content.title=サンプルページ
content.message=これはサンプルで用意したメッセージです。
```

ただし、実際に試してみるとわかりますが、STSではプロパティファイルに日本語を記述するとUnicodeコードへとリアルタイムにエスケープされ、以下のような表示に変わります。

リスト4-7
```
content.title=\u30B5\u30F3\u30D7\u30EB\u30DA\u30FC\u30B8
content.message=\u3053\u308C\u306F\u30B5\u30F3\u30D7\u30EB\u3067\u7528\
```

```
u610F\u3057\u305F\u30E1\u30C3\u30BB\u30FC\u30B8\u3067\u3059\u3002
```

図4-7：messages_ja.propertiesに日本語を記入するとリアルタイムに変換される。

　これが日本語プロパティファイルの内容になります。STSでは、この変換処理は自動で行われますが、Maven/Gradleのコマンドで開発を行っている場合は、コードの変換作業はnative2asciiを使って手作業で行って下さい。
　ファイルができたら、実際にWebブラウザからアクセスしてみましょう。ブラウザの言語が日本語に設定されていると日本語で表示されます。

図4-8：アクセスするとメッセージが日本語になった。

リンク式とhref

　Webページでは、URLを指定したリンクもさまざまなところで利用されます。リンクを指定する専用の式が用意されています。

@{ アドレス }

　これは、基本的にURLを指定するような属性（<a>タグのhrefなど）で利用します。例えば、**@{/index}** と記述すれば、/indexへのリンクを指定することができます。
　「**リンクなんて、普通にテキストとして書けばいいだろう**」と思う人も多いかもしれません。が、例えば、ほかの変数などと組み合わせてリンクのアドレスを指定するような場合には便利でしょう。
　これも、実際に簡単な例を挙げておきましょう。

リスト4-8
```
<body>
  <h1 th:text="#{content.title}">Helo page</h1>
  <p><a th:href="@{'/home/' + ${param.id[0]}}">link</a></p>
</body>
```

図4-9：リンクには、/home/123というようにアクセスした際のクエリーテキストのidが追加される。

アクセスする際にクエリーテキストにidを用意します。例えば、http://localhost:8080/?id=123というようにアクセスすると、リンクには/home/123というように設定されます。ここでの<a>タグを見ると、

```
th:href="@{'/home/' + ${param.id[0]}}"
```

このように、**th:href**を使って値を指定します。よく見ると、**@{ }** の更に内部に **${ }** が組み込まれていることがわかります。テキストをつなぎ合わせるなどして値を構成する場合、このように内部に変数式を使うこともできるのです。

選択オブジェクトへの変数式

変数式は、基本的にコントローラー側に用意した値をそのまま出力するだけのものです。が、これは数値やテキストといったシンプルな値ならばいいのですが、オブジェクトを利用するようになると扱いに困ってしまいます。

もちろん、例えば${object.name}といった具合にオブジェクトのプロパティやメソッドを指定して書けばいい、というのは確かですが、オブジェクト内に多数の値がある場合、いちいち記述するのは面倒ですし、オブジェクト名が変更されたりしたときにすべての名前をまた書き換えないといけないのは大変です。

このような場合、オブジェクトを指定し、その選択されたオブジェクト内の値を取り出すための専用の変数式が用意されています。*{ }です。

この変数式は、オブジェクトを扱う変数式の内部で利用します。こんな具合ですね。

```
<○○ th:object="${オブジェクト}">
  <△△ th:text="*{プロパティ}">
</○○>
```

あるタグに「**th:object**」という属性を使ってオブジェクトを設定します。こうすることで、そのタグの内部で、*{}による変数式が使えるようになります。このアスタリスクによる変数式では、オブジェクト内のプロパティなどを名前だけで指定できるようになります。

コントローラーを修正する

では、実際に使ってみましょう。これは、コントローラー側でオブジェクトを用意しなければいけませんから、HeloControllerクラスの修正から行うことにします。

ここでは、**第3章**で作成した「**DataObject**」クラスをそのまま利用してオブジェクトを用意することにしましょう。クラスを消してしまった人は、前章を読み返してDataObjectクラスをHeloController.javaに追記しておいて下さい（**3-2節**内の「**オブジェクトをJSONで出力する**」項参照）。

では、HeloControllerクラスのindexメソッドを以下のように書き換えましょう。

リスト4-9

```
@RequestMapping("/")
public ModelAndView index(ModelAndView mav) {
  mav.setViewName("index");
  mav.addObject("msg","current data.");
  DataObject obj = new DataObject(123, "hanako","hanako@flower");
  mav.addObject("object",obj);
  return mav;
}
```

ここでは、**mav.addObject("object",obj);**という形で、new DataObjectしたインスタンスを**"object"**という名前にしてModelAndViewに保管しています。これをテンプレート側で利用しよう、というわけです。

テンプレートを修正する

では、テンプレート側を修正しましょう。今回はスタイルシートなども追加しているのでindex.htmlの全コードを掲載しておきます。

リスト4-10

```
<!DOCTYPE HTML>
<html lang="ja" xmlns:th="http://www.thymeleaf.org">
<head>
  <title>top page</title>
  <meta http-equiv="Content-Type"
    content="text/html; charset=UTF-8" />
  <style>
  h1 { font-size:18pt; font-weight:bold; color:gray; }
  body { font-size:13pt; color:gray; margin:5px 25px; }
```

173

```
      tr { margin:5px; }
      th { padding:5px; color:white; background:darkgray; }
      td { padding:5px; color:black; background:#f0f0f0; }
    </style>
  </head>
  <body>
    <h1 th:text="#{content.title}">Helo page</h1>
    <p th:text="${msg}">message.</p>
    <table th:object="${object}">
      <tr><th>ID</th><td  th:text="*{id}"></td></tr>
      <tr><th>NAME</th><td  th:text="*{name}"></td></tr>
      <tr><th>MAIL</th><td  th:text="*{value}"></td></tr>
    </table>
  </body>
</html>
```

修正したら実際にアクセスしてみてください。コントローラー側でobjectに保管しておいたDataObjectの値が表にまとめられて表示されます。

図4-10：アクセスすると、objectに保管したDataObjectの値を表にまとめて表示する。

ここでの変数式がどうなっているか見てみると、以下のような構造になっていることがわかるでしょう。

```
<table th:object="${object}">
    ……<td th:text="*{id}">……
    ……<td th:text="*{name}">……
    ……<td th:text="*{value}">……
</table>
```

<table>タグに、th:objectを使って**${object}**が設定されます。これで、この<table>タグ内では、*{ }でobject内のプロパティなどを直接扱えるようになります。後は、

th:text="*{id}" といった具合に値を出力していくだけです。

このやり方を見ればわかるように、オブジェクトに関する記述はth:objectに1つあるだけです。ということは、もし、ほかのDataObjectを用意してそちらに変更するような場合も、この1箇所を書き換えるだけで済む、ということになります。

リテラル置換

変数式の中にいくつかの値を組み合わせてテキストを出力させる場合、**"'A' + 'B'"** というようにダブルクォート内に更にテキストリテラルをつなぎあわせて書いてきました。これで一応はテキストを作成できますが、もっとシンプルな書き方ができたほうがいいですね。

これには「**リテラル置換**」と呼ばれる書き方が用意されています。以下のように記述します。

```
"|  テキストの内容  |"
```

テキストの前後に|記号を付けて記述します。普通のテキストと何が違うのかというと、この中には変数式を直接書き込むことができるのです。

では、やってみましょう。**リスト4-9**のHeloControllerをそのまま利用します。objectに渡される値をつなぎあわせてテキストを表示させてみることにしましょう。

リスト4-11
```
<body>
  <h1 th:text="#{content.title}">Helo page</h1>
  <div th:object="${object}">
    <p th:text="|my name is *{name}. mail address is *{value}.|">message.</p>
  </div>
</body>
```

図4-11：DataObjectの内容を使ってメッセージを表示する。

ブラウザからアクセスすると、「**my name is hanako. mail address is hanako@ flower.**」といったテキストが表示されます。これは、テンプレートに渡したobjectの値を使ってメッセージを作成しています。
<body>内に用意した<p>タグを見てみると、このように記述されています。

```
th:text="|my name is *{name}. mail address is *{value}.|"
```

テキストリテラルの中に、*{name}と*{value}という変数式が直接書き込まれています。こんな具合に、＋記号でリテラルをつなぎ合わせる必要もなく、自然なテキストに近い形で変数式を埋め込んで利用することができます。

HTMLコードの出力

ここまでは、すべてテキストを出力させるだけでした。では、テキストではなく、HTMLのコードを出力させたい場合はどうするのでしょうか。
例えば、コントローラー側でこんなメソッドを用意したとしましょう。

リスト4-12
```
@RequestMapping("/")
public ModelAndView index(ModelAndView mav) {
    mav.setViewName("index");
    mav.addObject("msg","message 1<hr/>message 2<br/>message 3");
    return mav;
}
```

msgという名前でテキストを保管しています。このテキストには、HTMLのタグが含まれています。これをそのままテンプレート側で出力させるとどうなるでしょうか。

リスト4-13
```
<body>
  <h1 th:text="#{content.title}">Helo page</h1>
  <p th:text="${msg}">message.</p>
</body>
```

図4-12：アクセスすると、HTMLタグがそのままテキストとして表示される。

このようにしてアクセスすると、HTMLのタグもそのままテキストとして表示されてしまいます。ソースコードを見るとわかりますが、<p>タグの部分は、

```
<p>message 1&lt;hr/&gt;message 2&lt;br/&gt;message 3</p>
```

このように出力されるのです。HTMLのタグがエスケープ処理されているのがわかるでしょう。これはThymeleafに内蔵されている機能です。Thymeleafは変数式でテキストを出力する際、安全のためにHTMLタグをすべてエスケープ処理するようになっているのです。

th:utext を利用する

では、どうするのか。実は、この問題はとても簡単に解決できます。「**th:text**」という部分を、「**th:utext**」と変更するだけです。

th:utextは、**アンエスケープ**(エスケープしない)テキストを出力するための属性です。これを使うことで、設定されたテキストをそのままの状態で出力できます。

リスト4-14
```
<body>
  <h1 th:text="#{content.title}">Helo page</h1>
  <p th:utext="${msg}">message.</p>
</body>
```

図4-13：アクセスすると、<hr/>と
がHTMLとしてきちんと機能する。

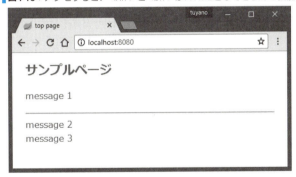

このように修正してからアクセスしてみましょう。今度は、テキスト内のHTMLタグがきちんとタグとして機能し、表示に反映されます。

th:utextはHTMLタグを出力する際には非常に役立ちます。が、これは「**値にHTMLタグが含まれていると、それがそのまま機能してしまう**」ということですから、出力される値の内容に問題があればトラブルの要因となるでしょう。特に、ユーザーから送信された情報を元にテキストを作成する場合、XSS (cross site scripting) などの攻撃に対し無力になってしまいます。その辺りの危険を理解した上で利用しましょう。

Chapter 4 テンプレートエンジンを 使いこなす

4.2 構文・インライン・レイアウト

Thymeleafには、条件や繰り返しなどを行うための重要な機能があります。また継承を利用して複雑なレイアウトを作成することもできます。こうした機能についてここでまとめて説明しましょう。

Thymeleafの更に一歩上を行く使いこなし

テンプレートエンジンの基本は、テンプレートの中にコントローラー側で用意した値をはめ込んでレンダリングすることです。単純に値をはめ込むだけなら、ここまでの説明でほぼ行えるようになりました。

が、Thymeleafには、もっと高度な値の組み込み方を行うための仕組みがいろいろと用意されています。例えば、プログラミング言語の構文に相当するような機能、HTMLやJavaScriptのコードをダイナミックに埋め込んだり、OGNLの式を展開してから組み込むような機能、複数のテンプレートを組み合わせてレイアウトするための機能などです。こうした、「**更に一歩上を行く使いこなし**」のための機能について、ここでまとめて説明することにしましょう。

条件式について

まずは、「**条件式**」についてです。これは、あらかじめ用意した真偽値の結果に応じて出力する内容を変更します。Javaでいう「**三項演算子**」の働きをするものだ、と考えればよいでしょう。

これは、以下のようにして記述します。

```
" 変数式 ？ 値1 ： 値2"
```

真偽値の値が得られる変数式と、その結果がtrueの場合の値およびfalseの場合の値から構成されます。それぞれ、「**？**」と「**：**」で区切られている辺り、三項演算子そのものという感じですね。

コントローラーを修正する

では、実際に条件式を使ってみることにしましょう。まず、コントローラー側に必要な値を用意しておきます。HeloControllerのindexメソッドを以下のように修正して下さい。

リスト4-15

```
// import org.springframework.web.bind.annotation.PathVariable; 追加

@RequestMapping("/{id}")
public ModelAndView index(@PathVariable int id,
```

```
      ModelAndView mav) {
  mav.setViewName("index");
  mav.addObject("id",id);
  mav.addObject("check",id % 2 == 0);
  mav.addObject("trueVal","Even number!");
  mav.addObject("falseVal","Odd number...");
  return mav;
}
```

　ここでは、/123というように整数を付けてアクセスすると、その値をidとして引数に渡すようにしてあります。そしてidの値、チェックする値、true時とfalse時の値をそれぞれaddObjectしていきます。チェックする値は、**mav.addObject("check",id % 2 == 0);** というように、idを2で割った余りがゼロかどうかを渡すようにしてあります。これがtrueならidは偶数、falseなら奇数となるわけです。

テンプレートの修正

　では、テンプレート側を修正しましょう。コントローラーでaddObjectされた値を元に、idの値に応じて異なるメッセージが表示されるようにします。

リスト4-16
```
<body>
  <h1 th:text="#{content.title}">Helo page</h1>
  <p th:text="${id} + ' is ' + (${check} ? ${trueVal} : ${falseVal})"></p>
</body>
```

　修正したら、http://localhost:8080/1001というように、アドレスの最後に整数値を付けてアクセスしてみましょう。その値が偶数か奇数かによってメッセージが変化するのがわかります。

図4-14：アドレスに付ける整数が偶数か奇数かによって表示されるメッセージが変わる。

　ここでは、<p>タグに以下のような形で値が設定されています。

```
th:text="${id} + ' is ' + 条件式"
```

Chapter 4 テンプレートエンジンを使いこなす

この条件式では、checkの値に応じてtrueValかfalseValのいずれかが出力されるように
してあります。以下の文ですね。

```
${check} ? ${trueVal} : ${falseVal}
```

値の条件をチェックしている${check}には、必ず真偽値を用意します。これが別の値
だときちんと機能しないので、注意して下さい。

条件分岐の「th:if」

条件式は、単純に「**真偽値を使って2つの値のどちらかを表示する**」というだけのもの
でした。が、例えば表示そのものをON/OFFすることもできます。これは以下のような
制御用の属性を使います。

```
th:if="条件"
```

値として設定したものがtrueの場合に、このタグおよびその内部にあるタグを表示し
ます。

```
th:unless="条件"
```

値として設定されたものがfalseの場合に、このタグおよび内部のタグを表示します。

これらの属性が面白いのは、true/falseの判断が真偽値だけではない、という点です。
ざっと整理すると、以下のように値が判断されるのです。

■trueとされるもの
- true値
- ゼロ以外の数値
- "0"、"off"、"no"といった値以外のテキスト

■falseとされるもの
- false値
- 数値のゼロ
- "0"、"off"、"no"といったテキスト

offやnoといったテキストまで含まれているのが面白いですね。これを利用すれば、yes/
noやon/offといったテキストで表示を切り替えることが簡単にできるようになります。

▌パラメータをチェックする

では、これもサンプルを作ってみましょう。先ほど、クエリーテキストに番号を送っ
て偶数か奇数かをチェックするサンプルを作りましたが、これを少し書き換えて「**正の
数か負の数かによって表示が変わる**」という例を作ってみます。

180

まずは、コントローラーの修正からです。HeloControllerクラスのindexメソッドを以下のように修正しましょう。

リスト4-17
```
@RequestMapping("/{id}")
public ModelAndView index(@PathVariable int id,
    ModelAndView mav) {
  mav.setViewName("index");
  mav.addObject("id",id);
  mav.addObject("check",id >= 0);
  mav.addObject("trueVal","POSITIVE!");
  mav.addObject("falseVal","negative...");
  return mav;
}
```

ここでは、値をチェックするための変数checkを用意するのに、**mav.addObject("check",id >= 0);** という形にしてあります。id >= 0で、idの値がゼロ以上かどうかを設定しているわけですね。ほか、idの値やtrueVal、falseValといった値を用意してあります。

th:if/th:unless を使う

では、テンプレートを修正しましょう。index.htmlの<body>部分を以下のように修正して下さい。

リスト4-18
```
<body>
  <h1 th:text="#{content.title}">Helo page</h1>
  <p th:if="${check}" th:text="${id} + ' is ' + ${trueVal}">message.</p>
  <p th:unless="${check}" th:text="${id} + ' is ' + ${falseVal}">message.</p>
</body>
```

修正したら、ブラウザからアクセスしましょう。先の例と同様、アドレスの末尾に整数を記入してアクセスします。整数の値がゼロ以上かゼロ未満かによって表示されるメッセージが変わります。

図4-15：アドレス末尾につけた値がゼロ以上かどうかで表示されるメッセージが変わる。

Chapter 4 テンプレートエンジンを 使いこなす

th:if による分岐

ここでの例を見ると、th:ifとth:unlessそれぞれに表示するメッセージが用意されているのがわかります。

checkがtrueの場合

```
<p th:if="${check}" th:text="${id} + ' is ' + ${trueVal}">
```

checkがfalseの場合

```
<p th:unless="${check}" th:text="${id} + ' is ' + ${falseVal}">
```

これで、checkの値がtrueならば前者の<p>タグが、そうでなければ後者の<p>タグが表示されるようになります。このようにth:ifとth:unlessは、その式の結果に応じて、これらの属性を記述しているタグそのものの表示をON/OFFします。

多項分岐の「th:switch」

th:ifなどは真偽値を使った条件分岐であり、基本的に「**二者択一**」の表示を行うものでした。では、3つ以上に分岐をさせたい場合はどうするのでしょうか。

このような場合に用いられるのが、「**th:switch**」です。以下のように記述します。

```
<○○ th:switch="条件式" >
  <△△ th:case="条件式">……</△△>
  <△△ th:case="条件式">……</△△>
</○○>
```

th:switchは、指定された条件式の値をチェックし、その内側にあるth:caseから同じ値のものを探してそのタグだけを出力します。

月の値から季節を表示する

では、これも簡単なサンプルを作りましょう。やはり、クエリーテキストで数字を渡し、それを元に表示をさせるサンプルを考えてみます。今回は、月を示す整数を渡すと、その月の季節を表示する(例えば、3と送ると「**Spring**」と表示される)ようにしてみましょう。

まずは、コントローラーからです。HeloControllerクラスのindexメソッドを以下のように修正しましょう。

リスト4-19

```
@RequestMapping("/{month}")
public ModelAndView index(@PathVariable int month,
    ModelAndView mav) {
  mav.setViewName("index");
  int m = Math.abs(month) % 12;
  m = m == 0 ? 12 : m;
```

```
    mav.addObject("month",m);
    mav.addObject("check",Math.floor(m / 3));
    return mav;
}
```

ここでは、クエリーテキストとして送られた値(month)について、まず12で割った余りを取り出しています。

```
int m = Math.abs(month) % 12;
```

これで、送られた値は0 〜 11の値になります。12はゼロになってしまうので、これだけ12に戻しておきます(**m = m == 0 ? 12 : m;**の部分)。後は、これを3で割った整数値をcheckに設定してやります。

```
mav.addObject("check",Math.floor(m / 3));
```

これで、1 〜 2は0、3 〜 5は1、6 〜 8は2、9 〜 11は3、12は4というように、季節ごとに数字が得られます。後は、これをcheckに設定するだけです。

テンプレートを修正する

では、こうして得られたcheckの値に応じて表示するメッセージが変わるようにテンプレートを修正しましょう。index.htmlの<body>内を以下のように修正しましょう。

リスト4-20
```
<body>
  <h1 th:text="#{content.title}">Helo page</h1>
  <div th:switch="${check}">
    <p th:case="0" th:text="|${month} - Winter|"></p>
    <p th:case="1" th:text="|${month} - Spring|"></p>
    <p th:case="2" th:text="|${month} - Summer|"></p>
    <p th:case="3" th:text="|${month} - Autumn|"></p>
    <p th:case="4" th:text="|${month} - Winter|"></p>
    <p th:case="*">...?</p>
  </div>
</body>
```

修正したらアクセスしてみましょう。アドレスの最後に番号を付けてアクセスをします。例えば、http://localhost:8080/3というようにアクセスすると、「3 - Spring」とメッセージが表示されます。1 〜 12のいずれかの数字を末尾に付けてアクセスしてみましょう。その月の季節が正しく表示されますよ。

図4-16：月の値をクエリーテキストに追加してアクセスするとその季節が表示される。

th:switch をチェック

ここでは、以下のようにしてcheckの値に応じて表示するメッセージを設定しています。

```
<div th:switch="${check}">
  <p th:case="0" th:text="|${month} - Winter|"></p>
  ……略……
```

th:switch="${check}"** とすることにより、この<div>タグの内部では、checkの値と同じth:caseのタグだけが表示されるようになります。<p>タグを見ると、**th:case="0" th:text="|${month} - Winter|" というように、th:caseの値と、th:textによるメッセージが用意されています。th:case="0"ならば、${check}の値がゼロの時にこのタグが表示される、というわけです。

一番最後に、

```
<p th:case="*">...?</p>
```

こんなタグが用意されているのに気がつくでしょう。**th:case="*"** というのは、ワイルドカードを使った指定です。つまり、どのth:caseにも合致しなかったすべての値を、ここでキャッチするようになっているのです。Javaのswitchにおけるdefault:に相当するものと考えてよいでしょう。

繰り返しの「th:each」

条件分岐があるなら、当然、繰り返しのための属性もあります。これは「**th:each**」で、以下のように記述します。

```
<○○ th:each="変数 : ${コレクション}">
  ……${変数} を利用した表示……
</○○>
```

th:eachでは、配列やコレクションなどを値として用意します。が、ただコレクションだけを書くのではなく、例えば **"value : ${list}"** といった具合に、新たな変数名と併せて

記述します。これにより、コロンの後にあるリストから順に値を取り出し、コロン前の
変数に代入するようになります。

このタグの内部では、コレクションから値が代入された変数を利用して値の出力など
が行えます。

コントローラーの修正

では、まずコントローラー側から修正しましょう。HeloControllerクラスのindexメソッ
ドを以下のように書き換えます。

リスト4-21

```java
// import java.util.ArrayList; 追加

@RequestMapping("/")
public ModelAndView index(ModelAndView mav) {
  mav.setViewName("index");
  ArrayList<String[]> data = new ArrayList<String[]>();
  data.add(new String[]{"taro","taro@yamada","090-999-999"});
  data.add(new String[]{"hanako","hanako@flower","080-888-888"});
  data.add(new String[]{"sachiko","sachiko@happy","080-888-888"});
  mav.addObject("data",data);
  return mav;
}
```

ここでは、ArrayListインスタンスを作成し、そこにString配列の形でデータを保管し
てあります。これをテンプレート側にdataとして渡し、表示させようというわけです。

テンプレートの修正

では、テンプレートを修正しましょう。index.htmlの<body>を以下のように書き換え
て下さい。

リスト4-22

```html
<body>
  <h1 th:text="#{content.title}">Helo page</h1>
  <table>
    <tr>
      <th>NAME</th>
      <th>MAIL</th>
      <th>TEL</th>
    </tr>
    <tr th:each="obj:${data}">
      <td th:text="${obj[0]}"></td>
      <td th:text="${obj[1]}"></td>
      <td th:text="${obj[2]}"></td>
```

```
      </tr>
    </table>
  </body>
```

記述できたら、Webブラウザからアクセスしてみましょう。コントローラー側に用意したdataの内容がテーブルにまとめられて表示されます。

図4-17：アクセスすると、データの一覧が表示される。

ここでのテーブルのタグ部分を見てみると、このようになっていますね。

```
<tr th:each="obj:${data}">
  <td th:text="${obj[0]}"></td>
  <td th:text="${obj[1]}"></td>
  <td th:text="${obj[2]}"></td>
</tr>
```

<tr>タグに**th:each="obj:${data}"**という形でth:eachが用意されています。これで、dataから順に値を取り出してはobjに代入する、という繰り返しが実行されます。この内部では、<td>タグが用意され、そこで**th:text="${obj[0]}"**というようにしてobjから値を取り出し、表示しています。

このth:eachを実行すると、th:eachが書かれている<tr>タグ自身が何度も繰り返し出力されていることがわかります。このように、「**繰り返し出力したいタグ**」に、th:eachは設定するのです。

プリプロセッシングについて

変数式には、基本的に「**値**」が設定されます。テンプレートに処理が移ったときには、既にすべての値は確定していなければいけません。

が、場合によっては、変数式の中にOGNLの式をテキストとして用意し、その場その場で評価して値を確定することができれば、ずいぶんと柔軟な処理が行えるようになり

ます。

例えば、こういうことです。ここに${x}といった変数式があったとしましょう。このxは、普通は"a"とか123といった「**値**」が設定されています。が、このxに、"num * 2 + 3"というような式のテキストを設定し、その式を評価した結果が得られるようにできたらどうだろう？　ということなのです。

あるときは"num * 2 + 3"だが、場合によっては"num / 2 - 3"になるかもしれない。必要に応じて式のテキストを作成し、それを評価した値を変数式に使えたら？　ずいぶんと面白いことができそうですね？

こうしたことは、実はThymeleafでは可能です。こんな具合に記述するのです。

__${テキスト}__

値の前後にアンダースコアを2つずつ付けて記述すると、その間にあるテキストは式として先に評価されます。そしてその結果がこの部分にはめ込まれて実行されるのです。

この機能は「**プリプロセッシング**」と呼ばれます。これにより、「**式の一部を事前に評価させ、その結果を元に変数式を実行する**」ということが可能になるのです。

値に応じて式を変える

このプリプロセッシングは、なかなか使い方がわかりにくいものです。これも例を挙げておきましょう。これまでのサンプルを応用して、クエリーテキストに番号を付けてアクセスすると、その番号のデータを表示する、という例を考えます。ただし、付けた値に応じて評価する式がダイナミックに変わるようにしてみましょう。

まずは、コントローラーからです。HeloControllerクラスのindexメソッドを以下のように修正します。

リスト4-23

```
@RequestMapping("/{num}")
public ModelAndView index(@PathVariable int num,
    ModelAndView mav) {
  mav.setViewName("index");
  mav.addObject("num",num);
  if (num >= 0){
    mav.addObject("check","num >= data.size() ? 0 : num");
  } else {
    mav.addObject("check","num <= data.size() * -1 ? 0 : num * -1");
  }
  ArrayList<DataObject> data = new ArrayList<DataObject>();
  data.add(new DataObject(0,"taro","taro@yamada"));
  data.add(new DataObject(1,"hanako","hanako@flower"));
  data.add(new DataObject(2,"sachiko","sachiko@happy"));
  mav.addObject("data",data);
  return mav;
```

```
}
```

　ここでは、引数として得られるnumの値が正数か負数かによって、checkに設定する
テキストを変更しています。

正数の場合	"num >= data.size() ? 0 : num"
負数の場合	"num <= data.size() * -1 ? 0 : num * -1"

　正数の場合は、dataのデータ数以上の値ならばゼロにしています。負数の場合は、デー
タ数×-1以下の場合はゼロにし、そうでなければ-1をかけています。もちろん、事前に
Math.absなどで絶対値にしておけばいいのですが、ここではcheckに設定する式のテキ
ストを変更する形で対応させてみます。

テンプレートの修正

　では、index.htmlを修正しましょう。<body>の部分を下のように書き換えて下さい。

リスト4-24

```
<body>
  <h1 th:text="#{content.title}">Helo page</h1>
  <p th:text="|expression[ ${check} ]|"></p>
  <table th:object="${data.get(__${check}__)}">
    <tr><th>ID</th><td th:text="*{id}"></td></tr>
    <tr><th>NAME</th><td th:text="*{name}"></td></tr>
    <tr><th>MAIL</th><td th:text="*{value}"></td></tr>
  </table>
</body>
```

　完成したら、アクセスしてみましょう。その際、アドレスの末尾に正数を付けて下さい。
/1のようにすると、インデックス番号1のデータが表示されます。/-1のように負数を指
定してもインデックス番号1が得られます。

図4-18：クエリーテキストに整数を付けて呼び出すと、その番号のデータを表示する。プラスとマイナスで処理する数式が違っている。

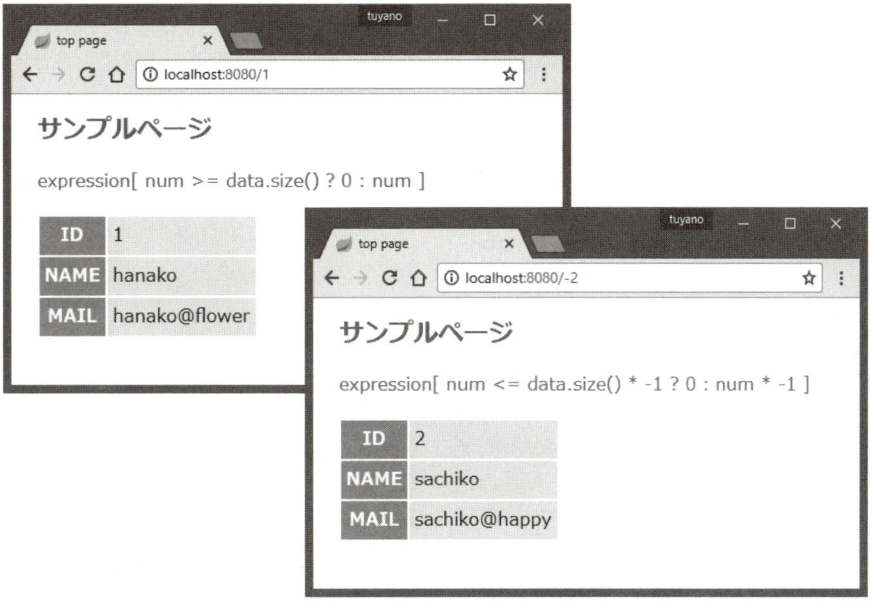

テーブルの上には、checkに設定されている式のテキストが表示されます。正数と負数で異なる式が設定され、その式がダイナミックに評価され、得られた値を元にデータが取り出されているのがわかります。<p>タグを見ると、

```
<p th:text="|expression[ ${check} ]|"></p>
```

このように、**${check}**としてcheckの値をそのまま出力させていますね。そして<table>タグを見ると、

```
<table th:object="${data.get(__${check}__)}">
```

このように、**${data.get(__${check}__)}**という値が設定されています。これにより、${check}のテキストが評価されて得られた値がdata.getの引数に設定されます。式ではなく、式の結果がgetに設定されていることがわかりますね？

インライン処理について

Thymeleafは、値をすべてth:textという属性の形で用意します。これは、Thymeleafが機能していなくともページの表示に影響を与えずに済むため、HTMLのビジュアルエディタなどでレイアウトしながらコーディングできる、という利点があります。

が、テキストエディタなどでバリバリとコードを書いている場合、このth:textを使った書き方は正直、面倒臭い感じがしますね。もっと直接、HTMLのタグ内に値を書き込

Chapter **4** テンプレートエンジンを使いこなす

めたらずいぶんと直感的に書けるのですが。

このような場合には、「**インライン処理**」と呼ばれる機能を使うことができます。イン
ライン処理は、HTMLタグとタグの間に直接Thymeleafの変数式を書き込むやり方です。
以下のように記述します。

```
<○○ th:inline="text">
  <△△>[[${変数式}]]</△△>
  ……直接、式を書き込める……
</○○>
```

インライン処理は、無制限に行えるわけではありません。タグに**th:inline="text"**と記
述すると、そのタグの内部でのみインライン処理が可能になる、という仕組みです。

インライン処理を行いたい場合は、変数式の前後に**[[**と**]]**を付けて記述します。例えば、
[[${num}]]**という具合ですね。これで、**${num}の値が直接その場に書き出されるように
なります。

サンプルを作成する

では、これもサンプルを挙げましょう。まずは、コントローラー側です。
HeloControllerのindexを以下のように書き換えましょう。

リスト4-25

```
@RequestMapping("/")
public ModelAndView index(ModelAndView mav) {
  mav.setViewName("index");
  ArrayList<DataObject> data = new ArrayList<DataObject>();
  data.add(new DataObject(0,"taro","taro@yamada"));
  data.add(new DataObject(1,"hanako","hanako@flower"));
  data.add(new DataObject(2,"sachiko","sachiko@happy"));
  mav.addObject("data",data);
  return mav;
}
```

続いて、index.htmlを修正します。<body>タグを以下のように書き換えて下さい。

リスト4-26

```
<body>
  <h1 th:text="#{content.title}">Helo page</h1>
  <table th:inline="text">
    <tr>
    <th>ID</th>
    <th>NAME</th>
    <th>MAIL</th>
```

190

```
    </tr>
    <tr th:each="obj : ${data}">
    <td>[[${obj.id}]]</td>
    <td>[[${obj.name}]]</td>
    <td>[[${obj.value}]]</td>
    </tr>
  </table>
</body>
```

図4-19：データの一覧をテーブルに表示する。

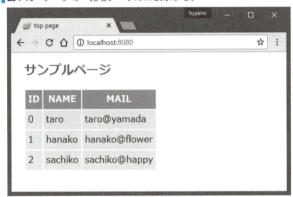

アクセスすると、dataに保管したDataObjectの値をテーブルにまとめて表示します。表示しているテーブル部分を見ると、

```
<td>[[${obj.id}]]</td>
<td>[[${obj.name}]]</td>
<td>[[${obj.value}]]</td>
```

このように、変数式が直接埋め込まれているのがわかります。**<table th:inline="text">** により、<table>内でインライン処理が行われるようになっているためです。この**th:inline**を取り除くと値は出力されず、**[[${obj.id}]]**というテキストがそのまま表示されるのが、わかるでしょう。

JavaScriptのインライン処理

このインライン処理は、テキストだけでなく、JavaScriptのスクリプトにも対応しています。スクリプトの場合、まず<script>タグに以下のような形でth:inlineを用意します。

```
<script th:inline="javascript">
```

これで、この<script>タグ内にインライン処理が適用されるようになります。"text"ではなく、**"javascript"**と値を指定します。間違えないように！

Chapter **4** テンプレートエンジンを 使いこなす

埋め込む変数式も、単純に[[]]だけではなく、これを更にコメントアウトする形で記述
します。

```
/*[[${変数式}]]*/
```

こんな具合ですね。これでスクリプトの中に変数式を埋め込んで利用することができ
るようになります。では、これも使ってみましょう。

まず、コントローラーから修正しましょう。HeloControllerクラスのindexを以下のよ
うに修正します。

リスト4-27

```
@RequestMapping("/{tax}")
public ModelAndView index(@PathVariable int tax,
    ModelAndView mav) {
  mav.setViewName("index");
  mav.addObject("tax",tax);
  return mav;
}
```

クエリーテキストとして送られた整数をtaxという名前で保管しておきます。続いて、
テンプレートのindex.htmlを以下のように書き換えましょう。スクリプトを<head>に置
くので、全コードを掲載しておきました。

リスト4-28

```
<!DOCTYPE HTML>
<html xmlns:th="http://www.thymeleaf.org">
<head>
  <title>top page</title>
  <meta http-equiv="Content-Type"
    content="text/html; charset=UTF-8" />
  <style>
  h1 { font-size:18pt; font-weight:bold; color:gray; }
  body { font-size:13pt; color:gray; margin:5px 25px; }
  </style>
  <script th:inline="javascript">
  function action(){
    var val = document.getElementById("text1").value;
    var res = parseInt(val * ((100 + /*[[${tax}]]*/) / 100));
    document.getElementById("msg").innerHTML =
      "include tax: " + res;
  }
  </script>
</head>
<body>
```

192

```
    <h1 th:text="#{content.title}">Helo page</h1>
    <p id="msg"></p>
    <input type="text" id="text1" />
    <button onclick="action()">click</button>
 </body>
 </html>
```

　ブラウザからアクセスする際、アドレスの末尾に税率を示す整数を付けてアクセスして下さい。例えば、http://localhost:8080/10といった具合ですね。そして入力フィールドに価格を記入してボタンを押すと、指定した税率で消費税を計算し、税込の価格を表示します。

図4-20：価格を書いてボタンをクリックすると、クエリーパラメータで指定した税率で計算する。

　<script th:inline="javascript">を指定したスクリプトには**action関数**が用意されています。これは、**<button onclick="ation()">**というように、ボタンをクリックしたら呼び出す関数です。ここで計算を行うのに、

```
var res = parseInt(val * ((100 + /*[[${tax}]]*/) / 100));
```

このように指定されているのがわかるでしょう。この中の**/*[[${tax}]]*/**の部分に、taxの値がはめ込まれます。例えば、/10とアクセスしているならば、

```
var res = parseInt(val * ((100 + 10) / 100));
```

このような文になります。**val * 1.10**の結果を**parseInt**で整数化してresに代入する、ということを行っていたのですね。
　こんな具合に、テンプレートに用意したスクリプトの特定の部分をコントローラー側から設定できるようになると、JavaScriptそのものもJava側から制御できるようになります。

テンプレートフラグメント

　Webページは、常に1つのファイルだけで作成しなければいけないわけではありません。例えば、ヘッダーやフッター、メニューといった部品を別ファイルとして用意し、

Chapter 4 テンプレートエンジンを 使いこなす

それらを組み合わせてページ全体のレイアウトを作成する、ということもよくあります。

テンプレートで、このように「**複数のファイルを組み合わせてページを構成する**」ということを行いたい場合、利用されるのが「**テンプレートフラグメント**」です。これは、あるファイルの中に「**フラグメント**」(そこだけ切り取って扱えるようにした部品)として記述されている部分を、別のテンプレートの指定した場所にはめ込む技術です。

これは、部品となるファイルと、それを組み込む側の両方を用意する必要があります。簡単に整理しておきましょう。

■部品となるテンプレート

```
<○○ th:fragment="フラグメント名">
```

部品として用意するテンプレート側には、**th:fragment**という属性を指定したタグを用意します。値には、このフラグメントに付ける名前を指定します。これにより、このタグの部分がフラグメントとしてほかに組み込めるようになります。

■組み込む側

```
<○○ th:include="テンプレート名 :: フラグメント名">
```

th:includeを用意し、そこに部品となるテンプレートの名前とフラグメント名を記述します。これで、このタグの部分に指定のフラグメントがコピーされます。

テンプレートを作成する

では、実際にやってみましょう。まずは、新たにテンプレートファイルを用意しましょう。

Mavenコマンドで開発している人は、「**templates**」フォルダ内に「**header.html**」という名前でファイルを作成して下さい。

STS利用の場合、HTMLファイル作成のメニューを利用して作成してもいいのですが、今回はシンプルにただのファイルを作成するメニューを利用して作ることにします。パッケージエクスプローラーで「**templates**」Folderを選択し、＜**File**＞メニューの＜**New**＞内から＜**File**＞メニューを選びましょう。

194

■図4-21：＜File＞メニューを選ぶ。

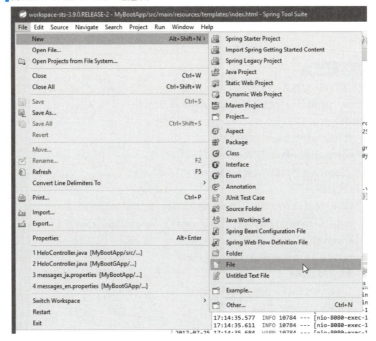

　現れたダイアログウインドウで、「**templates**」フォルダを選択し、File nameに「**part.html**」と記入して「**Finish**」ボタンをクリックします。これで、新しいファイルが作成されます。

■図4-22：File nameを「part.html」として「templates」フォルダに保存する。

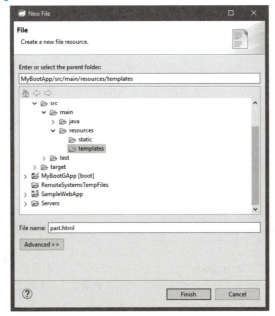

Chapter **4** テンプレートエンジンを 使いこなす

part.html を記述する

では、作成したpart.htmlのソースコードを記述しましょう。以下のように作成して下さい。

リスト4-29

```html
<!DOCTYPE HTML>
<html xmlns:th="http://www.thymeleaf.org">
<head>
  <title>part page</title>
  <meta http-equiv="Content-Type"
    content="text/html; charset=UTF-8" />
  <style>
  h1 { font-size:18pt; font-weight:bold; color:gray; }
  body { font-size:13pt; color:gray; margin:5px 25px; }
  </style>
  <style th:fragment="frag_style">
  div.fragment {
    border:solid 3px lightgray;
    padding:0px 20px;
  }
  </style>
</head>
<body>
  <h1>Part page</h1>
  <div th:fragment="frag_body">
    <h2>fragment</h2>
    <div class="fragment">
      <p>this is fragment content.</p>
      <p>sample message...</p>
    </div>
  </div>
</body>
</html>
```

ここでは、2箇所のフラグメントを設定しています。1つは、<head>内にある**<style>**タグ。もう1つは、<body>にある**<div>**タグです。それぞれ以下のように指定してあります。

```html
<style th:fragment="frag_style">
<div th:fragment="frag_body">
```

これで、**"frag_style"**と**"frag_body"**という2つのフラグメントが用意できました。フラグメントは、このように1つのファイル内でいくつも指定することができます。

196

4.2 構文・インライン・レイアウト

■ フラグメントを組み込む

では、フラグメントを組み込んで表示させましょう。index.htmlの内容を以下のように書き換えて下さい。なお、<head>まで変更があるため、全コードを掲載しておきます。

リスト4-30

```
<!DOCTYPE HTML>
<html xmlns:th="http://www.thymeleaf.org">
<head>
  <title>top page</title>
  <meta http-equiv="Content-Type"
    content="text/html; charset=UTF-8" />
  <style>
  h1 { font-size:18pt; font-weight:bold; color:gray; }
  body { font-size:13pt; color:gray; margin:5px 25px; }
  </style>
  <style th:include="part :: frag_style"></style>
</head>
<body>
  <h1 th:text="#{content.title}">Helo page</h1>
  <div th:include="part :: frag_body">
    <p>this is orginal content.</p>
  </div>
</body>
</html>
```

コントローラー側は、値の受け渡しなども必要ないので、下記のようなシンプルなコードに修正しておきましょう。

リスト4-31

```
@RequestMapping("/")
public ModelAndView index(ModelAndView mav) {
  mav.setViewName("index");
  return mav;
}
```

ページにアクセスすると、part.htmlの一部がはめ込まれるようにして表示されます。ページ内にあるグレーの枠の中がpart.htmlに用意された部分です。

図4-23：アクセスすると、ページ内にpart.htmlに用意したフラグメントを組み込んで表示する。

ここでは、<head>内の<style>タグと、<body>内の<div>タグにそれぞれ以下のようにフラグメントを組み込んでいます。

```
<style th:include="part :: frag_style"></style>
<div th:include="part :: frag_body"></div>
```

ファイルの指定は「**part**」でOKです。「**part.html**」と書く必要はありません。これでpart.htmlに用意したコンテンツと、そこで使用するスタイルシートが組み込まれて表示されます。

フラグメントの面白いところは、「**部品となる側も、普通のテンプレートファイルとして用意できる**」という点です。つまり、フラグメント用に特別なものを用意するわけではなく、普通のテンプレートとして利用できるものの一部にフラグメントを指定するだけなのです。

ですから、普通に表示するコンテンツの一部に**th:fragment**を指定しておき、必要に応じてそれらを1つのページに集めて表示する、といったことも可能です。いろいろな利用の仕方が考えられますね！

4.3 そのほかのテンプレートエンジン

Spring Bootでは、Thymeleafのほかにも、JSPやGroovyなどをテンプレートエンジンとして使うことができます。これらの基本的な使い方について説明しましょう。

JSPは必要か？

ここまで、Thymeleafを使ってテンプレートの説明を行ってきました。が、おそらく

4.3 そのほかのテンプレートエンジン

多くの人は「**なぜ、JSPじゃダメなんだろう**」と疑問に思っていたのではないでしょうか。

　Spring Bootでは、**JSPの利用は推奨されていません**。その理由は、既に述べたように「**実行可能JAR型式では動作せず、WARファイルとしてデプロイしなければいけない**」など、いくつかの制約があるということもあります。が、それ以上に大きな理由は、「**既に、JSP自体がサーバーサイドJavaで使われなくなりつつある**」ためではないでしょうか。

　JSPは、埋め込みタグを使って記述します。特に、「**スクリプトレット**」と呼ばれる、Javaのソースコードを直接記述できるタグが用意されており、HTMLの中に処理を埋め込んで実行させることができます。

　まさに、この利点が、JSPの欠点にもなっています。ビューとなる部分の中にコードが混在するため、ロジックの分離が行いにくくなります。またHTMLと同様のタグを使うため、HTMLのエディタなどでJSPの埋め込み部分を切り分けることができなくなり、ビジュアルエディタなどでも使いにくくなります。

　Thymeleafの使い方を一通り説明しましたが、それらを改めて見直せば、Thymeleafがいかに「**テンプレート内にコードを混在させない**」ように設計されているのかに気づくでしょう。Thymeleaf独自の機能は特殊な属性としてタグの中に記述されます。分岐や繰り返しなどもすべて同様のやり方をしており、コードとして記述することはありません。

　JSPを利用してWebアプリケーションを作ったことがあればわかることですが、JSPは手軽であるがゆえに、「**すべてJSPだけで作る**」ということをやってしまいがちです。結果、HTMLの中にJavaのコードが切り刻まれてばらまかれることになります。こうしたやり方は、サーバーサイドの開発についてよくわからなければ「**簡単で便利**」と喜ばれるかもしれません。が、ある程度、本格的な開発を行おうと思ったなら、「**JSPに頼った開発はやめるべきだ**」ということに気がつくでしょう。

　もはや、JSPは時代にそぐわなくなっている、といえます。だからこそ、あえてJSPに対応させる必要性もなくなった、ということでしょう。

JSPをあえて使うには？

　そうはいっても、これほどまでに広く浸透しているJSPを、「**一切使うな、今すぐやめろ**」とはなかなか断言できません。いずれ、別のものに移行するとしても、今しばらくはJSPを利用したい、という人も多いでしょう。

　ご心配なく。Spring Bootでは、「**推奨はされない**」けれど、使うことはできるのです。では、実際にJSPを利用した開発を行ってみましょう。

　まずは、テンプレートエンジンをThymeleafからJSPに切り替えましょう。プロジェクトのビルドファイル（pom.xmlあるいはbuild.gradle）を開き、Thymeleafに関する記述を**削除**して下さい。具体的には、以下の部分です。

リスト4-32　pom.xmlの場合。<dependencies>内の以下の部分

```
<dependency>
  <groupId>org.springframework.boot</groupId>
  <artifactId>spring-boot-starter-thymeleaf</artifactId>
```

199

Chapter **4** テンプレートエンジンを 使いこなす

```
</dependency>
```

リスト4-33　build.gradleの場合。dependencies内の以下の部分

```
compile('org.springframework.boot:spring-boot-starter-thymeleaf')
```

そして、<dependencies>タグ内に、以下のタグを追記して下さい。これがJSPを利用できるようにするためのライブラリになります。

リスト4-34　pom.xmlの場合

```
<dependency>
  <groupId>org.apache.tomcat.embed</groupId>
  <artifactId>tomcat-embed-jasper</artifactId>
</dependency>
```

リスト4-35　build.gradleの場合

```
compile('org.apache.tomcat.embed:tomcat-embed-jasper')
```

STSでGradleを利用する場合は、プロジェクトフォルダを右クリックして＜**Gradle**＞内の＜**Refresh Gradle Project**＞メニューを選んでプロジェクトを更新しておいて下さい。

ライブラリの利用はこれで完了です。といっても、JSPを使えるようにするためには、まだほかにもやるべきことがあります。

■フォルダの用意

続いて、JSPを配置するためのフォルダを用意しましょう。サーバーサイドJava開発の一般的なフォルダ構成を思い出してみてください。Webアプリケーションのフォルダ（通常は「**webapp**」フォルダ）の中に「**WEB-INF**」という外部からアクセスできない非公開フォルダが用意されていましたね。

JSPのライブラリはSpring Boot専用ではないため、「**WEB-INF**」フォルダの中にテンプレートファイルを用意する必要があります。これは、「**main**」フォルダの中に用意します。では、以下の順にフォルダを作成して下さい。

❶「**src**」フォルダ内の「**main**」フォルダ内に、「**webapp**」という名前のフォルダを作成する。
❷「**webapp**」内に、「**WEB-INF**」フォルダを作成する。
❸「**WEB-INF**」内に、「**jsp**」フォルダを作成する。

以上のように、3つの入れ子状になったフォルダを用意して下さい。フォルダを順に開いていくと、「**mainの中にwebapp**」「**webappの中にWEB-INF**」「**WEB-INFの中にjsp**」という順番にフォルダが現れてくればOKです。

200

4.3 そのほかのテンプレートエンジン

図4-24：「src」内の「main」フォルダ内に、「webapp」「WEB-INF」「jsp」とフォルダを作成していく。

application.properties の追記

最後に、**application.properties** に必要な情報を追記しましょう。application.propertiesは、アプリケーションで使用する各種の値をプロパティとして保管しておくためのファイルです。Spring Bootでは、Spring関連の設定情報などを用意しておくのに使われます。

「**resources**」フォルダを開いたところに「**application.properties**」というファイルがあります（もし、見つからなかった場合には、同じ名前でテキストファイルを作成して下さい）。これを開き、以下のように記述をして下さい。

リスト4-36
```
spring.mvc.view.prefix: /WEB-INF/jsp/
spring.mvc.view.suffix: .jsp
```

これは、テンプレートファイルを検索する際の情報です。**spring.mvc.view.prefix:**はテンプレートの前に付けるパスの指定、**spring.mvc.view.suffix:**は後に付けるファイル拡張子の指定です。これで、WEB-INF内の「**jsp**」フォルダ内にあるJSPファイルがテンプレートとして認識されるようになります。

JSPファイルを作成する

では、テンプレートとなるJSPファイルを作成しましょう。Mavenコマンドで開発している場合は、そのまま「**jsp**」フォルダの中に、「**index.jsp**」という名前でテキストファイルを作成して下さい。

STSを利用している場合は、＜**File**＞メニューの＜**New**＞内から＜**Other...**＞メニューを選び、「**Select a wizard**」ダイアログウインドウが現れたら、「**Web**」内にある「**JSP File**」を選んで次に進みます。

▌図4-25：「JSP File」を選んで次に進む。

次の画面で、先ほど作成した「**jsp**」フォルダを選択し、File nameに「**index.jsp**」と入力して次に進みます。

▌図4-26：「index.jsp」とファイル名を入力する。

更に次に進み、テンプレートの一覧から「**New JSP file (html)**」を選択してFinishしましょう。これで新しいJSPファイルが用意されます。

図4-27：テンプレートを選択してFinishする。

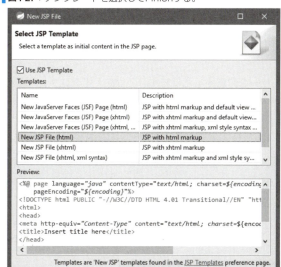

JSPのソースコードを作成する

ファイルが作成されたら、JSPのソースコードを記述しましょう。まずは基本として、単なるHTML程度のものから用意していきましょう。index.jspを開き、以下のように記述して下さい。

リスト4-37

```jsp
<%@page import="java.util.Date"%>
<%@page import="java.text.SimpleDateFormat"%>
<%@ page language="java"
    contentType="text/html; charset=utf-8"
    pageEncoding="utf-8"%>
<!DOCTYPE HTML>
<html>
<head>
<title>JSP Index Page</title>
<style>
    h1 { font-size:18pt; font-weight:bold; color:gray; }
    body { font-size:13pt; color:gray; margin:5px 25px; }
</style>
</head>
<body>
    <h1>Index page</h1>
```

```
    <p>this is JSP sample page.</p>
    <%=new SimpleDateFormat("yyyy年 MM月 dd日").format(new Date()) %>
</body>
</html>
```

後は、コントローラーを用意するだけです。とりあえずテンプレートを表示するだけですから、HeloControllerクラスのindexメソッドを以下のように書き換えておけばいいでしょう。

リスト4-38
```
@RequestMapping("/")
public String index() {
    return "index";
}
```

図4-28：アクセスすると、JSPファイルをレンダリングして表示する。

完成したら、実際にアクセスしてみてください。簡単なテキストメッセージに、現在の年月日が表示されます。単純なものですが、JSPがきちんと動いていることは確認できましたね。

フォームを利用する

基本がわかったところで、コントローラーとテンプレートの値のやり取りについて考えましょう。基本として「**フォームを送信し、その結果をテンプレートに表示する**」という例を作成してみます。

まず、テンプレートです。index.jspの<body>内を以下のように修正します。

リスト4-39
```
<body>
  <h1>Index page</h1>
  <p>${val}</p>
  <form method="post" action="/">
    <input type="text" name="text1">
```

```
      <input type="submit">
    </form>
</body>
```

見ればわかるように、ここではEL式を使って、**${val}**という値を出力しています。これが、コントローラーの値をJSPで受け取る際の基本となります。JSPでは、コントローラーからの値はEL式を使って出力することができます。

後は、コントローラー側の修正ですね。HeloControllerクラスに、以下のメソッドを用意して下さい。修正ができたら、実際にアクセスしてフォームから送信をしてみましょう。

リスト4-40
```
@RequestMapping(value="/", method=RequestMethod.GET)
public ModelAndView index(ModelAndView mav) {
  mav.setViewName("index");
  mav.addObject("val", "please type...");
  return mav;
}


@RequestMapping(value="/", method=RequestMethod.POST)
public ModelAndView send(@RequestParam String text1,
    ModelAndView mav) {
  mav.setViewName("index");
  mav.addObject("val", "you typed: '" + text1 + "'.");
  return mav;
}
```

図4-29：入力フィールドにテキストを書いて送信すると、メッセージが表示される。

indexのほか、sendというメソッドも用意しておきます。indexがGETアクセスした際の処理、sendがPOST時の処理になります。いずれも、addObjectで**val**という値を保管し

205

Chapter 4　テンプレートエンジンを 使いこなす

ていることがわかるでしょう。このvalが、テンプレートの**${val}**に出力されていたのですね。仕組みさえわかれば、そう難しいことはありません。

Groovyテンプレートを利用する

Spring Bootでは、「**Groovyが利用できる**」というのも大きな特徴の一つです。Groovyは、Javaプログラマにとっては比較的習得しやすいスクリプト言語ですし、既にさまざまな分野で利用されている人もいることでしょう。

Groovyは、テンプレートエンジンとして利用することもできます。先に、Groovyベースで簡易アプリケーションを作成した際に使ってみましたね。Javaで開発を行う場合も、もちろん、Groovyは利用できます。

JSP 関連の修正の破棄

最初に行うのは、先ほどJSPを利用するために行った修正を削除し、元に戻すことです。以下の点を修正しましょう。

❶ ビルドファイルを開き、tomcat-embed-jasperの記述を削除して下さい。Mavenの場合は、pom.xmlの<dependency>タグとして追記した部分を削除します。Gradleの場合は、build.gradleのdependencies内にある追記したcompile文を削除します。
❷ appliation.propertiesを開き、記述されているテキストを削除して下さい。
❸ 「**webapp**」フォルダを、中にあるファイルも含めてまるごと削除して下さい。

なお、❸の「**webapp**」フォルダについては、削除しなくとも動作には影響はありませんが、JSPを使わなければ不要ですので削除しておくとよいでしょう。

pom.xml の修正

続いて、Groovyを利用するための修正を行いましょう。まずはMavenベースのプロジェクトの場合です。ビルドファイルであるpom.xmlを開き、以下の内容を<dependencies>タグの中に追記して下さい。

リスト4-41

```
<dependency>
  <groupId>org.springframework.boot</groupId>
  <artifactId>spring-boot-starter-groovy-templates</artifactId>
</dependency>
```

Gradleベースでのプロジェクトの場合は、ビルドファイルbuild.gradleを修正します。これは、dependenciesの部分に以下の文を追記すればよいでしょう。

リスト4-42

```
compile "org.springframework.boot:spring-boot-starter-groovy-templates"
```

そのほかに必要なことは？　そう、STSの場合はGradleのプロジェクトを右クリックし、現れたメニューで＜**Gradle**＞内の＜**Refresh Gradle Project**＞メニューを選び、プロジェクトを更新しておく必要がありました。これでGroovyをテンプレートとして利用する形に修正ができました。

Groovyテンプレートファイルの作成

では、実際にGroovyをテンプレートとして使ってみましょう。Mavenコマンドで開発している場合は、「**resources**」内にある「**templates**」フォルダの中に「**index.tpl**」というファイル名でテキストファイルを作成して下さい。

STSを利用している場合は、＜**File**＞メニューの＜**New**＞内から＜**File**＞メニューを選んで下さい。そして現れたダイアログウインドウで、「**templates**」フォルダを選択し、File nameに「**index.tpl**」と記入してFinishしてください。これでファイルが作成されます。

図4-30：ダイアログウインドウでファイル名を「index.tpl」と入力する。

index.tpl を作成する

では、作成したindex.tplを開き、ソースコードを記述しましょう。まずは、ごく基本的なページの表示から行いましょう。以下のように記述して下さい。

リスト4-43

```
html {
  head {
    title('Groovy Page')
```

```
      style('''
        h1 { font-size:18pt; font-weight:bold; color:gray; }
        body { font-size:13pt; color:gray; margin:5px 25px; }
      ''')
    }
    body {
      h1('Index Page')
      p('This is Groovy sample page.')
    }
  }
```

ごく単純なページです。<head>内に<title>と<style>を用意し、<body>内には<h1>と<p>を配置してあります。

では、コントローラーも修正しておきましょう。HeloControllerクラスのindexメソッドを以下のように修正しておきます。

リスト4-44
```
@RequestMapping("/")
public ModelAndView index(ModelAndView mav) {
  mav.setViewName("index");
  return mav;
}
```

完成したら実際にアクセスしてみましょう。index.tplの内容が表示されたでしょうか。GroovyのソースコードがHTMLのページとして表示されるのはなかなか不思議な感じがしますね。

図4-31：アクセスすると、index.tplテンプレートの内容が表示される。

フォームを利用する

基本がわかったら、コントローラーとテンプレートのやり取りを行いましょう。まずは、テンプレートの修正からです。

リスト4-45

```
body {
  h1('Index Page')
  p(msg)
  form(method:'post',action:'/'){
    input(type:'text',name:'num')
    input(type:'submit')
  }
}
```

index.tplのbody部分を上記のように修正してください。これでフォームが追加されました。また、<p>タグの部分を見てみると、**p(msg)**というように記述されていますね。これは、<p>のテキストに、変数msgが設定されているのです。コントローラー側で、このmsgを用意すれば、それがここに組み込まれるわけですね。

では、コントローラーも修正しておきましょう。

リスト4-46

```
@RequestMapping(value="/", method=RequestMethod.GET)
public ModelAndView index(ModelAndView mav) {
  mav.setViewName("index");
  mav.addObject("msg", "type a number...");
  return mav;
}


@RequestMapping(value="/", method=RequestMethod.POST)
public ModelAndView send(@RequestParam int num,
    ModelAndView mav) {
  mav.setViewName("index");
  int total = 0;
  for(int i = 1;i <=num;i++)
    total += i;
  mav.addObject("msg", "total: " + total + " !!");
  return mav;
}
```

Chapter 4 テンプレートエンジンを使いこなす

図4-32：入力フィールドに整数を書いて送信すると、1からその数までの合計を計算して表示する。

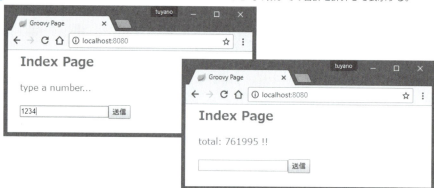

　JSPとまったく同じサンプルではつまらないので、今回は計算をさせてみました。フォームに整数の値を記入して送信すると、送られた値を取り出し、1からその数までの合計を計算しています。

　計算後、**mav.addObject("msg", "total: " + total + " !!");** というようにしてmsgに結果のメッセージを設定していますね。これが、テンプレート側の**p(msg)**に組み込まれて表示されていたのですね。

　Groovyを利用すると、このようにコントローラー側で追加した変数を、そのままテンプレート内で記述することができます。

データをテーブル表示する

　Groovyによるテンプレートは、あまり馴染みがないので、1つや2つのサンプルを見ただけではイメージがつかめない人も多いかもしれません。もう少し複雑な例として、「**リストを使ってデータをテーブル表示する**」処理を挙げておきましょう。

　まず、コントローラー側でデータを用意します。indexメソッドを以下のように書き換えましょう。

リスト4-47
```
@RequestMapping("/")
public ModelAndView index(ModelAndView mav) {
  mav.setViewName("index");
  mav.addObject("msg","data table.");
  ArrayList<DataObject> data = new ArrayList<DataObject>();
  data.add(new DataObject(0,"taro","taro@yamada"));
  data.add(new DataObject(1,"hanako","hanako@flower"));
  data.add(new DataObject(2,"sachiko","sachiko@happy"));
  mav.addObject("data",data);
  return mav;
}
```

4.3 そのほかのテンプレートエンジン

ここでは、**4-2節**の「**インライン処理について**」項で使ったDataObjectクラスを再利用します。ArrayListを使っていくつかのDataObjectをひとまとめにしてdataという名前で保管しています。

index.tpl を修正する

では、リストからDataObjectを取り出し、テーブルに出力するようテンプレートを修正しましょう。index.tplを以下のように書き換えて下さい。

リスト4-48

```
html {
  head {
    title('Groovy Page')
    style('''
      h1 { font-size:18pt; font-weight:bold; color:gray; }
      body { font-size:13pt; color:gray; margin:5px 25px; }
      tr { margin:5px; }
      th { padding:5px; color:white; background:darkgray; }
      td { padding:5px; color:black; background:#f0f0f0; }
      ''')
  }
  body {
    h1('Index Page')
    p(msg)
    table {
      tr {
        th('ID')
        th('NAME')
        th('MAIL')
      }
      data.each{obj ->
        tr {
          td(obj.id)
          td(obj.name)
          td(obj.value)
        }
      }
    }
  }
}
```

211

図4-33：アクセスすると、データがテーブルにまとめられて表示される。

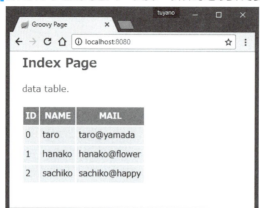

アクセスすると、dataに保管されたDataObjectの内容がテーブルにまとめられて表示されます。コントローラー側のArrayListの内容をいろいろと書き換えて表示を確かめてみましょう。データの数が増減しても、すべてきちんと表示できることがわかるでしょう。

eachによる繰り返し

ここでは、dataから順にDataObjectを取り出して出力する、という繰り返し処理をしています。

```
○○.each{ 変数 ->
    ……繰り返す内容……
}
```

Groovyでは、コレクションの「**each**」というメソッドを使って、中にあるオブジェクトを順に取り出していくことができます。取り出された値は、{の後にある変数に代入されます。{ }内では、この変数を利用して値を取り出し処理していけばいい、というわけです。

基本はThymeleaf

以上、この章ではThymeleaf、JSP、Groovyと、さまざまなテンプレートエンジンの利用の仕方について説明しました。

どのテンプレートも、それぞれに利点と欠点があります。その特性を見極めた上で選択するとよいでしょう。本書では、以後も基本的にThymeleafをベースにして説明していきます。既にThymeleafの利点については説明しましたが、Thymeleafは、Spring Bootで利用できるものの中でも、もっとも使いやすく利用しやすいテンプレートエンジンといえます。またオンラインで検索されるSpring Boot関連の情報も多くがThymeleafをベースにしていますので、Thymeleafを使っていれば本書を読み終えた後もインターネット上で情報を得て学習をしやすいでしょう。

ビルドファイルの修正

では最後に、次章から再びThymeleafを使うので、ビルドファイルを書き換え、Thymeleafが使える状態に戻しておきましょう。

■Mavenベースの場合

pom.xmlを開き、<dependencies>内から、先ほど追記したspring-boot-starter-groovy-templatesのタグ部分を削除しておきましょう。そして、<dependencies>内に以下のタグを追記しておきます。

リスト4-49

```
<dependency>
  <groupId>org.springframework.boot</groupId>
  <artifactId>spring-boot-starter-thymeleaf</artifactId>
</dependency>
```

■Gradleベースの場合

build.gradleを開き、dependeniesから、先ほど追記したspring-boot-starter-groovy-templatesのcompile文を削除します。そして、その場所に以下の文を追記しておきます。

リスト4-50

```
compile('org.springframework.boot:spring-boot-starter-thymeleaf')
```

記述後、プロジェクトのフォルダを右クリックし、<**Gradle**>メニュー内の<**Refresh Gradle Project**>を選んでプロジェクトを更新しておきましょう。

Chapter **5**

モデルとデータベース

データベースアクセスに関する処理を扱うために用意され
ているのが「モデル」です。Spring Bootでは、「エンティティ」
と「リポジトリ」というクラスを使って必要最小限のコードで
データベース・アクセスを実現できます。これらを使ったデー
タベース利用の基本について説明しましょう。

Spring Boot 2 プログラミング入門

Chapter 5　モデルとデータベース

5.1 JPAによるデータベースの利用

Javaでは、JPAを使ってデータベースを利用します。Spring Bootには、JPAを使いやすくするための機能が用意されています。その中のリポジトリを使い、データベースアクセスを行ってみましょう。

Spring Frameworkにおける永続化のアプローチ

MVCアーキテクチャーでは、データの扱いは「**Model（モデル）**」として定義されるようになっています。では、Spring Bootでは、どのようにモデルは扱われているのでしょうか。

Spring Bootでは、Spring FrameworkのWebアプリケーションフレームワークである「**Spring MVC**」が、MVCアーキテクチャーの核となっています。このSpring MVCを使いやすく組み立てたのがSpring Bootです。したがって、「**Spring MVCにおいて、モデルはどう実装されているのか**」ということを考える必要があります。

が、実をいえば、Spring MVCの中には、モデルに関する部分はないのです。というと「**データベースアクセスの機能はSpring MVCに統合されていないのか？**」と思ってしまいますが、そういうわけではありません。

Spring Frameworkは、何度も説明したように、多数のフレームワークによる総合的なフレームワークです。この中には、データベースアクセスに関連するものもいくつかあります。つまり、Spring MVCという枠内で、わざわざそのためだけのデータベースアクセス機能まで用意する必要がない、ということなのです。

また、Java EEには「**JPA**」（Java Persistence API）といった永続化のためのAPIも用意されています。こうした機能をうまく利用していくことで、データベースアクセスが実行できます。

このJPAという技術が土台となり、この上にSpring MVCのモデルに関する部分が構築されているのです。これからモデルについて説明をしていきますが、それらは「**すべてSpring MVCの機能ではない**」ということにも留意しておきましょう。その中には、ベースとなっているJava EEの技術「**JPA**」も含まれています。

モデルに必要な技術について

さて、データベース関連の機能を実装するのに利用するのは「**JPA**」という技術です。これは先に述べたようにJava EEの「**データの永続化**」に関する機能です。永続化というのは、要するに「**オブジェクトなどのデータを保存して常に利用できるようにすること**」ですね。具体的には、オブジェクトの内容をデータベースに保存し、必要に応じて取り出してオブジェクトを再構築する技術です。

図5-1：ここで作成するアプリケーションでは、モデルはJPAという技術を利用してデータベースにアクセスを行う。

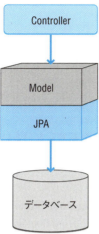

　JPAを利用するに当たり、以下のようなライブラリやフレームワークを用意することにします。

HSQLDB

　Javaで作られた、オープンソースのデータベースライブラリです。MySQLなど既存のデータベースを利用してもいいのですが、Javaで作られているため「**アプリケーション自身にデータベースまで内蔵することができる**」という利点があります。この種のライブラリにはJava DB（Apache Derby）などありますが、HSQLDBはサイズが非常に小さく、利用しやすいのです。またファイルに保存するだけでなく、メモリ上にデータベースを保管したりできるため、開発段階のテスト用データベースとしても非常に役立ちます。

H2

　これも、Javaで作られたオープンソースのデータベースライブラリです。HSQLDBと同様、Javaライブラリとして利用することができ、別途データベースソフトなどを用意する必要がありません。HSQLDBの開発者が新たにフルスクラッチで開発したもので、非常にパフォーマンスに優れています。Javaのライブラリとして組み込んで使えるデータベースとしては、Java DBなどもありますが、HSQLDBとH2がもっとも広く使われているといってよいでしょう。

JTA

　Java Transaction APIの略で、Java EEにトランザクション処理を提供します。JPAとJTAを組み合わせて永続化の処理を実装することになります。

Spring ORM

　Spring Frameworkに用意されているORM（Object Relational Mapping）フレームワークです。ORMとは、オブジェクトとデータベーステーブルをマッピングし、いわゆるイン

Chapter 5　モデルとデータベース

ピーダンスミスマッチ（リレーショナルデータベースとJavaオブジェクトの設計思想の
違い）を解消します。

Spring Aspects/Spring AOP

Spring Frameworkのフレームワークです。これらは直接この中にある機能を呼び出し
たりするわけではなく、より自然にデータベース利用が行えるようにするためにバック
グラウンドで必要とされるもの、と考えてください。

こうしたライブラリやフレームワークを統合的に利用することで、Spring MVCのモデ
ルは作成されていきます。というと、「**こんなにあれこれ用意しないといけないのか？**」
と驚くかもしれません。が、安心して下さい。これら1つ1つを意識することはありません。

Spring Bootでは、上記のライブラリやフレームワーク類のうち、データベース部分で
あるHSQLDBやH2の本体部分以外のものすべてを「**Spring Boot Starter Data JPA**」とい
うライブラリを使って統合し、組み込むことができます。Spring Boot Starter Data JPAは、
こうした各種のライブラリを組み合わせ、簡単にデータベースアクセスが行えるように
なる機能を提供します。

ですから、実際の開発において、必要なのは「**データベース本体**」（ここではHSQLDBま
たはH2）と「**Spring Boot Starter Data JPA**」のみ、と考えてよいでしょう。

ビルドファイルの修正

また、ここまでの説明を読んで、「**いろいろなライブラリをダウンロードして組み込
まないといけないのか**」と思った人。いいえ、そんな心配は無用です。
Spring Bootのプロジェクトは、MavenやGradleで管理されていることを思い出して下
さい。必要なライブラリも、ビルドファイルに指定するだけで自動的にダウンロードさ
れて組み込まれます。従って、あなたが自分でライブラリファイルを集めて組み込む必
要はまったくありません。

Maven ベースの場合

まずは、Mavenベースのプロジェクトから説明しましょう。Mavenは、「**pom.xml**」と
いうファイルにプロジェクト管理のための情報を記述してありましたね。ここに、プロ
ジェクトで必要なライブラリなどの情報を記述することで、それらをダウンロードして
組み込むことができます。

では、プロジェクトのフォルダ内にある「**pom.xml**」を開いてみましょう。STSの場合は、
ビジュアルエディタが現れるかもしれませんが、その場合は下部にあるタブから「**pom.
xml**」をクリックしてソースコードエディタに切り替えてください。これで、ソースコー
ドを直接編集できるようになります。

218

図5-2：pom.xmlを開いたら、下部にある「pom.xml」タブをクリックし、直接ソースコードを編集する。

　プロジェクトが利用するライブラリの設定は、<dependencies>というタグの中にあります。<dependencies>タグ内の適当なところに、新たに必要となるライブラリの設定を追記しましょう。まずは、Spring Boot Starter Data JPAの組み込みです。以下のリストのように加筆してください。

リスト5-1
```
<dependency>
    <groupId>org.springframework.boot</groupId>
    <artifactId>spring-boot-starter-data-jpa</artifactId>
</dependency>
```

　続いて、データベースエンジンのライブラリです。ここでは、HSQLDBとH2についてそれぞれタグを掲載しておきます。どちらか一方を組み込んで使って下さい。

リスト5-2　HSQLDBの場合
```
<dependency>
    <groupId>org.hsqldb</groupId>
    <artifactId>hsqldb</artifactId>
</dependency>
```

リスト5-3　H2の場合
```
<dependency>
    <groupId>com.h2database</groupId>
    <artifactId>h2</artifactId>
</dependency>
```

Gradle ベースの場合

Gradleベースのプロジェクトでは、「**build.gradle**」というビルドファイルが用意されていました。このファイルの「**dependencies**」に、ロードするライブラリ類の記述がまとめてありました。ここに必要な文を追記していきます。

まず、Spring Boot Starter Data JPAの追加です。これは以下の文を追記しておきます。

リスト5-4
```
compile('org.springframework.boot:spring-boot-starter-data-jpa')
```

そして、データベースエンジンのライブラリです。HSQLDBとH2についてそれぞれ掲載しておきますので、どちらか一方を記述しておいて下さい。

リスト5-5　HSQLDBの場合
```
compile('org.hsqldb:hsqldb')
```

リスト5-6　H2の場合
```
compile('com.h2database:h2')
```

記述後、プロジェクトのフォルダを右クリックし、＜**Gradle**＞＜**Refresh Gradle Project**＞メニューを選んでプロジェクトを更新しておきましょう。

エンティティクラスについて

では、いよいよモデルとなるJavaクラスを作成していきましょう。

JPAを利用する場合、データベースのデータとなる部分は「**エンティティ**」(Entity)クラスとして定義されます。データベースは通常、データベース内にテーブルを定義し、そこに**レコード**としてデータを保管していきますが、エンティティはこの1つ1つのレコードをJavaオブジェクトとして保管したもの、と考えるとよいでしょう。

テーブルから必要なレコードを取り出したりすると、それはJPAではエンティティクラスのインスタンスの形になっている、というわけです。またレコードを追加する場合も、エンティティクラスのインスタンスを作り、それを永続化する処理を行えば、JPAによりそのオブジェクトの内容がレコードとしてテーブルに保管されるのです。

では、エンティティクラスはどのように作成されるのでしょうか。その基本形を整理すると以下のようになるでしょう。

エンティティクラスの基本形

```
@Entity
public class クラス名 {
  private フィールドの定義;
    ……必要なだけフィールドを定義……
}
```

5.1 JPA によるデータベースの利用

エンティティクラスは、非常に単純です。これはごく一般的な**POJO**（Plain Old Java Object、何ら継承も依存関係もないシンプルなJavaオブジェクト）なのです。注意点は1つだけ。クラス定義の前に「**@Entity**」というアノテーションを付けるだけです。

エンティティには、保管する値をフィールドとして用意します。通常はprivateフィールドとして定義し、それぞれにアクセサとなるメソッドを用意します。それ以外の特別なものは何も必要ありません。

MyDataクラスの作成

では、実際に簡単なエンティティクラスを作ってみましょう。以下のような項目を値として保管するクラスを考えてみます。

ID	プライマリキーとして割り当てられるID番号（long値）
name	名前（String値）
mail	メールアドレス（String値）
age	年齢（int値）
memo	メモ（String値）

ごく単純な個人情報管理のテーブルをイメージすればいいでしょう。これらを保管する「**MyData**」というクラスを作成してみます。

Mavenコマンドで開発している場合は、HeloController.javaと同じ場所に「**MyData.java**」という名前でソースコードファイルを用意して下さい。

STSを利用している場合は、パッケージエクスプローラーからプロジェクトの「**src/main/java**」を選択し、＜**File**＞＜**New**＞＜**Class**＞メニューを選んでクラス作成のダイアログウインドウを呼び出してください。そして以下のように設定し、**MyData**クラスを作ります。

Source folder	MyBootApp/src/main/java
Package	com.tuyano.springboot
Enclosing type	OFFのまま
Name	MyData
Modifiers	publicのみ選択
Superclass	java.lang.Object
Interfaces	空白のまま
各種チェックボックス	Inherited abstract methodsのみONにする

221

Chapter 5　モデルとデータベース

図5-3：＜Class＞メニューのダイアログ。「MyData」クラスを作成する。

　MyData.javaファイルが作成されたら、ソースコードエディタから以下のようにソースコードを記述してください。

リスト5-7
```
package com.tuyano.springboot;

import javax.persistence.Column;
import javax.persistence.Entity;
import javax.persistence.GeneratedValue;
import javax.persistence.GenerationType;
import javax.persistence.Id;
import javax.persistence.Table;

@Entity
@Table(name="mydata")
public class MyData {

    @Id
    @GeneratedValue(strategy = GenerationType.AUTO)
    @Column
    private long id;
```

```java
@Column(length = 50, nullable = false)
private String name;

@Column(length = 200, nullable = true)
private String mail;

@Column(nullable = true)
private Integer age;

@Column(nullable = true)
private String memo;

public long getId() {
  return id;
}
public void setId(long id) {
  this.id = id;
}


public String getName() {
  return name;
}
public void setName(String name) {
  this.name = name;
}


public String getMail() {
  return mail;
}
public void setMail(String mail) {
  this.mail = mail;
}


public Integer getAge() {
  return age;
}
public void setAge(Integer age) {
  this.age = age;
}


public String getMemo() {
  return memo;
}
public void setMemo(String memo) {
```

```
    this.memo = memo;
  }
}
```

エンティティクラスのアノテーションについて

「**単純なPOJOクラス**」といった割には見覚えのないimport文がずらりと並んでます
が、これらはクラス内に記述されているアノテーションのためのものです。クラスその
ものは単純なのですが、アノテーションを使ってクラスやフィールドに関する細かな情
報を指定しているのですね。

では、ここで使われているアノテーションについてまとめておきましょう。

@Entity

既に説明しましたね。エンティティクラスであることを示すアノテーションです。エ
ンティティクラスでは必ず記述します。

@Table(name = "mydata")

このエンティティクラスに割り当てられるテーブルを指定します。nameでテーブル
名を指定します。実は、これは省略しても構いません。その場合はクラス名がそのまま
テーブル名として使われます。

「**使用するテーブルをこうやって設定できる**」ということを示すために今回はあえて記
述してあります。

@Id

プライマリキーを指定します。エンティティクラスを定義する際には、必ず用意して
おくようにしましょう。

@GeneratedValue(strategy = GenerationType.AUTO)

プライマリキーのフィールドに対して値を自動生成します。strategyに生成方法を指
定します。これはGenerationTypeという列挙型の値で指定をします。ここでは「**AUTO**」
を指定していますが、これにより自動的に値を割り振るようになります。

@Column

フィールドに割り当てられるコラム名を指定します。省略可能です。省略した場合に
は、フィールド名がそのままコラム名として使われます。

このアノテーションには、フィールドに関するいくつかの引数が用意できます。ここ
では以下のようなものを使っています。

name	コラム名を指定します(ここでは省略しています)。
length	最大の長さ(Stringでは文字数)を指定します。
nullable	null(未入力)を許可するかどうかを指定します。

ざっと見ればわかるように、@Entityや@Idは必須の項目であり、@Tableや@Columnは、例えば既にあるテーブルにエンティティを割り当てるような場合に使うものと考えるとよいでしょう。ここでは基本のアノテーションとして一応用意しておきましたが、省略しても構いません。

これでエンティティはできました。続いて、これを利用する機能を作成します。といっても、いきなりコントローラーにエンティティ利用の処理を書くわけではありません。Spring Bootでは、続いて「**データベースアクセスを行うためのクラス**」を用意することになります。

リポジトリについて

エンティティは、テーブルに保管されるデータをJava内でオブジェクトとして扱えるようにするためのクラスであり、これだけでデータベースアクセスが完成するわけではありません。別途、データベースアクセスに必要な処理をいろいろと用意する必要があります。

これには、さまざまなアプローチがあります。最初に、Spring Bootを利用するメリットが最大限感じられる「**リポジトリ**」を使った方法から説明していきましょう。その後、データベースアクセスの基底となる「**EntityManager**」というクラスを使って、より高度な検索などを行う方法について説明していくことにします。

「**リポジトリ**」は、データベースアクセスのための基本的な手段を提供します。これは通常、インターフェイスとして用意されます。というと、「**じゃあそれをimplementsした実装クラスを定義して、その中でデータベースアクセスの処理を書いていくんだな**」と思うかもしれませんが、違います。クラスは実装しないし、処理も書かないのです。

リポジトリは、汎用的なデータベースアクセスの処理を自動的に生成し、実装します。このため、ほとんどコードを書くことなくデータベースアクセスが行えるようになるのです。と言葉で説明しても「**コードを書かずにデータベースにアクセス？　どういうことだ？**」とうまく理解し難いかもしれませんね。

これは、説明するより、実際にやってみたほうが早いでしょう。とにかく、使ってみましょう。そうすればすぐにリポジトリがどんなものかわかりますから。

リポジトリ用パッケージを用意する

まず最初に、リポジトリクラスを配置するためのパッケージを用意しましょう。

Mavenコマンドで開発する場合は、HeloController.javaが保管されているフォルダ内に「**repositories**」というフォルダを作成して下さい。

STS利用の場合は、パッケージエクスプローラーからプロジェクトの「**src/main/java**」フォルダを選択し、＜**File**＞＜**New**＞＜**Package**＞メニューを選びます。これでパッケージ作成のダイアログウインドウが現れるので、以下のように設定をします。

225

Source folder:	ソースファイルの置かれているフォルダを指定します。デフォルトでは「MyBootApp/src/main/java」と設定されており、このままでOKです。
Name:	パッケージの名前を指定します。ここでは「com.tuyano.springboot.repositories」と入力します。
Create package-info.java	パッケージ情報を生成したファイルを作成します。これはOFFのままでいいでしょう。

図5-4：＜Package＞メニューのダイアログでcom.tuyano.springboot.repositoriesパッケージを作成する。

これで「**Finish**」ボタンを押せば、com.tuyano.springboot.repositoriesというパッケージが作成されます。この中にリポジトリクラスを配置します。

リポジトリクラスMyDataRepositoryを作成する

では、リポジトリクラスを作成しましょう。といっても、実は作るのはインターフェイスです。今回は「**MyDataRepository**」という名前で作成することにしましょう。

Mavenコマンド利用の場合は、先ほど作成した「**repositories**」フォルダの中に「**MyDataRepository.java**」という名前でソースコードファイルを用意して下さい。

STS利用の場合は、パッケージエクスプローラーから「**com.tuyano.springboot.repositories**」パッケージを選択し、＜**File**＞＜**New**＞＜**Interface**＞メニューを選んで、以下のように設定してインターフェイスを作成してください。

Source folder	MyBootApp/src/main/java
Package	com.tuyano.springboot.repositories

Enclosing type	OFFのまま
Name	MyDataRepository
Modifiers	publicのみ選択
Extends Interfaces	空白のまま
Generate comments	OFFのまま

図5-5：＜Interface＞メニューのダイアログでMyDataRepositoryインターフェイスを作成する。

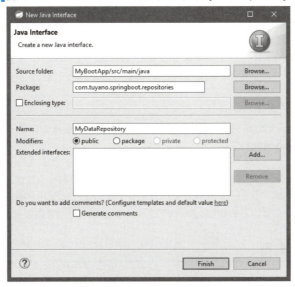

　これで、com.tuyano.springboot.repositoriesパッケージ内に「**MyDataRepository.java**」というソースコードファイルが作られます。ファイルを開くと、このようなソースコードが作成されているのがわかります。

リスト5-8

```
package com.tuyano.springboot.repositories;

public interface MyDataRepository {

}
```

　これをリポジトリ用に書き換えます。以下のようにソースコードを変更して下さい。

リスト5-9

```
package com.tuyano.springboot.repositories;

import com.tuyano.springboot.MyData;

import org.springframework.data.jpa.repository.JpaRepository;
```

```
import org.springframework.stereotype.Repository;

@Repository
public interface MyDataRepository  extends JpaRepository<MyData, Long> {

}
```

非常に単純なものですね。インターフェイス自体は、**JpaRepository<MyData, Long>**というクラスを継承しています。この、「**JpaRepository**」というクラス（正確にはインターフェイス）は、新たにリポジトリを作成する際の土台となるものです。すべてのリポジトリは、このJpaRepositoryを継承して作成されます。

このMyDataRepositoryインターフェイスの中には、まだ何もメソッドは定義されていません。空っぽの状態ですが、とりあえずはこれでOKです。

▌@Repository アノテーション

MyDataRepositoryでは、JpaRepositoryを継承するほかにも重要なポイントがあります。それは、**@Repository**アノテーションです。

この@Repositoryアノテーションは、このクラスがデータアクセスのクラスであることを示します。@Controllerアノテーションなどと同様に、そのクラスがどういう役割を果たすものかを示すアノテーションです。リポジトリのようにデータベースにアクセスするためのクラスには、この@Repositoryアノテーションを付けておきます。

リポジトリを利用する

では、リポジトリを利用してみましょう。まず、コントローラーから作成しましょう。前章まで使ってきたHeloControllerを今回も再利用します。ファイルを開き、以下のように書き換えて下さい。

リスト5-10

```
package com.tuyano.springboot;

import org.springframework.beans.factory.annotation.Autowired;
import org.springframework.stereotype.Controller;
import org.springframework.web.bind.annotation.RequestMapping;
import org.springframework.web.servlet.ModelAndView;

import com.tuyano.springboot.repositories.MyDataRepository;

@Controller
public class HeloController {

    @Autowired
    MyDataRepository repository;
```

```
@RequestMapping("/")
public ModelAndView index(ModelAndView mav) {
  mav.setViewName("index");
  mav.addObject("msg","this is sample content.");
  Iterable<MyData> list = repository.findAll();
  mav.addObject("data",list);
  return mav;
}
}
```

リポジトリのメソッドをチェックする

では、作成したコントローラーで、エンティティの一覧表示および保存の部分がどうなっているか、コードのポイントをチェックしていきましょう。

リポジトリの関連付け

```
@Autowired
MyDataRepository repository;
```

最初に**@Autowired**アノテーションを使ってMyDataRepositoryインスタンスをフィールドに関連付けています。この@Autowiredというアノテーションは、アプリケーションに用意されているBeanオブジェクト（Spring MVCによって自動的にインスタンスが作成され、アプリケーション内で利用可能になったもの）に関連付けを行います。これにより、MyDataRepositoryのインスタンスが自動的にrepositoryフィールドに設定されます。

「**あれ？　MyDataRepository ってインターフェイスのはずでは**」と思った人。その通り。ですが、ちゃんとインスタンスが設定されます。Spring MVCによりインターフェイスに必要な処理が組み込まれた無名クラスのインスタンスが作成され、それが設定されるようになっているのです。

Bean が登録されるまでの流れ

Spring Frameworkでは、あらかじめクラスをBeanとして登録しておき、そのBeanをインスタンスフィールドに自動的に関連付ける（つまり、代入する）ことで利用できるようにする、という処理をよく行います。整理するとリポジトリの場合、

❶ アプリケーション起動時に、@Repositoryを付けられたインターフェイスを検索し、自動的にその実装クラスが作成され、更にそのインスタンスがアプリケーションにBeanとして登録されます。

❷ コントローラーなどのクラスがロードされる際、@Autowiredが指定されているフィールドがあると、登録済みのBeanから同じクラスのものを検索し、自動的にそのフィールドにインスタンスを割り当てます。

このような仕組みでフィールドに必要なリポジトリのインスタンスが割り当てられ、使えるようになるのです。

ここで、「**なぜ、Spring Frameworkは、特定のクラスを自動的にBeanとして登録するのか、それはどうやって識別しているのか？**」と疑問を感じる人も多いでしょう。実は、Spring Frameworkに用意されている各種のアノテーション（@Repositoryなど）によって、「**このクラスのインスタンスをBeanとして登録する**」ということを認識していたのですね。

したがって、私たちが行うべき作業は「**@Repositoryを指定したインターフェイスを用意すること**」「**@Autowiredを指定したリポジトリインターフェイスのフィールドを用意すること**」だけです。具体的な処理の実装は一切不要なのです。

Spring Bootの土台となっているSpring Frameworkに用意されているあらゆる機能は、「**必要な機能をBeanとして用意し、それを自動的にフィールドなどに割り付ける**」という仕組みを利用して作られています。「**いかにBeanをうまく活用するか**」が、Spring Bootを理解する上でもっとも重要なポイントなのだ、といってよいでしょう。

findAll メソッドについて

ここでは、repositoryの「**findAll**」というメソッドを使っています。以下の文ですね。

```
Iterable<MyData> list = repository.findAll();
```

MyDataRepositoryには、findAllなんてメソッドは定義されていませんでしたね？ これは、継承元であるJpaRepositoryに用意されているメソッドです。これにより、エンティティがすべて自動的に取り出されたのです。

「**JpaRepositoryにfindAllというメソッドがあるのはわかった。けれど、このJpaRepositoryは、MyDataというクラスがエンティティだってことは知らないはずだ**」——そう思った人。このMyDataRepositoryの定義をもう一度よく思い出してみましょう。

```
public interface MyDataRepository  extends JpaRepository<MyData, Long> {……}
```

総称型でMyDataとLongが指定されています。これにより、対象となるエンティティクラスがMyDataであり、プライマリキーとなるのがLong型の値であることが指定されていたのです。

テンプレートを用意する

では、画面にデータを表示するテンプレートを作成しましょう。今回もindex.htmlを再利用することにしましょう。以下のようにソースコードを書き換えて下さい。

リスト5-11

```html
<!DOCTYPE HTML>
<html xmlns:th="http://www.thymeleaf.org">
<head>
  <title>top page</title>
  <meta http-equiv="Content-Type"
    content="text/html; charset=UTF-8" />
  <style>
  h1 { font-size:18pt; font-weight:bold; color:gray; }
  body { font-size:13pt; color:gray; margin:5px 25px; }
  pre { border: solid 3px #ddd; padding: 10px; }
  </style>
</head>

<body>
  <h1 th:text="#{content.title}">Helo page</h1>
  <pre th:text="${data}"></pre>
</body>

</html>
```

図5-6：アクセスするとデータを表示する。まだ何もないので、空の配列だけが表示される。

　完成したら、ページにアクセスしてみましょう。保管されている MyData がグレーの四角い枠内に表示されます。といっても、まだ何もデータは保管されていないので、単に空の配列が[]とだけ表示されているでしょう。とりあえず、処理が正常に動いていることだけは確認できました。

Chapter 5 モデルとデータベース

5.2 エンティティのCRUD

データベースアクセスの基本は、「Create」「Read」「Update」「Delete」の4つの操作です。これらは一般に「CRUD」と呼ばれます。このCRUDの基本について説明しましょう。

フォームでデータを保存する

データベースアクセスは、単に全データを取り出せればOKというわけにはいきません。データを新たに保存したり、既にあるデータを更新したり削除したりする処理も必要です。これらは一般に「**CRUD**」と呼ばれます。「**Create**」「**Read**」「**Update**」「**Delete**」のイニシャルをつないでこう呼ばれるのですね。こうしたデータベースの基本的な操作について考えていきましょう。

まずは、データの保存からです。テンプレートにフォームを用意し、これを送信してMyDataのエンティティを作って保存する、といった処理を考えてみることにしましょう。

ではテンプレートを修正しましょう。index.htmlを以下のように書き換えて下さい。

リスト5-12

```
<!DOCTYPE HTML>
<html xmlns:th="http://www.thymeleaf.org">
<head>
  <title>top page</title>
  <meta http-equiv="Content-Type"
    content="text/html; charset=UTF-8" />
  <style>
  h1 { font-size:18pt; font-weight:bold; color:gray; }
  body { font-size:13pt; color:gray; margin:5px 25px; }
  pre { border: solid 3px #ddd; padding: 10px; }
  tr { margin:5px; }
  th { padding:5px; color:white; background:darkgray; }
  td { padding:5px; color:black; background:#f0f0f0; }
  </style>
</head>

<body>
  <h1 th:text=""#{content.title}">Helo page</h1>
  <table>
  <form method="post" action="/" th:object="${formModel}">
  <tr><td><label for="name">名前</label></td>
    <td><input type="text" name="name" th:value="*{name}" /></td></tr>
  <tr><td><label for="age">年齢</label></td>
```

232

```
    <td><input type="text" name="age"  th:value="*{age}" /></td></tr>
  <tr><td><label for="mail">メール</label></td>
    <td><input type="text" name="mail"  th:value="*{mail}" /></td></tr>
  <tr><td><label for="memo">メモ</label></td>
  <td><textarea name="memo"  th:text="*{memo}"
         cols="20" rows="5"></textarea></td></tr>
  <tr><td></td><td><input type="submit" /></td></tr>
  </form>
  </table>
  <hr/>
  <table>
  <tr><th>ID</th><th>名前</th></tr>
  <tr th:each="obj : ${datalist}">
    <td th:text="${obj.id}"></td>
    <td th:text="${obj.name}"></td>
  </tr>
  </table>
</body>

</html>
```

　フォームを用意し、これにフォーム用のオブジェクトとして**formModel**を用意して適用するようにしてあります。<form>タグを見ると、

```
<form method="post" action="/" th:object="${formModel}">
```

このようになっていますね。後は、**<input>**文に**th:value**でformModelの値を代入しています。こうすることで、formModelに初期値などを設定し、それをフォームにあらかじめ設定しておくことができるようになります。
　また、**datalist**のデータをテーブルに一覧表示する処理も用意しておきました。<table>内に、

```
<tr th:each="obj : ${datalist}">
```

このような形で繰り返し処理が用意されています。これで、datalistから順にオブジェクトを取り出し、変数objに設定していくのです。後は、<td>タグに**th:text**を用意して、その中のidやnameを出力させるだけです。

コントローラーを修正する

　では、コントローラーを修正しましょう。HeloContoller.javaを以下のように書き換えて下さい。

Chapter 5 モデルとデータベース

リスト5-13

```java
package com.tuyano.springboot;

import org.springframework.beans.factory.annotation.Autowired;
import org.springframework.stereotype.Controller;
import org.springframework.transaction.annotation.Transactional;
import org.springframework.web.bind.annotation.ModelAttribute;
import org.springframework.web.bind.annotation.RequestMapping;
import org.springframework.web.bind.annotation.RequestMethod;
import org.springframework.web.servlet.ModelAndView;

import com.tuyano.springboot.repositories.MyDataRepository;

@Controller
public class HeloController {

    @Autowired
    MyDataRepository repository;

    @RequestMapping(value = "/", method = RequestMethod.GET)
    public ModelAndView index(
        @ModelAttribute("formModel") MyData mydata,
        ModelAndView mav) {
      mav.setViewName("index");
      mav.addObject("msg","this is sample content.");
      Iterable<MyData> list = repository.findAll();
      mav.addObject("datalist",list);
      return mav;
    }

    @RequestMapping(value = "/", method = RequestMethod.POST)
    @Transactional(readOnly=false)
    public ModelAndView form(
        @ModelAttribute("formModel") MyData mydata,
        ModelAndView mav) {
      repository.saveAndFlush(mydata);
      return new ModelAndView("redirect:/");
    }

}
```

　完成したら、ページにアクセスしてみましょう。フォームが表示されるので、そこに
テキストを記入して送信してみてください。送ったフォームの内容がデータベースに保
管され、フォームの下のテーブルに表示されるようになります。

234

図5-7：フォームにテキストを記入して送信すると、データが追加され、下のテーブルに表示されるようになる。

@ModelAttributeとデータの保存

ここでは、ページにアクセスしたときと、フォーム送信したときのそれぞれの処理を行うメソッドとしてindexとformの2つを用意してあります。これらをよく見ると、見慣れないアノテーションがいくつか追加されています。これが、今回のポイントです。

@ModelAttribute アノテーション

それぞれのメソッドにはMyDataインスタンスが引数として指定されていますが、これには「**@ModelAttribute**」というアノテーションが付けられています。これは、エンティティクラスのインスタンスを自動的に用意するのに用いられます。引数には、インスタンスの名前を指定します。これはそのまま送信フォームにth:objectで指定する値になります。

GETアクセスの際のindexメソッドでは、MyDataの引数にはnewされたインスタンスが作成されて割り当てられます。したがって、MyData内の値などはすべて初期状態（空のテキストやゼロ）のままです。

POSTアクセスで呼ばれるformメソッドでは、送信されたフォームの値が自動的にMyDataインスタンスにまとめられて渡されます。これをそのまま保存すればいいのです。@ModelAttributeを利用することで、これだけシンプルに送信データを保存できるようになります。

なお、ここでは@ModelAttributeアノテーションを使っていますが、これを使わなければいけないというわけではありません。普通にnew MyDataでインスタンスを作り、送られてきた値を1つ1つインスタンスに設定しても構わないのです。ただ、それは面倒だから、@ModelAttributeを使えば自動的にインスタンスを用意しておいてくれますよ、ということなのです。

▌SaveAndFlush による保存

では、用意されたエンティティはどのようにして保存されるのでしょうか。これは、以下の文で行っています。

```
repository.saveAndFlush(mydata);
```

JpaRepositoryに用意されている「**saveAndFlush**」というメソッドは、引数のエンティティを永続化します。データベースを利用している場合は、データベースにそのまま保存されます。非常に単純ですね。

@Transactionalとトランザクション

ただし、データの保存を行うためには、もう1つ忘れてはならないポイントがあります。それは、formメソッドに付いている以下のアノテーションです。

```
@Transactional(readOnly=false)
```

この**@Transactional**アノテーションは、「**トランザクション**」機能のためのものです。トランザクションは、データベースを利用する一連の処理を一括して実行するための仕組みです。これをメソッドに付けることで、メソッド内で実行されるデータベースアクセスは一括して実行されるようになります。

複数のデータアクセス処理を実行した場合、その途中でほかからデータベースがアクセスされることもあるでしょう。特にデータの書き換えを行うような処理の場合、途中で外部からアクセスされてデータの構造や内容が書き換わったりすると、データの整合性に問題が発生してしまうことがあります。そうしたトラブルを予防するためにトランザクションは利用されます。

ここでは、引数として「**readOnly=false**」が付けられています。このreadOnlyは、文字通り「**読み込みのみ（書き換え不可）**」であることを示します。readOnly=falseとすることで、読み込みのみのトランザクションから、保存などデータの更新を許可するトランザクションに変わります。

データの初期化処理

実際に試してみるとわかりますが、保存したデータは、アプリケーションを終了し、再度起動すると消えてしまっています。HSQLDB/H2はデフォルトでメモリ内にデータ

5.2 エンティティのCRUD

をキャッシュしているため、終了するとなくなってしまうのです。

　学習用には、これはとても便利なのですが、そうなると毎回ダミーのデータを作成しなければいけません。これはちょっと面倒なので、コントローラーにデータのダミーを作成する初期化処理を追加しておきましょう。

　HeloControllerクラスに、以下のメソッドを追加して下さい。

リスト5-14

```
// import javax.annotation.PostConstruct; を追記

@PostConstruct
public void init(){
    // 1つ目のダミーデータ作成
    MyData d1 = new MyData();
    d1.setName("tuyano");
    d1.setAge(123);
    d1.setMail("syoda@tuyano.com");
    d1.setMemo("this is my data!");
    repository.saveAndFlush(d1);
    // 2つ目のダミーデータ作成
    MyData d2 = new MyData();
    d2.setName("hanako");
    d2.setAge(15);
    d2.setMail("hanako@flower");
    d2.setMemo("my girl friend.");
    repository.saveAndFlush(d2);
    // 3つ目のダミーデータ作成
    MyData d3 = new MyData();
    d3.setName("sachiko");
    d3.setAge(37);
    d3.setMail("sachico@happy");
    d3.setMemo("my work friend...");
    repository.saveAndFlush(d3);
}
```

　これは、3つのMyDataインスタンスを作成して保存する初期化処理です。データの内容はそれぞれ自由に変更して構いません。

　ここでは、メソッドに「**@PostConstruct**」というアノテーションが付けられています。これはコンストラクタによりインスタンスが生成された後に呼び出されるメソッドであることを示すものです。このアノテーションが付けられていれば、メソッド名はなんでも構いません。

　コントローラーは、最初に一度だけインスタンスが作成され、以後はそのインスタンスが保持されます。ですから、ここにダミーデータの作成を用意しておけば、アプリケーション実行時に必ず一度だけ実行され、データが準備されるようになります。

237

Chapter 5 モデルとデータベース

▍図5-8：起動すると、最初からダミーデータが表示されるようになった。

MyDataの更新

　続いて、既に保存してあるデータの更新です。これは、データの保存と似ていますが、実際の処理は少し違ってきます。まず、既に保管されているデータを取り出す方法を考えないといけませんし、その内容を更新するのはどうするのかも理解しないといけません。

　まずは、サンプルを作ってしまいましょう。新しくテンプレートを用意します。
　Mavenコマンドで開発している場合は、「**templates**」フォルダに「**edit.html**」というテキストファイルを用意して下さい。
　STS利用の場合は、＜**File**＞メニューの＜**New**＞から＜**Other...**＞メニューを選び、現れたウィザード選択ダイアログウインドウで、「**Web**」内の「**HTML File**」を選びます。

図5-9：ウィザード選択画面で、「HTML File」を選び、次に進む。

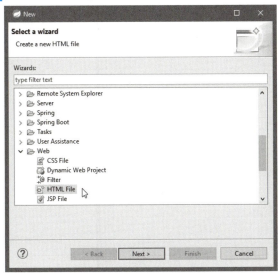

続いて現れた画面で、「**templates**」フォルダを選択し、File nameに「**edit.html**」と入力し、次に進みます。

図5-10：ファイル名を「edit.html」とする。

最後にテンプレートの選択画面で、「**New HTML File (5)**」を選択してFinishすればファイルが作成されます。

図5-11：テンプレートを選択し、Finishする。

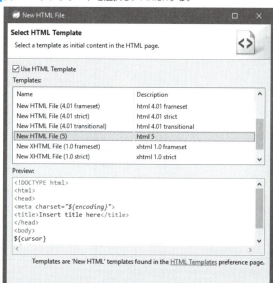

edit.html を編集する

作成されたファイル「**edit.html**」を開き、ソースコードを編集しましょう。以下のように書き換えて下さい。

リスト5-15

```html
<!DOCTYPE HTML>
<html xmlns:th="http://www.thymeleaf.org">
<head>
  <title>edit page</title>
  <meta http-equiv="Content-Type"
    content="text/html; charset=UTF-8" />
  <style>
  h1 { font-size:18pt; font-weight:bold; color:gray; }
  body { font-size:13pt; color:gray; margin:5px 25px; }
  tr { margin:5px; }
  th { padding:5px; color:white; background:darkgray; }
  td { padding:5px; color:black; background:#f0f0f0; }
  </style>
</head>
<body>
  <h1 th:text="${title}">Edit page</h1>
  <table>
```

```
    <form method="post" action="/edit" th:object="${formModel}">
      <input type="hidden" name="id" th:value="*{id}" />
      <tr><td><label for="name">名前</label></td>
      <td><input type="text" name="name" th:value="*{name}" /></td></tr>
      <tr><td><label for="age">年齢</label></td>
      <td><input type="text" name="age"  th:value="*{age}" /></td></tr>
      <tr><td><label for="mail">メール</label></td>
      <td><input type="text" name="mail"  th:value="*{mail}" /></td></tr>
      <tr><td><label for="memo">メモ</label></td>
      <td><textarea name="memo"  th:text="*{memo}"
        cols="20" rows="5"></textarea></td></tr>
      <tr><td></td><td><input type="submit" /></td></tr>
    </form>
    </table>
</body>
</html>
```

　基本的には、index.htmlに用意したフォームをそのままコピー＆ペーストとしたような画面になっています。ただし1つだけ違いがあります。以下の非表示フィールドのタグが追加されている点です。

```
<input type="hidden" name="id" th:value="*{id}" />
```

　<form>には**th:object="${formModel}"**が指定されており、formModelに設定されたインスタンスを元に値が設定されるようになっています。このformModelに、編集するエンティティが設定されていれば、そのIDが非表示フィールドに格納されます。

MyDataRepositoryにfindByIdを追加する

　次に行うのは、「**IDでエンティティを検索して取り出す処理**」の実装です。これはリポジトリを使います。MyDataRepositoryインターフェイスを開き、以下のように書き換えましょう。

リスト5-16
```
package com.tuyano.springboot.repositories;

import com.tuyano.springboot.MyData;

import java.util.Optional;

import org.springframework.data.jpa.repository.JpaRepository;
import org.springframework.stereotype.Repository;


@Repository
```

```
public interface MyDataRepository  extends JpaRepository<MyData, Long> {

  public Optional<MyData> findById(Long name);

}
```

わかりますか？　空だったインターフェイスに、「**findById**」というメソッドを追記しただけです。この「**findById**」が、ID番号を引数にしてMyDataインスタンスを取り出すメソッドです。

ただし、ここでは戻り値に「**Optional**」というクラスを指定しています。このため、**import java.util.Optional;**も追記しておく必要があります。

Column Optionalとは？

Optionalというのは、Java 8から登場した、「**nullかもしれないオブジェクトをラップするためのクラス**」です。findByIdはIDを指定してMyDataを取得するメソッドですが、指定したIDの値が存在しないかもしれません。その場合はnullになります。が、Optionalを使うことで、結果は必ずOptionalインスタンスとして得られるようになります。nullにはならなくなるのです。取得した値がnullかもしれない場合、nullだった場合の処理などを考えないといけませんが、Optionalを利用することでその辺りの処理を簡略化できるのです。

Optionalから「**get**」というメソッドを呼び出せば、ラップしたインスタンスを取り出すことができます。

Optionalは、Java 8から用意されているため、それ以前のJDKを使っている場合は使えません。この場合は、そのままMyDataが戻り値として指定されます。

リクエストハンドラの作成

では、/edit用のリクエストハンドラを作成しましょう。今回は、GETアクセス用にeditメソッド、POSTアクセス用にupdateメソッドを用意します。HeloControllerクラス内に、以下の2つのメソッドを追記して下さい。

リスト5-17

```
// 以下のimportを追記
// import java.util.Optional;
// import org.springframework.web.bind.annotation.PathVariable;

@RequestMapping(value = "/edit/{id}", method = RequestMethod.GET)
public ModelAndView edit(@ModelAttribute MyData mydata,
    @PathVariable int id,ModelAndView mav) {
  mav.setViewName("edit");
  mav.addObject("title","edit mydata.");
  Optional<MyData> data = repository.findById((long)id);
```

```
    mav.addObject("formModel",data.get());
    return mav;
}

@RequestMapping(value = "/edit", method = RequestMethod.POST)
@Transactional(readOnly=false)
public ModelAndView update(@ModelAttribute MyData mydata,
    ModelAndView mav) {
  repository.saveAndFlush(mydata);
  return new ModelAndView("redirect:/");
}
```

　これで作業は完了です。/editにアクセスするときに、編集するエンティティのID番号を付けます。例えば、/edit/1とすれば、IDが1のエンティティのデータがフォームに設定されて表示されます。

図5-12：/edit/1でアクセスすると、IDが1のデータがフォームに表示される。これを書き換えて送信すると、そのデータが更新される。

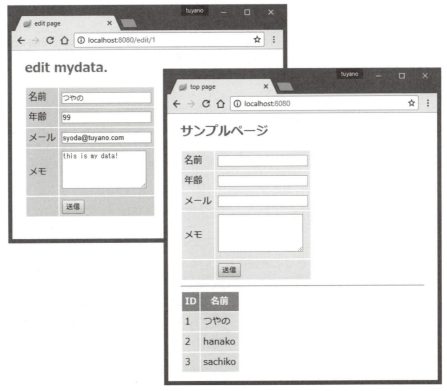

Chapter **5** モデルとデータベース

■ メソッドをチェックする

では、行っている処理を見てみましょう。まずは、GETアクセス時に呼び出される
editメソッドからです。ここでは、クエリーテキストで送られたID番号を元にエンティ
ティを取得し、それをaddObjectで保管しています。

```
Optional<MyData> data = repository.findById((long)id);
mav.addObject("formModel",data.get());
```

MyDataRepositoryに用意した「**findById**」を使って、渡されたIDのエンティティを検索
しています。これで、Optionalインスタンスが得られるので、そのgetを使い、実際に得
られたエンティティを"formModel"と名前を指定してaddObjectします。これで、このエ
ンティティの内容がそのまま値を渡されたテンプレートのフォームで表示されるように
なります。

フォームは、そのまま/editに送信され、updateメソッドが呼びだされます。ここで、
送られたフォームのデータを元にエンティティの保存を行います。

```
repository.saveAndFlush(mydata);
```

見ればわかるように、新たにデータを保存するのと同じ、**saveAndFlush**で更新を行っ
ています。データの保存は、すべてこのメソッドでOKなのです。新規保存と更新の違い
は、「**引数のエンティティに、IDが指定されているかどうか**」です。

edit.htmlでは、formModelのIDが非表示フィールドに保管されていました。
saveAndFlushでエンティティを保存する際、既にそのIDのエンティティが存在すると、
その内容を更新して保存するのです。新規作成のフォームには、IDのフィールドはあり
ませんでしたね？ この場合は、新たにIDを割り当てて新しいエンティティとして保存す
るのです。

つまり、プログラマは、そのエンティティと同じIDが既にあるかどうかなど考えず、
ただ用意されたエンティティを保存すれば、必要に応じて新規保存したり更新したりし
てくれるんですね。

■ findById はどこで実装されている？

すらすらと更新処理について説明をしてきましたが、よく考えると一つだけ、腑
に落ちない点があるのに気づいたでしょうか。それは、IDでエンティティを検索する
「**findById**」メソッドです。このメソッド、MyDataRepositoryインターフェイスにメソッ
ドの宣言を書いただけで、実際に行うべき処理はまったく書いていないのです！

なぜ、メソッドが実装されていないのにちゃんと動いているのか？ それこそが、リ
ポジトリの最大の利点です。リポジトリは、メソッド名を元にエンティティ検索の処理
を自動生成するようになっているのです。

例えば「**findById**」メソッドは、引数の値をIDに持つエンティティを検索する処理が自
動生成されて使えるようになっていたのです。この仕組については、改めて説明します

が、そんなわけで「**リポジトリは、メソッドの宣言を書くだけで具体的な処理は実装する必要がない**」という点はしっかりと覚えておきましょう。

エンティティの削除

最後に、エンティティの削除についてです。削除は、単純に指定のIDなどをクエリーテキストで送ってそのまま消してしまうような実装もできますが、削除するデータの内容を確認するなどの処理を考えると、エンティティの更新と同じやり方をするのがよいでしょう。

すなわち、まずクエリーテキストなどを使ってIDを指定してアクセスすると、そのエンティティの内容が表示される。そこで削除のボタンを押すとそのエンティティが削除される、という形になります。

テンプレートの作成

では、これもテンプレートから作成していきましょう。

Mavenコマンド利用の場合は、「**templates**」フォルダ内に「**delete.html**」という名前でテキストファイルを作成して下さい。

STS利用の場合は、パッケージエクスプローラーで「**templates**」Folderを選択した状態で、＜**File**＞メニューの＜**New**＞内からメニューを選んで作成します。これまで＜**Other**＞メニューを選んで、現れたダイアログから「**HTML File**」を選んでHTMLファイルを作成しましたが、＜**File**＞メニューを選んで一般的なテキストファイルとして作成することもできます。いずれも、現れたダイアログウインドウで、「**templates**」Folderを選択し、File nameを「**delete.html**」と入力してください。

図5-13：「templates」フォルダを選択し、ファイル名を「delete.html」と入力する。

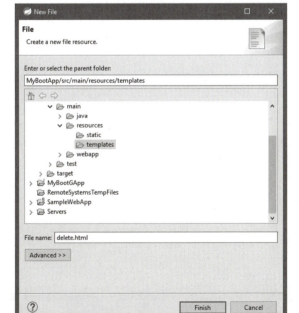

Chapter **5** モデルとデータベース

ファイルが作成されたら、これを開いてソースコードを記述しましょう。以下のように記入して下さい。

リスト5-18

```html
<!DOCTYPE HTML>
<html xmlns:th="http://www.thymeleaf.org">
<head>
  <title>edit page</title>
  <meta http-equiv="Content-Type"
    content="text/html; charset=UTF-8" />
  <style>
  h1 { font-size:18pt; font-weight:bold; color:gray; }
  body { font-size:13pt; color:gray; margin:5px 25px; }
  td { padding:0px 20px; background:#eee;}
  </style>
</head>
<body>
  <h1 th:text="${title}">Edit page</h1>
  <table>
  <form method="post" action="/delete"
    th:object="${formModel}">
    <input type="hidden" name="id" th:value="*{id}" />
    <tr><td><p th:text="|名前: *{name}|"></p></td></tr>
    <tr><td><p th:text="|年齢: *{age}|" ></p></td></tr>
    <tr><td><p th:text="*{mail}"></p></td></tr>
    <tr><td><p th:text="*{memo}"></p></td></tr>
    <tr><td><input type="submit" value="delete"/></td></tr>
  </form>
  </table>
</body>
</html>
```

ここでは、<form>タグでフォームを用意していますが、実際に用意されているコントロール類は**<input type="hidden" name="id" th:value="*{id}" />**の一行だけです。それ以外はコントロールではなく、値をそのまま出力させているだけです。

リクエストハンドラの作成

続いて、コントローラーを作成しましょう。/deleteにGETアクセスした際のdeleteメソッドと、POSTアクセスを処理するremoveメソッドの2つを用意します。HeloControllerクラスに、以下のようにメソッドを追記して下さい。

リスト5-19

```
// import org.springframework.web.bind.annotation.RequestParam; 追加
```

246

5.2 エンティティのCRUD

```
@RequestMapping(value = "/delete/{id}", method = RequestMethod.GET)
public ModelAndView delete(@PathVariable int id,
    ModelAndView mav) {
  mav.setViewName("delete");
  mav.addObject("title","delete mydata.");
  Optional<MyData> data = repository.findById((long)id);
  mav.addObject("formModel",data.get());
  return mav;
}

@RequestMapping(value = "/delete", method = RequestMethod.POST)
@Transactional(readOnly=false)
public ModelAndView remove(@RequestParam long id,
    ModelAndView mav) {
  repository.deleteById(id);
  return new ModelAndView("redirect:/");
}
```

　完成したら、アクセスして動作を確かめてみましょう。更新処理と同様にID番号を付けて/deleteにアクセスをします。例えば、/delete/1とすれば、IDが1のエンティティを削除します。
　アクセスすると、指定したIDのデータが表示されるので、ここで内容を確認し、「**delete**」ボタンを押せばそのデータが削除されます。

図5-14：ID番号を指定してアクセスすると、そのエンティティの内容が表示される。これで確認をして、deleteする。

Chapter 5　モデルとデータベース

エンティティ削除の動作

　ここでは、deleteメソッドで指定IDのエンティティをfindByIdで検索し、テンプレートで表示させています。そしてPOST送信されたremoveメソッドで、送られたIDの値を元にエンティティの削除を行っています。

```
repository.deleteById(id);
```

　これが、削除をしている文です。「**deleteById**」メソッドは、引数に渡されたIDのエンティティを削除します。IDのほか、エンティティのインスタンスを引数に渡して削除することもできます。

　deleteも、データベースの変更を伴うので、メソッドには@Transactionalアノテーションを付けておくのを忘れないようにしましょう。

リポジトリのメソッド自動生成について

　CRUDの基本的な処理を作成しましたが、ポイントはデータの保存や削除よりも、「**リポジトリのfindById実装**」にあるかもしれません。リポジトリによるメソッドの自動生成のおかげで、エンティティ取得がぐっと簡単になったのですから。

　リポジトリを使えば、データベースを利用するするためのメソッドを自分で作らなくとも非常に簡単にデータベースアクセスの処理を実装できることがよくわかるでしょう。しかし、結局、findByIdというメソッドはどこで実装されているのか？　と不思議に思っている人も多いことでしょう。

　インターフェイスに宣言を用意しただけで、ここまで全くその実装がされていません。それなのに動いてしまうのです。不思議かもしれませんが、「**メソッド名を元に、そのメソッドの処理を自動生成する**」というのがJpaRepositoryの機能なのです。

　あえて「**どこで？**」というなら、アプリケーション実行時に、定義されたリポジトリのインターフェイスを元に内部的に実装クラスが生成されている（ただし利用する側からは存在が見えない）、ということになります。この自動生成機能こそが、JpaRepositoryの威力だ、といってよいでしょう。

自動生成可能なメソッド名

　なぜ、このようなことが可能なのか。それはJpaRepositoryに「**辞書によるコードの自動生成機能**」が組み込まれているからです。

　これは、データベースアクセスを行うメソッドでよく用いられる単語を辞書に持ち、それぞれの単語がどのような処理を行うのに用いられるかを推測してメソッドを自動生成する機能です。

　例えば、「**findById**」というメソッドは、誰でも「**idというプロパティが指定の値のものを検索するのだろう**」とはだいたいわかります。findはエンティティを検索するメソッドで用いるものですし、byIdは「**idというコラムから検索をする**」ということが推測できます。すなわち、

248

```
findById(引数)
```

```
"find" "by" "id" 引数
```

```
"select * from テーブル where id = 引数" といったクエリーを実行する処理
```

このようにメソッド名から処理を推測することは、かなり機械的に可能です。データベースにアクセスする基本的な処理は、誰が作成してもほとんど同じです。ならば、人間が毎回似たようなコードを書くよりも、プログラムにデータベースアクセスの処理そのものを自動生成させてしまったほうがいいだろう、と考えたのでしょう。

後述しますが、Spring MVCのデータベースアクセスで利用しているJPAには、「**JPQL**」というSQLを簡易化したような言語機能が内蔵されています。JPQLは、SQLのような命令文のテキストを元にデータベースにアクセスすることができます。JpaRepositoryは、JPQLによるクエリーテキストを生成し、実行している——そんなイメージで考えるとよいでしょう。

では、リポジトリのメソッド名では、どのような単語が理解できるのでしょうか。メソッド名として利用し、解析できる主な単語を簡単にまとめておきましょう。なお、それぞれの単語で生成されるJPQLの文についても掲載しておきました。JPQLについては、後ほど改めて説明しますので、ここでは参考程度に考えて下さい。いずれJPQLの使い方がわかったところで、改めて確認するとよいでしょう。

And

2つの項目の値の両方に合致する要素を検索するような場合に用いられます。これを使って2つの項目名をつなぎ、それぞれの項目の値として引数を2つ用意すればいいでしょう。

メソッド例

```
findBy○○And△△
```

生成されるJPQL

```
from エンティティ where ○○ = ?1 and △△ = ?2
```

Or

2つの項目の値のどちらか一方に合致する要素を検索するような場合に用いられます。2つの項目名をつなぎ、それぞれの項目の値として引数を2つ用意します。

■メソッド例

```
findBy○○Or△△
```

■生成されるJPQL

```
from エンティティ where ○○ = ?1 or △△ = ?2
```

Between

2つの引数で値を渡し、両者の間の値を検索するようなときに用いることができます。これにより指定の項目が一定範囲内の要素を検索します。

■メソッド例

```
findBy○○Between
```

■生成されるJPQL

```
from エンティティ where ○○ between ?1 and ?2
```

LessThan

数値の項目で、引数に指定した値より小さいものを検索します。

■メソッド例

```
findBy○○LessThan
```

■生成されるJPQL

```
from エンティティ where ○○ < ?1
```

GreaterThan

数値の項目で、引数に指定した値より大きいものを検索します。

■メソッド例

```
findBy○○GreaterThan
```

■生成されるJPQL

```
from エンティティ where ○○ > ?1
```

IsNull

指定の項目の値がnullのものを検索します。

■メソッド例

```
findBy○○IsNull
```

■生成されるJPQL

```
from エンティティ where ○○ is null
```

IsNotNull、NotNull

指定の項目の値がnullでないものを検索します。NotNullでもいいですし、IsNotNullでも理解します。

■メソッド例

```
findBy○○NotNull
```

```
findBy○○IsNotNull
```

■生成されるJPQL

```
from エンティティ where ○○ not null
```

Like

テキストのあいまい（LIKE）検索用です。指定の項目から値をあいまい検索します。ただしワイルドカードの設定までは自動でやってくれないので、引数に渡す値に随時ワイルドカードを付けてやる必要があるでしょう。

■メソッド例

```
findBy○○Like
```

■生成されるJPQL

```
from エンティティ where ○○ like ?1
```

NotLike

あいまい検索で検索文字列を含まないものを検索します。やはりワイルドカードは引数に明示的に用意します。

■メソッド例

```
findBy○○NotLike
```

■生成されるJPQL

```
from エンティティ where ○○ not like ?1
```

OrderBy

並び順を指定します。通常の検索メソッド名の後に付けるとよいでしょう。また、項目名の後にAscやDescを付けることで、昇順か降順かを指定できます。

■メソッド例

```
findBy○○OrderBy△△Asc
```

■生成されるJPQL

```
from エンティティ where ○○ = ?1 order by △△ Asc
```

Not

指定の項目が引数の値と等しくないものを検索します。

■メソッド例

```
findBy○○Not
```

■生成されるJPQL

```
from エンティティ where ○○ <> ?1
```

In

指定の項目の値が、引数のコレクションに用意された値のどれかと一致すれば検索します。

■メソッド例

```
findBy○○In(《Collection<○○>》)
```

■生成されるJPQL

```
from エンティティ where ○○ in ?1
```

NotIn

指定の項目の値が、引数のコレクションに用意されたどの値とも一致しないものを検索します。

■メソッド例

```
findBy○○NotIn(《Collection<○○>》)
```

■生成されるJPQL

```
from エンティティ where ○○ not in ?1
```

JpaRepositoryのメソッド実装例

では利用例として、実際にどのような形で検索ができるか、メソッドの宣言をいろいろと考えてみましょう。MyDataRepositoryにいくつかメソッドを追加してみることにします。

リスト5-20

```java
package com.tuyano.springboot.repositories;

import java.util.List;
import java.util.Optional;

import org.springframework.data.jpa.repository.JpaRepository;
import org.springframework.stereotype.Repository;

import com.tuyano.springboot.MyData;

@Repository
public interface MyDataRepository  extends JpaRepository<MyData, Long> {

  public Optional<MyData> findById(Long name);
  public List<MyData> findByNameLike(String name);
  public List<MyData> findByIdIsNotNullOrderByIdDesc();
  public List<MyData> findByAgeGreaterThan(Integer age);
  public List<MyData> findByAgeBetween(Integer age1, Integer age2);
}
```

findByIdは前からありますね。その後の4つが新たに追加されたものです。それぞれの働きがどのようになるか簡単に説明しましょう。

public List<MyData> findByNameLike(String name);

nameであいまい検索をします。引数には、**"%" + str + "%"**といった具合にワイルドカードを指定してやる必要があるでしょう。

public List<MyData> findByIdIsNotNullOrderByIdDesc();

これは全要素をIDの降順で取得します。findByIdIsNotNullでは、IDの値がnullでないものを検索するという意味になりますが、IDはエンティティ保存時に自動的に割り当てられますからnullなものはありません。つまり、こうすることで全エンティティを取り出すようにしたのですね。

その後に、OrderByIdDescと付けることで、IDを基準に降順でエンティティを並べ替えるようにしています。これは、OrderByNameAscとすれば、nameで昇順に並べ替えることができます。

public List<MyData> findByAgeGreaterThan(Integer age);

ageは数値のプロパティです。これはageの値が引数に指定した値より大きいものを検索します。GreaterThanをLessThanにすれば引数より小さいものを検索できます。

public List<MyData> findByAgeBetween(Integer age1, Integer age2);

ageの値が指定の範囲内のものを検索します。Betweenを使う場合、引数は2つ用意するのを忘れないようにしましょう。

——いかがですか。メソッドの名前を考えるだけで自動的にアクセスの処理が実装されるのがどういうことか、これでだいぶイメージできたのではないでしょうか。実際にこれらのメソッドにアクセスして、思った通りにエンティティが得られるか確認してみましょう。

メソッド生成を活用するためのポイント

実際にJpaRepositoryでメソッドを定義してみると、思ったように動いてくれないかもしれません。もっとも多いのは「**例外が発生して動かない**」というものでしょう。メソッドをうまく解析できないとメソッドの実装が正常に行われず、リポジトリ自体が動かなくなります。そこでうまく動かない時のチェックポイントを整理しておきましょう。

メソッド名はキャメル記法が基本

メソッド名は、検索条件に関する各要素の単語の最初の文字だけを大文字にしてひとつなぎにする、いわゆる「**キャメル記法**」で書きます（最初を小文字にするlower camel case）。この「**各単語の1文字目だけを大文字にする**」という点を理解していないとエラーになります。例えば「**findByName**」という名前を「**findbyName**」とすると例外が発生し、メソッドは生成されないのです。

メソッド名の単語の並びをチェック！

メソッド名から自動的に生成されるとはいっても、実は単語の並び順などがシビア

です。例えば、findByIdIsNotNullOrderByIdDescというメソッドは問題ありませんが、findOrderByIdDescByIdIsNotNullとしてしまうとアプリケーション実行時に例外が発生します。単語の並び順として、ざっと以下のようなルールを考えておくとよいでしょう。

find［By○○］［そのほかの検索条件］［OrderByなど］

「By○○」といった対象となる項目の指定は一番最初にし、OrderByなど取得したエンティティの並べ替えなどは最後に付けるようにします。

■引数の型を間違えない！

検索条件などで検索するための値を引数として引き渡すとき、その値の型と、エンティティに用意されているプロパティの型が一致しなければいけません。よくやりがちなのが「**基本型とラッパークラス**」の違いをそのままにしてしまうことです。

例えば、MyDataではageはInteger型になっていますが、「**整数だから**」とfindByAgeメソッド定義の際、引数にint型を指定すると例外が発生してしまうこともあります。Integerとintは違うのです。Javaの一般的なコードのようなオートボクシングを期待してはいけません。

——JpaRepositoryを利用したリポジトリの作成は、エンティティ検索を劇的に簡略化してくれます。せっかくSpring Frameworkを使うのですから、これを最大限活用しない手はないでしょう。

「**単純な検索はすべて自動生成メソッドで。複雑な検索処理だけ、DAOを定義して利用する**」というように、両者をうまく組み合わせていくのがよいでしょう。

5.3 エンティティのバリデーション

エンティティには、値の検証を行う「バリデーション」という機能があります。バリデーションの基本的な使い方を覚え、どのような値の検証が行えるか理解しましょう。

エンティティのバリデーションについて

エンティティクラスを定義するとき、それぞれのプロパティにどのような値が保管されるかを考えることは重要です。例えば「**未入力を許可するかどうか（必須項目かどうか）**」「**一定の範囲外の値を禁止するかどうか**」といったことですね。これらの「**設定される値の制限**」は、エンティティに「**バリデーション**」を導入することで簡単に実装することができます。

バリデーションとは、モデルに用意されている、値を検査するための仕組みです。あらかじめ入力される各項目にルールを設定しておくことで、入力値がそのルールに違反

していないかを調べ、すべてのルールを満たしている場合のみ値の保管などを行えるようにします。

では、既に作成したMyDataクラスにバリデーションを設定してみることにしましょう。

リスト5-21

```
package com.tuyano.springboot;

import javax.persistence.Column;
import javax.persistence.Entity;
import javax.persistence.GeneratedValue;
import javax.persistence.GenerationType;
import javax.persistence.Id;
import javax.persistence.Table;
import javax.validation.constraints.Min;
import javax.validation.constraints.NotNull;

import org.hibernate.validator.constraints.Email;
import org.hibernate.validator.constraints.NotEmpty;

@Entity
@Table(name = "mydata")
public class MyData {

    @Id
    @GeneratedValue(strategy = GenerationType.AUTO)
    @Column
    @NotNull   // ●
    private long id;

    @Column(length = 50, nullable = false)
    @NotEmpty   // ●
    private String name;

    @Column(length = 200, nullable = true)
    @Email   // ●
    private String mail;

    @Column(nullable = true)
    @Min(0)   // ●
    @Max(200) // ●
    private Integer age;

    @Column(nullable = true)
```

5.3 エンティティのバリデーション

```
    private String memo;

    ……アクセサは省略……
}
```

主なプロパティにバリデーション用のアノテーションを追加しました（●の部分）。名前は未入力ではいけません。また年齢はマイナスはダメ。200より大きい値もダメです。メールアドレスは、メールの形式になったものでなければ、はねられます。

バリデーションをチェックする

では、エンティティに設定したバリデーションをチェックしてみましょう。サンプルとして、先に**リスト5-13**で作成した「**エンティティの保存**」の処理を修正してみます。
HeloControllerクラスに用意したindexとformのメソッドを以下のように書き換えて下さい。

リスト5-22

```
// 以下のimport文を追記
// import org.springframework.validation.BindingResult;
// import org.springframework.validation.annotation.Validated;

@RequestMapping(value = "/", method = RequestMethod.GET)
public ModelAndView index(
  @ModelAttribute("formModel") MyData mydata,
    ModelAndView mav) {
  mav.setViewName("index");
  mav.addObject("msg","this is sample content.");
  mav.addObject("formModel",mydata);
  Iterable<MyData> list = repository.findAll();
  mav.addObject("datalist",list);
  return mav;
}


@RequestMapping(value = "/", method = RequestMethod.POST)
@Transactional(readOnly=false)
public ModelAndView form(
    @ModelAttribute("formModel")
    @Validated MyData mydata,
    BindingResult result,
    ModelAndView mov) {
  ModelAndView res = null;
  if (!result.hasErrors()){
    repository.saveAndFlush(mydata);
    res = new ModelAndView("redirect:/");
```

257

```
    } else {
        mov.setViewName("index");
        mov.addObject("msg","sorry, error is occured...");
        Iterable<MyData> list = repository.findAll();
        mov.addObject("datalist",list);
        res = mov;
    }
    return res;
}
```

まだテンプレートがないので動かすことはできませんが、これでバリデーション処理の基本は実装できました。テンプレート作成に進む前に、ここでの処理の流れについて説明しておきましょう。

@ValidatedとBindingResult

フォームが送信されると、formメソッドが呼びだされます。このメソッドには、3つの引数が用意されています。これがここでのポイントとなります。

```
public ModelAndView form(
        @ModelAttribute("formModel") @Validated MyData mydata,
        BindingResult result,
        ModelAndView mov) {……
```

第1引数にはMyDataインスタンスが渡されますが、これには2つのアノテーションが付けられています。1つは、@ModelAttribute。これは既におなじみですね。

もう1つは「**@Validated**」。これが、このエンティティの値をバリデーションチェックします。これを付けることで、エンティティの各値を自動的にチェックするようになるのです。

バリデーションエラーのチェック

バリデーションチェックの結果は、その後にある「**BindingResult**」という引数で知ることができます。これは**Errors**というインターフェイスを継承するサブインターフェイスで、その名の通りアノテーションを使って値をバインドした結果を得ます。

ここでいえば、@ModelAttributeでフォームの値からMyDataインスタンスを作成する際の結果がBindingResultで得られることになります。インスタンスを作成するとき、@Validatedによってバリデーションがチェックされていますから、このBindingResultを調べればその状況がわかるのです。

```
if (!result.hasErrors()){……
```

エラーが発生しているかどうかは、「**hasErrors**」メソッドで調べられます。これは名前の通り、エラーが起こっているかどうかを知るもので、trueならばエラーあり、

falseならばエラーなし、となるのです。したがって、この結果がfalseならばそのまま
MyDataを保存すればいい、というわけです。
　trueの場合は、必要な値をaddObjectして再び"/"に戻って再入力を行わせます。

テンプレートを作成する

　では、テンプレートを作成しましょう。index.htmlを開き、ソースコードを以下のよ
うに修正して下さい。

リスト5-23

```
<!DOCTYPE HTML>
<html xmlns:th="http://www.thymeleaf.org">
<head>
  <title>top page</title>
  <meta http-equiv="Content-Type"
    content="text/html; charset=UTF-8" />
  <style>
  h1 { font-size:18pt; font-weight:bold; color:gray; }
  body { font-size:13pt; color:gray; margin:5px 25px; }
  tr { margin:5px; }
  th { padding:5px; color:white; background:darkgray; }
  td { padding:5px; color:black; background:#f0f0f0; }
  .err { color:red; }
  </style>
</head>
<body>
  <h1 th:text="#{content.title}">Helo page</h1>
  <p th:text="${msg}"></p>
  <table>
  <form method="post" action="/" th:object="${formModel}">
    <ul>
      <li th:each="error : ${#fields.detailedErrors()}"
        class="err" th:text="${error.message}" />
    </ul>
    <tr><td><label for="name">名前</label></td>
    <td><input type="text" name="name"
      th:field="*{name}" /></td></tr>
    <tr><td><label for="age">年齢</label></td>
    <td><input type="text" name="age"
      th:field="*{age}" /></td></tr>
    <tr><td><label for="mail">メール</label></td>
    <td><input type="text" name="mail"
      th:field="*{mail}" /></td></tr>
    <tr><td><label for="memo">メモ</label></td>
```

```html
    <td><textarea name="memo" th:field="*{memo}"
      cols="20" rows="5" ></textarea></td></tr>
    <tr><td></td><td><input type="submit" /></td></tr>
  </form>
  </table>
  <hr/>
  <table>
  <tr><th>ID</th><th>名前</th></tr>
  <tr th:each="obj : ${datalist}">
    <td th:text="${obj.id}"></td>
    <td th:text="${obj.name}"></td>
  </tr>
  </table>
</body>
</html>
```

図5-15：フォームに適当に入力して送信する。問題があるとエラーメッセージが表示される。すべて正しく入力されていればデータが保存される。

エラーメッセージを出力する

バリデーションチェックの結果は、\<form>内にある\<ul>タグ部分で出力しています。まず、\<form>タグ自体には以下のようにformModelオブジェクトが設定されています。

```
<form method="post" action="/" th:object="${formModel}">
```

タグに、**th:object="${formModel}"**という属性が用意されていますね。これは、非常に重要です。この後のエラーメッセージの表示処理は、th:objectを利用して、バリデーションチェックを行ったオブジェクが設定されているタグ内に配置しなければいけないからです。

実際のエラーの表示は、以下の文で行っています。

```
<li th:each="error : ${#fields.detailedErrors()}"
  class="err" th:text="${error.message}" />
```

th:eachで、**${#fields.detailedErrors()}**という変数式が設定されています。「**#fields**」は、エンティティの各フィールドをバリデーションチェックした結果などがまとめられたオブジェクトです。**detailedErrors**メソッドは、発生したエラーに関する情報をひとまとめのリストとして返すものです。このth:eachでは、リストから順にエラーのオブジェクトを取り出して変数errorに設定しています。

このerrorにはmessageというプロパティがあり、これで発生したエラーのメッセージが得られます。\<li>を使い、繰り返しでリストを出力しています。エラーメッセージ自体は、**th:text="${error.message}"**という形で出力されます。

ややわかりにくいでしょうが、detailedErrorsで得たものを繰り返し処理で取り出し、messageを書き出していくという基本がわかれば、そう難しいものではありません。

各入力フィールドにエラーを表示

これで基本的なエラーチェックはできるようになりました。が、まとめてメッセージが表示されるより、入力フィールドごとにメッセージが表示されたほうがわかりやすいでしょう。これには、まとめて出力するより少し面倒なことをしなければいけません。

では、これも簡単なサンプルを掲載しておきましょう。テンプレートであるindex.htmlだけを修正すればOKです。

リスト5-24
```
<body>
  <h1 th:text="#{content.title}">Helo page</h1>
  <p th:text="${msg}"></p>
  <table>
  <form method="post" action="/" th:object="${formModel}">
    <tr><td><label for="name">名前</label></td>
    <td><input type="text" name="name"
      th:value="*{name}" th:errorclass="err" />
```

```
        <div th:if="${#fields.hasErrors('name')}"
          th:errors="*{name}" th:errorclass="err">
        </div></td></tr>
     <tr><td><label for="age">年齢</label></td>
     <td><input type="text" name="age"
        th:value="*{age}" th:errorclass="err" />
        <div th:if="${#fields.hasErrors('age')}"
          th:errors="*{age}" th:errorclass="err">
        </div></td></tr>
     <tr><td><label for="mail">メール</label></td>
     <td><input type="text" name="mail"
        th:value="*{mail}" th:errorclass="err" />
        <div th:if="${#fields.hasErrors('mail')}"
          th:errors="*{mail}" th:errorclass="err">
        </div></td></tr>
     <tr><td><label for="memo">メモ</label></td>
     <td><textarea name="memo" th:text="*{memo}"
        cols="20" rows="5" ></textarea></td></tr>
     <tr><td></td><td><input type="submit" /></td></tr>
   </form>
   </table>
   <hr/>
   <table>
   <tr><th>ID</th><th>名前</th></tr>
   <tr th:each="obj : ${datalist}">
     <td th:text="${obj.id}"></td>
     <td th:text="${obj.name}"></td>
   </tr>
   </table>
</body>
```

5.3 エンティティのバリデーション

図5-16：フォームの値をチェックし、各フィールドの下部にエラーメッセージを表示する。

修正したら実際にアクセスしてみましょう。そして適当にフィールドに値を記入して送信して下さい。入力した値に問題があると、そのフィールドの下にエラーメッセージが表示されます。またフィールドとメッセージは赤い色で表示されるようになります。

エラーメッセージの処理

リスト5-24では、各フィールドのタグごとにエラーメッセージ関係の処理を用意しておかないといけません。例として、nameの入力フィールド部分を見てみましょう。まず、<input>タグです。

```
<input type="text" name="name"
  th:value="*{name}" th:errorclass="err" />
```

ここでは**th:value="*{name}"**として、オブジェクトのnameプロパティを値に設定しています。そしてその後には、「**th:errorclass**」という属性が用意されています。これは、エラーが発生した際に適用されるクラス名を指定します。これにより、「**エラーが起きたらテキストを赤い表示に変える**」ということを行っています。

そして、この<input>タグの後に、エラーメッセージを表示するための<div>タグを用意します。

263

Chapter 5 モデルとデータベース

```
<div th:if="${#fields.hasErrors('name')}"
  th:errors="*{name}" th:errorclass="err">
```

このエラーメッセージの表示は、2つの点に注意する必要があります。1つは、「**エラーが発生しているときだけ表示する**」ということ。もう1つは、「**このフィールド（name）のエラーだけを表示する**」という点です。**リスト5-24**のサンプルで確認したように、エラーは同時に複数が発生することもあるからです。

この2つの点は、以下のように実装されています。

■nameのエラーが発生しているかチェック

```
th:if="${#fields.hasErrors('name')}"
```

「**hasErrors**」は、引数に指定したフィールドにエラーが発生しているかどうかをチェックします。th:ifを使い、これがtrueのときだけタグを表示させます。

■指定のエラーメッセージを表示

```
th:errors="*{name}"
```

エラーメッセージの表示は、「**th:errors**」という属性を利用します。<form>にはth:objectでformModelがオブジェクトに設定されていますから、*{name}でそのname項目のみを指定できます。th:errorsに*{name}を指定することで、nameのエラーメッセージを出力できるのです。

javax.validationによるアノテーション

Spring bootで利用するバリデーションは、2種類のライブラリによって用意されています。1つは**javax.validation**パッケージのライブラリファイルです。このパッケージ内（正確には、**javax.validation.constraints**パッケージ）には、多数のバリデーション用のアノテーションが用意されています。順に整理しておきましょう。

@Null、@NotNull

この2つはセットといってよいでしょう。それぞれ「**値がnullである**」「**値がnullでない**」ということをチェックします。引数はなく、ただアノテーションを記述するだけです。

注意したいのは、例えばString値の項目があったとき、フォームの入力フィールドに何も書かずに送信したとしても、@NotNullは機能しない、という点でしょう。何も書かなくとも、送信された値はnullではなく「**空の文字列**」になるからです（だからこそ、**リスト5-21**のサンプルでは@NotNullではなく、@NotEmptyを使っていたのです）。

■例

```
@Null  @NotNull
```

@Min、@Max

数値（整数）を入力する項目で、入力可能な値の最小値、最大値を指定します。引数が

1つあり、それぞれ最小値、最大値となる値を用意します。

■例
```
@Min(1000) @Max(1234500)
```

@DecimalMin、@DecimalMax

これも数値の最小値、最大値を設定しますが、通常の数値だけでなく、BigDecimalや BigIntegerオブジェクト、あるいはString値で数値を設定するような場合に用いられます。 もちろん、通常のint値などの数値でも使えます。

こういうと、「**通常の数値は@Min、@Maxで、StringやDecimalIntegerなどは@ DecimalMin、@DecimalMaxか**」と思われますが、実は@Min、@MaxでもStringや DecimalIntegerを使えたりします。要するに、「**どっちもほぼ同じ**」だったりするのです。

■例
```
@DecimalMin("123") @DecimalMax("12345")
```

@Digits

数値入力のためのアノテーションですが、単純に値の大小をチェックするのではあり ません。これは、整数部分と小数部分の桁数制限を行います。引数が2つあり、「**integer**」 で整数桁数を、「**fraction**」で小数桁数をそれぞれ指定します。これらの引数は、()内に 「**integer=10, fraction=10**」といった具合に、それぞれの項目にイコールで値を代入する ような形で記述をします。

■例
```
@Digits(integer=5, fraction=10)
```

@Future、@Past

日時に関するオブジェクトで利用します。具体的にはDate、Calendarおよびそのサブ クラスなどを保管する項目で用いられます。

@Futureは現在より先(つまり未来)の日時、@Pastは現在より前(つまり過去)の日時の みを受け付けるようにします。引数はどちらもありません。

現在の日時は常に変化しますから、「**送信したときは@Futureで問題なくても、いずれ 過去になってしまったときはどうなるのだろう**」と思った人、いませんか? バリデー ションは、値が設定されるときにチェックをするのであり、保管している値が常にチェッ クされ続けるわけではありません。ですから、保管されている値がいずれ@Futureでエ ラーになる値になっても、何ら問題はありません(ただし、値を更新する処理を行うと、 そこでエラーになるでしょう)。

■例
```
@Future @Past
```

@Size

文字列(String)のほか、配列、コレクションクラスなど、「**いくつもの値をまとめて保管するオブジェクト**」で使われ、そのオブジェクトに保管される要素数を指定します。

引数に指定できる値が2つ用意されており、「**min**」では最小数、「**max**」では最大数を指定できます。「**Stringの要素数って？**」と思うでしょうが、これはlength(すなわち文字数)になります。

■例
```
@Size(min=1, max=10)
```

@Pattern

String値の項目で使います。Patternという名前から想像がつく通り、正規表現のパターンを指定して入力チェックを行います。引数には「**regexp**」という値にパターンの文字列を指定します。

■例
```
@Pattern(regexp="[a-zA-Z]+");
```

Hibernate Validatorによるアノテーション

Spring Bootで利用するもう1つのバリデーション機能は、**org.hibernate.validator**パッケージです。これは「**Hibernate Validator**」と呼ばれるライブラリで、Hibernate(O/Rマッピングのフレームワーク)というフレームワークに含まれるバリデーション機能です。

Hibernate Validatorには、前述のjavax.validationには含まれていないアノテーションが追加されています。これらもSpring Bootで利用することができます。ではHibernate Validatorで追加されているアノテーションについても整理しておきましょう。

@NotEmpty

サンプルで使いましたね。Stringの項目で、値がnullまたは空白だった場合エラーにします。未入力を防ぐようなときに用いられます。引数はありません。

■例
```
@NotEmpty
```

@Length

String値に利用されます。文字列の長さ(文字数)の範囲を指定します。引数に「**min**」「**max**」の2つがあり、それぞれ最小文字数、最大文字数を指定することができます。

■例
```
@Length(min=5, max=10)
```

@Range

数値項目で用います。最小値、最大を指定し、一定範囲内の値のみを入力できるようにします。基本的には、@Minと@Maxを併用するのと同じですが、こちらは1つのアノテーションにまとめています。引数に「**min**」「**max**」があり、それぞれ最小値、最大値を指定できます。

■例

```
@Range(min=10, max=100)
```

@Email

String値の項目で用います。入力された値が電子メールアドレスかどうかをチェックします。引数はありません。

■例

```
@Email
```

@CreditCardNumber

数値の値およびString値で数値が入力される項目で用います。入力された値が正しいクレジットカード番号の形式かどうかをチェックします。引数はありません。なお、これはあくまで値の形式をチェックするのであり、その番号が実際に利用可能かをチェックするわけではありません。

■例

```
@CreditCardNumber
```

@EAN

String値の項目で用いられます。これはEAN（European Article Number）またはUCP（Uniform Product Code Council）のコード番号をチェックします。これらはバーコードの識別番号の規格で、特にEANは日本のバーコードで広く使われています（正確には日本で使われているものはJANと呼ばれます）。

引数はなく、単に@EANを記述するだけです。

■例

```
@EAN
```

エラーメッセージについて

バリデーションで表示されるエラーメッセージは、基本的に英語です。これは、比較的簡単にカスタマイズできます。エンティティクラスでバリデーションのためのアノテーションを用意する際、「**message**」という値を使って表示メッセージを指定すればいいのです。

やってみましょう。MyData.javaを開き、以下のようにコードを修正しましょう。

Chapter 5　モデルとデータベース

リスト5-25

```java
@Entity
@Table(name="mydata")
public class MyData {

  @Id
  @GeneratedValue(strategy = GenerationType.AUTO)
  @Column
  @NotNull
  private long id;

  @Column(length = 50, nullable = false)
  @NotEmpty(message="空白は不可")  // ●
  private String name;

  @Column(length = 200, nullable = true)
  @Email(message="メールアドレスのみ")  // ●
  private String mail;

  @Column(nullable = true)
  @Min(value=0,message="ゼロ以上")  // ●
  @Max(value=200,message="200以下") // ●
  private Integer age;

  @Column(nullable = true)
  private String memo;

  ……以下略……
}
```

　必要な修正はこれだけです。サーバーをリスタートし、動作を確かめてみましょう。フォームを送信すると、入力にミスがあれば指定したエラーメッセージが表示されるようになります。

5.3 エンティティのバリデーション

図5-17：フォームを送信すると、カスタマイズされたエラーメッセージが表示されるようになった。

ここでは、アノテーションの部分を以下のように修正しています。

```
@NotEmpty(message="空白は不可")
```

引数内に**message="○○"**という形でエラーメッセージを指定するだけです。Min/Maxのように引数に値を指定する場合は、

```
@Min(value=0,message="ゼロ以上")
```

このように**value=○○**という形で値を指定します。たったこれだけでメッセージをカスタマイズできてしまうのです。

プロパティファイルを用意する

　エンティティクラスのアノテーション部分ににメッセージなどを直接記述するやり方は簡単ですが、メンテナンス性はあまりよくありません。本格的な開発を行うなら、やはりメッセージをプロパティファイルにまとめて扱うようにすべきでしょう。

　これも実際にやってみましょう。まず、先ほどエンティティクラス（MyData）のバリ

269

デーション用アノテーションに追加したmessageを削除して下さい。これがあると、プロパティファイルを用意してもエンティティ内のmessageが優先されてしまいます。

では、プロパティファイルを作成しましょう。
Mavenコマンドで開発する場合は、「**resources**」フォルダの中に「**ValidationMessages. properties**」という名前でテキストファイルを作成して下さい。

STS利用の場合は、パッケージエクスプローラーで「**src/main/resources**」を選択し、＜**File**＞メニューの＜**New**＞内から＜**File**＞メニューを選びます。ダイアログウインドウが現れたら、「**resources**」フォルダを選択し、File nameに「**ValidationMessages. properties**」と入力してFinishします。これでファイルが作成されます。

図5-18：ファイル名にValidationMessages.propertiesと入力しファイルを作る。

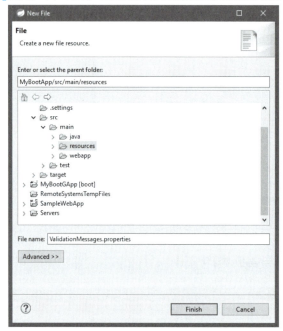

作成したファイルを開いて、メッセージを記述しましょう。STSの場合は、専用のプロパティエディタで開かれるので、以下のように記述すればいいでしょう。

リスト5-26
```
org.hibernate.validator.constraints.NotBlank.message = 空白は不可です。
org.hibernate.validator.constraints.NotEmpty.message = 空白は不可です。
javax.validation.constraints.Max.message = {value} より小さくして下さい。
javax.validation.constraints.Min.message = {value} より大きくして下さい。
org.hibernate.validator.constraints.Email.message = メールアドレスではありません。
```

プロパティエディタは、日本語を自動的にユニコードエスケープ形式に変換してくれます。Mavenコマンドで開発をしている場合は、JDKに付属のnative2asciiコマンドを利

用して作成することもできますし、テキストエディタ等で直接変換済みのコードを以下のように記述してもよいでしょう。

リスト5-27

```
org.hibernate.validator.constraints.NotBlank.message =
\u7A7A\u767D\u306F\u4E0D\u53EF\u3067\u3059\u3002
org.hibernate.validator.constraints.NotEmpty.message =
\u7A7A\u767D\u306F\u4E0D\u53EF\u3067\u3059\u3002
javax.validation.constraints.Max.message = {value}
\u3088\u308A\u5C0F\u3055\u304F\u3057\u3066\u4E0B\u3055\u3044\u3002
javax.validation.constraints.Min.message = {value}
\u3088\u308A\u5927\u304D\u304F\u3057\u3066\u4E0B\u3055\u3044\u3002
org.hibernate.validator.constraints.Email.message =
\u30E1\u30FC\u30EB\u30A2\u30C9\u30EC\u30B9\u3067\u306F\u3042\u308A
\u307E\u305B\u3093\u3002
```

ファイルを保存したら、サーバーを再起動してアクセスしてみてください。コードの修正などはまったく必要ありません。「**resources**」内にValidationMessages.propertiesがあれば、そこからエラーメッセージを検索し、表示するようになります。

図5-19：フォームを送信しエラーになると日本語でメッセージが表示される。

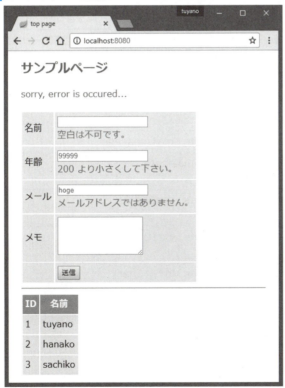

用意されているエラーメッセージ

ここでは、サンプルのエンティティ（MyData）で使っているバリデーションのルールについてのみエラーメッセージを用意しました。それ以外のバリデーションルールを使う場合は、それらのエラーメッセージを用意する必要があります。

では、ValidationMessages.propertiesに用意できるエラーメッセージの項目にはどんなものがあるのでしょうか。ここでざっとまとめておきましょう。

javax.validation.constraints.AssertFalse.message	falseが必要
javax.validation.constraints.AssertTrue.message	trueが必要
javax.validation.constraints.DecimalMax.message	最大値を指定
javax.validation.constraints.DecimalMin.message	最小値を指定
javax.validation.constraints.Digits.message	数値が必要
javax.validation.constraints.Future.message	今より先の日時が必要
javax.validation.constraints.Max.message	最大文字数を指定
javax.validation.constraints.Min.message	最小文字数を指定
javax.validation.constraints.NotNull.message	nullは不可
javax.validation.constraints.Null.message	nullが必要
javax.validation.constraints.Past.message	今より前の日時が必要
javax.validation.constraints.Pattern.message	指定パターンに合致
javax.validation.constraints.Size.message	指定範囲内のサイズ
org.hibernate.validator.constraints.CreditCardNumber.message	クレジットカード番号
org.hibernate.validator.constraints.EAN.message	EAN（商品識別コード）
org.hibernate.validator.constraints.Email.message	メールアドレス
org.hibernate.validator.constraints.Length.message	文字数を指定
org.hibernate.validator.constraints.LuhnCheck.message	Luhnアルゴリズムチェック
org.hibernate.validator.constraints.Mod10Check.message	MOD10アルゴリズム
org.hibernate.validator.constraints.Mod11Check.message	MOD11アルゴリズム
org.hibernate.validator.constraints.ModCheck.message	MODアルゴリズム
org.hibernate.validator.constraints.NotBlank.message	ブランクは不可

org.hibernate.validator.constraints.NotEmpty.message	空は不可
org.hibernate.validator.constraints.ParametersScriptAssert.message	スクリプトを評価
org.hibernate.validator.constraints.Range.message	指定範囲内
org.hibernate.validator.constraints.SafeHtml.message	HTMLチェック
org.hibernate.validator.constraints.ScriptAssert.message	スクリプトチェック
org.hibernate.validator.constraints.URL.message	URL型式
org.hibernate.validator.constraints.br.CNPJ.message	CNPJ（ブラジルの税務管理）
org.hibernate.validator.constraints.br.CPF.message	CPF（ブラジルの税務管理）
org.hibernate.validator.constraints.br.TituloEleitoral.message	ブラジルの税務管理ID

　名前を見ればわかるように、最後の「**message**」の手前にある単語が、バリデーションの名前となります。例えば、javax.validation.constraints.Max.messageならば、@Maxのエラーメッセージというわけです。

　アノテーションを利用する際には、使う項目に対応するエラーメッセージをここから探してValidationMessages.propertiesに用意しておくようにしましょう。

オリジナルのバリデータを作成する

　それぞれのアノテーションで実装したバリデーションの処理は、「**バリデータ**」と呼ばれるデータチェック用クラスによって行われています。ここで紹介した各種のバリデーション機能でもかなりのチェックが行えますが、それでも足りない場合は、自分でバリデータを作成することでバリデーションを追加することも可能です。

　バリデータを自作するためには、2つのクラスを用意する必要があります。1つは**アノテーションクラス**、もう1つが実際にバリデーションを行う**バリデータクラス**です。これらは以下のように定義されます。

アノテーションクラス

```
public @interface アノテーション名 {
    ……内容の記述……
}
```

Chapter **5** モデルとデータベース

アノテーションは、**アノテーション型**という独特の形式で定義されます。これは**@ interface**の後に名前を記述して作成します。インターフェイスと似ていますが、細かな点でいろいろと制約があります。このアノテーションクラスとして定義されたものは、デフォルトで**java.lang.annotation.Annotation**インターフェイスのサブクラスとして認識されます。

▌バリデータクラス

```
public class クラス名 implements ConstraintValidator {
    ……具体的な実装……
}
```

バリデータクラスは、**javax.validation.ConstraintValidator**インターフェイスを実装して定義します。このConstraintValidatorには「**initialize**」「**isValid**」という2つのメソッドがあり、これらを実装して必要な処理を記述します。

では、これらの基本を踏まえて、実際に簡単なサンプルを作成してみましょう。例として作るのは「**電話番号のチェック用バリデーション**」です。入力されたテキストが電話番号かどうかをチェックします。といっても、一口に電話番号といっても様々な書き方があり、すべてに対応するのは難しいので、ここでは「**0123456789()-**」といった文字・記号の組み合わせであれば電話番号だと判断するようにしてみます。

PhoneValidatorクラスの作成

では、バリデーション処理の本体部分であるバリデータクラスから作成しましょう。「**PhoneValidator**」という名前で作成することにします。

Mavenコマンドで開発する場合は、HeloController.javaと同じフォルダに「**PhoneValidator.java**」という名前でソースコードファイルを用意して下さい。

STS利用の場合は、＜**File**＞＜**New**＞＜**Class**＞メニューを選んでください。画面にダイアログが現れたら、以下のようにしてクラスを作成します。これでsrc/main/javaにPhoneValidator.javaが作成されます。

Source folder	MyBootApp/src/main/java
Package	com.tuyano.springboot
Enclosing type	OFFのまま
Name	PhoneValidator
Modifiers	publicのみ選択
Superclass	java.lang.Object
Interfaces	javax.validation.ConstraintValidator<Phone, String>
各種チェックボックス	Inherited abstract methodsのみONにする

図5-20：＜Class＞メニューのダイアログでPhoneValidatorクラスを作る。Interfacesは「Add」ボタンで追加する。

ConstraintValidator の追加について

インターフェイス(Interfaces)の設定の仕方がよくわからないかもしれません。横にある「**Add**」ボタンをクリックし、現れたダイアログで「**ConstraintValidator**」とクラス名を入力して下さい。下に「**javax.validation.ConstraintValidator**」という項目が現れるので、これを選択します。

図5-21：インターフェイスの「Add」ボタンを押し、ダイアログでjavax.validation.ConstraintValidatorを選ぶ。

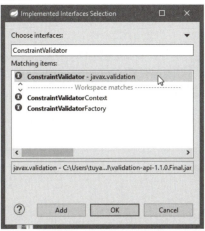

Chapter 5 モデルとデータベース

これで「**OK**」ボタンを押してダイアログを閉じると、Interfaces部分に、以下のような
テキストが追加されます。

```
javax.validation.ConstraintValidator<A, T>
```

最後の部分にある総称型の指定部分をクリックしてインサーションポイントを表示さ
せ、以下のように書き換えれば完成です。

```
javax.validation.ConstraintValidator<Phone, String>
```

■**図5-22**：<A, T>の部分を<Phone, String>を書き換える。

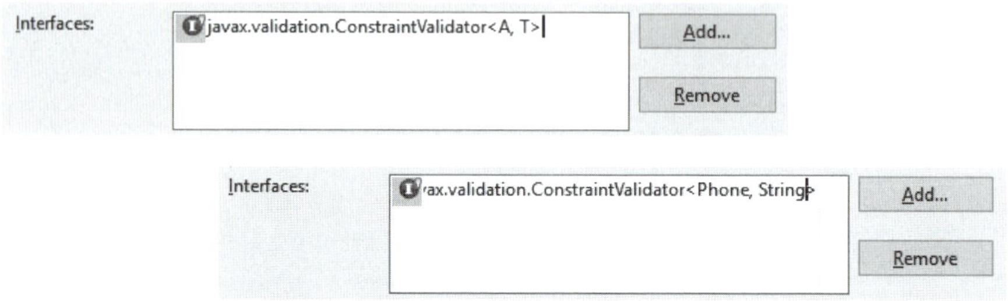

もし、よくわからなければ、Interfacesを設定せずにクラスを作成し、後でソースコー
ドを直接書き換えてもかまいません。<**Class**>メニューのダイアログは、要はファイ
ル名とデフォルトで生成されるソースコードを設定するだけのものですから、ソース
フォルダとパッケージ、クラス名さえ正しければ、ほかは設定していなくとも後でいく
らでも変更できます。

PhoneValidatorの実装

では、作成されたPhoneValidator.javaのソースコードを作成しましょう。以下のリス
トのように記述をしてください。

リスト5-28

```
package com.tuyano.springboot;

import javax.validation.ConstraintValidator;
import javax.validation.ConstraintValidatorContext;

public class PhoneValidator implements ConstraintValidator<Phone, String> {

    @Override
    public void initialize(Phone phone) {
    }

    @Override
```

276

```java
  public boolean isValid(String input, ConstraintValidatorContext cxt) {
    if (input == null) {
      return false;
    }
    return input.matches("[0-9()-]*");
  }

}
```

STSを利用する場合、作成した段階では「**Phone**」にエラーの赤いアンダーラインが表示されるでしょう。が、これはこのままでかまいません。この後でPhoneインターフェイスを作成すれば消えますので心配無用です。

PhoneValidatorでimplementsしている「**ConstraintValidator**」インターフェイスは、2つのクラスを総称型として指定します。ここでは、**<Phone, String>**となっていますが、これはPhoneがアノテーションクラスを、Stringが設定される値を示しています。つまり「**String値を入力し、Phoneアノテーションによってバリデーションが設定されるもの**」であると規定されたわけです。

ConstraintValidator実装クラスでは、initializeとisValidの2つのメソッドを実装します。

▎public void initialize(Phone phone)

初期化メソッドです。引数には、総称型で指定したアノテーションクラス（ここではPhone）が渡されます。ここから必要に応じてアノテーションに関する情報を取得できます。ここでは特に初期化処理は必要ないので、何も用意していません。

▎public boolean isValid(String input, ConstraintValidatorContext cxt)

これが実際のバリデーション処理を行っている部分です。引数には、入力された値（String値）、そしてConstraintValidatorContextインスタンスが渡されます。ここで値をチェックし、正常と判断すればtrue、問題があるならfalseを返します。

ここでは、入力された値がnullであればreturn false;で抜けています。そしてそうでない場合は、入力されたString値を**matches("[0-9()-]*")**で正規表現チェックし、これにマッチするかどうかをreturnしています。この「**正規表現のパターンにマッチしているかどうかを返す**」というやり方は、自作バリデータでよく用いられるやり方でしょう。

Phoneアノテーションクラスを作る

続いて、Phoneアノテーションクラスを作りましょう。Project Explorerからプロジェクト内の「**src/main/java**」を選択し、＜**File**＞＜**New**＞のサブメニューから＜**Annotation**＞メニューを選んでください。これがアノテーション作成のためのメニューになります。

277

Chapter 5 モデルとデータベース

図5-23：＜Annotation＞メニューを選ぶ。

　画面にアノテーション作成のためのダイアログウインドウが現れます。以下のような項目が表示されるので、それぞれ入力を行いましょう。

Source folder	MyBootApp/src/main/java
Package	com.tuyano.springboot
Enclosing type	OFFのまま
Name	Phone
Modifiers	publicのみ選択
Generate comment	チェックをOFFに

図5-24：アノテーションの設定を行い、Finishする。

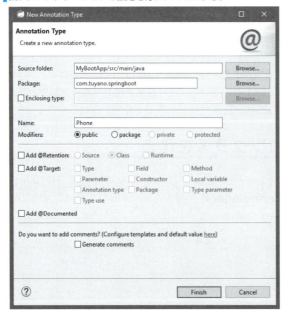

278

5.3 エンティティのバリデーション

　アノテーションクラスは、通常のクラスの作成よりもずいぶんシンプルなダイアログ
です。これらを記入して「**Finish**」ボタンを押せば、アノテーションクラス「**Phone.java**」
ファイルが作成されます。
　では、作られたファイルを開き、以下のようにソースコードを記述してください。

リスト5-29

```java
package com.tuyano.springboot;

import java.lang.annotation.Documented;
import java.lang.annotation.ElementType;
import java.lang.annotation.Retention;
import java.lang.annotation.RetentionPolicy;
import java.lang.annotation.Target;

import javax.validation.Constraint;
import javax.validation.Payload;
import javax.validation.ReportAsSingleViolation;

@Documented
@Constraint(validatedBy = PhoneValidator.class)
@Target({ ElementType.METHOD, ElementType.FIELD })
@Retention(RetentionPolicy.RUNTIME)
@ReportAsSingleViolation
public @interface Phone {

  String message() default "please input a phone number.";

  Class<?>[] groups() default {};

  Class<? extends Payload>[] payload() default {};

}
```

　バリデーションクラスのためのアノテーションクラスは、いろいろと用意しなければ
ならないものがあります。見ればわかるように、多数のアノテーションが記述されてい
ますが、これらはすべて「**必ず書いておかないといけないもの**」と考えてください。
　またクラス内にはmessage、groups、payloadといったメソッドがありますが、いずれ
も**default**でデフォルトを設定してあるだけです。このうちのmessageは、エラー時に送
られるメッセージになります。基本的には、これらだけ用意しておけばいい、と考えて
おきましょう。そのほかはすべて、決まった形式の通りに書くだけです。

279

Chapter 5 モデルとデータベース

Phoneバリデータを使う

では、作成されたPhoneバリデータを使ってみましょう。今回は、MyDataのmemoフィールドに割り当ててみることにします。MyDataクラスにあるmemoフィールドを以下のように書き換えてください。

リスト5-30
```
@Column(nullable = true)
@Phone
private String memo;
```

追記した@Phoneというのが、今回作成したバリデーション用のアノテーションになります。これでmemoフィールドにPhoneValidatorのバリデーションルールが適用されるようになります。

アプリケーションの修正

では、memoの入力フィールドに、エラーメッセージ関係の処理を追加しましょう。index.htmlを開き、修正をして下さい。ここでは<form>タグ内の<textarea>の部分だけを掲載しておきます。

リスト5-31
```
<tr><td><label for="memo">メモ</label></td>
<td><textarea name="memo" th:text="*{memo}"
  th:errorclass="err" cols="20" rows="5" ></textarea>
  <div th:if="${#fields.hasErrors('memo')}"
    th:errors="*{memo}" th:errorclass="err"></div></td></tr>
```

フォームにある**<textarea name="memo">**のタグ部分に**th:errorclass**を追記し、更にその後に**<div>**タグを追加してあります。ここでエラーメッセージの表示を行っています。

HeloController の init を修正

続いて、ダミーデータを作成していたHeloControllerのinitメソッドを修正しましょう。このままだと、memoのデータ設定部分でエラーになるので、これを変更しておきます。

リスト5-32
```
@PostConstruct
public void init(){
  MyData d1 = new MyData();
  d1.setName("tuyano");
  d1.setAge(123);
  d1.setMail("syoda@tuyano.com");
  d1.setMemo("090-999-999"); // ●
```

```java
    repository.saveAndFlush(d1);
    MyData d2 = new MyData();
    d2.setName("hanako");
    d2.setAge(15);
    d2.setMail("hanako@flower");
    d2.setMemo("080-888-888"); // ●
    repository.saveAndFlush(d2);
    MyData d3 = new MyData();
    d3.setName("sachiko");
    d3.setAge(37);
    d3.setMail("sachico@happy");
    d3.setMemo("070-777-777"); // ●
    repository.saveAndFlush(d3);
}
```

　●の部分が修正点です。memoに設定する値を電話番号の型式にしておきます。この値はサンプルですので、電話番号であればどのようなものでもかまいません。

動作をチェックする

　これで修正は完了です。動作を確認してみましょう。トップページにアクセスし、フォームのmemoフィールドに適当なテキストを書いて送信すると、「**please input a phone number.**」といったエラーメッセージが表示されます。半角数字とハイフンによる番号を入力するとエラーは出ずに受け付けられます。Phoneによるバリデーション処理が機能していることがわかるでしょう。

図5-25：メモに電話番号以外のものを書くとエラーになる。

281

onlyNumber設定を追加する

この@Phoneは、引数を持たない非常にシンプルなバリデータです。が、バリデータの中には、@Minや@Maxのようにアノテーションで引数を指定して必要な情報を渡し、処理するものもあります。こうしたものはどうやって作ればいいのでしょうか。実際に試してみながら、やり方を説明していきましょう。

ここでは、@Phoneに「**onlyNumber**」という設定を追加することにしましょう。これは真偽値の設定で、trueにすると数値のみを受け付けるようになります。デフォルトはfalseで、その場合は従来通りにチェックを行いますが、trueに設定すると半角数字のみを受け付けるようになる、というものです。

まずは、Phoneアノテーションを修正しましょう。以下のように変更してください。●の行が追記した部分です（package、import、クラスのアノテーションは省略してあります）。

リスト5-33

```
public @interface Phone {

  String message() default "please input a phone number.";

  Class<?>[] groups() default {};

  Class<? extends Payload>[] payload() default {};

  boolean onlyNumber() default false;  // ●

}
```

ここでは、onlyNumberというメソッドを用意してあります。戻り値はbooleanで、メソッドの後に「**default false**」として、デフォルトの場合にfalseを返すように指定をしています。メソッドの実装などは一切不要です。

このようにアノテーションクラスでは、メソッドを追加するだけで、それがアノテーションの引数に用意できる設定として追加されます。非常に簡単ですね。注意したいのはdefaultです。このdefaultによるデフォルト値を忘れると、その設定は必須項目（ないと動かない）となります。

PhoneValidatorクラスの変更

では、バリデータの実装クラスであるPhoneValidatorを修正しましょう。以下のように記述をしてください（package、importは省略）。

リスト5-34

```
public class PhoneValidator implements ConstraintValidator<Phone, String> {
  private boolean onlyNumber = false;
```

```java
@Override
public void initialize(Phone phone) {
  onlyNumber = phone.onlyNumber();
}


@Override
public boolean isValid(String input, ConstraintValidatorContext cxt) {
  if (input == null) {
    return false;
  }
  if (onlyNumber) {
    return input.matches("[0-9]*");
  } else {
    return input.matches("[0-9()-]*");
  }
}

}
```

　ここでは、initializeメソッドで、引数のPhoneインスタンスからonlyNumberを取得し、フィールドに保管しています。そしてisValidメソッドで、保管しておいたonlyNumberの値をチェックし、それによって異なる正規表現パターンでチェックを行うようにしています。

　このように、「**initializeでアノテーションクラスからメソッドを呼び出し、必要な値を取得する**」「**isValidでは、取得しておいた値に応じて処理を実行する**」というようにすることで、アノテーションに用意した設定によるバリデーション処理が実装できるようになります。考え方さえわかれば、そう難しいものではありません。

　この改良版@Phoneは、例えば以下のようにFormModelのmemoフィールドを書き換えることで利用できるようになります。

リスト5-35

```java
@Column(nullable = true)
@Phone(onlyNumber=true)
private String memo;
```

　こうすると、番号の数字だけを入力するようになります。併せて、HeloControllerのinitメソッドに用意していたmemoの値を数字だけに変更しておきましょう。

リスト5-36　initメソッドの修正

```java
@PostConstruct
public void init(){
  MyData d1 = new MyData();
```

```java
    d1.setName("tuyano");
    d1.setAge(123);
    d1.setMail("syoda@tuyano.com");
    d1.setMemo("090999999"); // ●
    repository.saveAndFlush(d1);
    MyData d2 = new MyData();
    d2.setName("hanako");
    d2.setAge(15);
    d2.setMail("hanako@flower");
    d2.setMemo("080888888"); // ●
    repository.saveAndFlush(d2);
    MyData d3 = new MyData();
    d3.setName("sachiko");
    d3.setAge(37);
    d3.setMail("sachico@happy");
    d3.setMemo("070777777"); // ●
    repository.saveAndFlush(d3);
}
```

onlyNumber=trueにすると数値だけしか使えなくなるので、それに合わせて値を修正しています。

修正が完了したら、実際に実行して動作を確認してみましょう。また、onlyNumber=falseの場合はどうなるかも確認しましょう。

図4-26：@Phone(onlyNumber=true)とすると、数字以外の値は一切受け付けなくなる。

Chapter **6**

データベースアクセスを
掘り下げる

データベース関連の機能は、Spring Data JPAというフ
レームワークを利用しています。この機能を更に掘り下げる
ことで、データベースアクセスについて深く理解できるよう
になるでしょう。

Spring Boot 2 プログラミング入門

Chapter 6 データベースアクセスを 掘り下げる

6.1 EntityManagerによるデータベースアクセス

Spring Data JPAには、EntityManagerというクラスがあり、これを利用してより細かくデータベースアクセスを制御することができます。このEntityManagerの基本的な使い方を覚えましょう。

Spring FrameworkとJPA

前章で、エンティティを使ってデータベースにアクセスする基本について説明しました。このとき、アクセスの最も重要な役割を果たしているのが「**リポジトリ**」でした。リポジトリを用意することで、ほとんどアクセスのためのコードを書くことなくデータベースにアクセスすることが可能になりました。

が、リポジトリで可能なのは、基本的なアクセスのみです。CRUDについては一通り可能でしたが、では検索は？ 「**findById**」のように、名前からシンプルに処理を生成できるようなものはいいのですが、もっと複雑な検索を行いたい場合はどうすればいいのでしょう？
こうした場合、リポジトリによるデータベースアクセスは限界があります。もっと自在にアクセスの処理を組み立てる方法も知っておきたいところです。

前章の冒頭で説明したように、Spring Bootにおけるデータベースアクセスの基本的な仕組みは、「**JPA**」(Java Persistence API)と呼ばれる技術をベースにして作られています。JPAは、Java EEに用意されている技術で、データベースとのアクセスやデータの「**永続化**」(わかりやすくいえば、保存すること)などに関する機能を提供してくれます。Javaの経験がある皆さんなら、おそらくデータベースアクセスにJDBCなどを利用したことがあるでしょうが、Java EEでは、JDBCを使うことはありません。JPAこそが、Java EEにおけるデータベースアクセスの基本技術といってよいでしょう。

このJPAをSpring Frameworkから利用するために、「**Spring Data JPA**」というフレームワークが用意されています。フレームワークを利用する場合でも、データベースアクセスの土台となる部分は、JPAが基本なのです。更にこのSpring Data JPAを利用して、Spring Bootのリポジトリなども作られています。

Spring Bootのリポジトリは非常に便利ですが、ここでもう一歩踏み込んで、Spring Data JPAに用意されているデータベースアクセスの機能を使った方法についても考えてみることにしましょう。実際の開発では、必ずしもリポジトリに用意されている機能だけで十分というわけではありません。より細かな処理を自分で実装する必要が生じたとき、Spring Data JPAの知識が必要となることもあるはずです。そこで、「**Spring Bootアプリケーション内から、Spring Data JPAの機能を利用する**」方法について説明をしていきましょう。

286

Data Access Object

では、作成したエンティティを利用するための処理を考えていくことにしましょう。

通常、データベースを利用する場合、例えばデータを表示するページにアクセスしたら、そのコントローラーのリクエストハンドラ内でデータを取り出して、ビューに表示する処理を用意することになります。ですから、コントローラーの各リクエストハンドラに、そのリクエストで必要となるデータベースアクセスの処理を用意すればいいのです。

が、このような実装の仕方だと、リクエストごとに処理を書いていくことになってしまい、コントローラーがどんどん肥大化します。またMVCというアーキテクチャーは「**データアクセスとロジックの分離**」を考えて設計するのが普通ですから、データベースアクセスをコントローラーに持たせるのはあまりいいやり方とも思えません。

こうした点から、データベースアクセスには一般に「**DAO**」と呼ばれるオブジェクトを用意します。これは「**Data Access Object**」の略で、文字通りデータベースにアクセスする手段を提供するためのオブジェクトです。このDAOにデータベースアクセスのための機能をまとめておき、コントローラーからは必要に応じてDAOのメソッドを呼び出し、必要な処理を行う、というわけです。

Spring Bootの場合、リポジトリがデータベースアクセス関連を一手に引き受けていますので、通常ならばリポジトリをそのまま拡張していくのがよいでしょう。ここでは、Spring Bootの機能でなく、より低レベルなJPAの機能を利用するため、あえてDAOクラスを作成して実装していくことにします。

▌DAO インターフェイスの用意

では、DAOを設計してみましょう。まずは必要最低限の機能として、「**全データの取得**」「**データの追加**」という2つの機能だけを持つDAOを定義してみます。

まず、インターフェイスから用意します。＜**File**＞＜**New**＞＜**Interface**＞メニューを選び、現れたダイアログウインドウから以下のように設定を行いましょう。

Source folder	MyBootApp/src/main/java
Package	com.tuyano.springboot
Enclosing type	OFFのまま
Name	MyDataDao
Modifiers	publicのみ選択
Extended interfaces	空白のまま
Do you want to add comments?	OFFのまま

図6-1

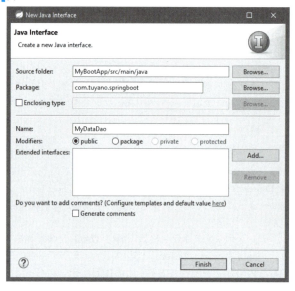

　これで、MyDataDao.javaというインターフェイスクラスのソースコードファイルが作成されます。これを開き、ソースコードを記入します。

リスト6-1
```
package com.tuyano.springboot;

import java.io.Serializable;
import java.util.List;

public interface MyDataDao <T> extends Serializable {
  public List<T> getAll();

}
```

　ここではgetAllというメソッドの宣言を用意しておきました。とりあえずこれだけ用意しておき、以後は必要に応じてメソッドを追加していくことにしましょう。

DAOクラスの実装

　では、作成したインターフェイスを実装するクラスを作成しましょう。＜**File**＞＜**New**＞＜**Class**＞メニューを選び、現れたダイアログウインドウから以下のように設定を行います。

Source folder	MyBootApp/src/main/java
Package	com.tuyano.springboot
Enclosing type	OFFのまま
Name	MyDataDaoImpl
Modifiers	publicのみ選択
Superclass	java.lang.Object
Interfaces	MyDataDao<MyData>
各種チェックボックス	Inherited abstract methodsのみON

図6-2

　Interfacesの設定の仕方は覚えていますか？「**Add**」ボタンで「**MyDataDao**」を追加し、その後で<MyData>を編集すればいいのでしたね。

図6-3

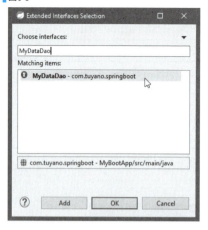

これで、MyDataDaoImpl.javaというソースコードファイルが作成されます。これを開き、以下のようにソースコードを記述して下さい。

リスト6-2

```java
package com.tuyano.springboot;

import java.util.List;

import javax.persistence.EntityManager;
import javax.persistence.Query;

import org.springframework.stereotype.Repository;

@Repository
public class MyDataDaoImpl implements MyDataDao<MyData> {
  private static final long serialVersionUID = 1L;

  private EntityManager entityManager;

  public MyDataDaoImpl(){
    super();
  }
  public MyDataDaoImpl(EntityManager manager){
    this();
    entityManager = manager;
  }

  @Override
  public List<MyData> getAll() {
```

```
    Query query = entityManager.createQuery("from MyData");
    @SuppressWarnings("unchecked")
    List<MyData> list = query.getResultList();
    entityManager.close();
    return list;
  }

}
```

　これで完成しました。2つのコンストラクタと1つのメソッドだけですが、ここでは
JPA利用によるエンティティ操作の基本的な仕組みを見ることができます。

EntityManagerとQuery

　まずは、クラスの最初にあるprivateフィールドに注目して下さい。ここでは
「**EntityManager**」というクラスを保管するためのフィールドを用意しています。この
EntityManagerというクラスは、エンティティを利用するために必要な機能を提供しま
す。Spring Data JPAでデータベースアクセスを行うには、このEntityManagerクラスの
使い方さえ覚えておけば、たいていのことは実装できるようになる、といってよいでしょ
う。

　なお、ここではインスタンスを作成する処理は用意されていませんが、これはこの後
でコントローラー側からMyDataDaoImplインスタンスを作成する際に設定する予定で
す。

　EntityManagerは、エンティティを操作するための機能を一通り持っています。この
getAllに限らず、エンティティを扱う場合は、どんな操作であれ、まずはEntityManager
を用意することから始めます。
　では、全エンティティを取得するgetAllメソッドの処理を見てみましょう。

▌createQuery による Query の作成

```
Query query = entityManager.createQuery("from MyData");
```

　エンティティを取得するためのやり方はいくつかあるのですが、ここでは「**Query**」と
いうクラスを利用した方法を使っています。Queryは、SQLでデータを問い合わせるた
めのクエリー文に相当する機能を持つオブジェクトです。

　JPAには「**JPQL**」と呼ばれるクエリー言語が搭載されています。SQLのクエリー文を
使ってデータベースアクセスをしている人がスムーズにJPAに移れるように、SQLに似
た形の問い合わせ言語を持たせているのです。そのJPQLによるクエリーとなるのが、こ
のQueryインスタンスです。
　EntityManagerの「**createQuery**」は、引数にJPQLによるクエリー文を指定して呼び出
します。これにより、そのクエリーを実行するためのQueryインスタンスが生成されます。

Chapter 6 データベースアクセスを掘り下げる

"from MyData"というのは、**select * from mydata**に相当するJPQLのクエリー文なのだ、と考えて下さい。

Query から結果を取得する

```
List<MyData> list = query.getResultList();
```

作成されたQueryは、「**getResultList**」メソッドによりクエリーの実行結果をListインスタンスとして取得できるようになっています。"from MyData"としていますので、ListにはMyDataインスタンスがまとめられます。

後は、得られたListを呼び出し元に返し、繰り返し処理するだけですね。

@SuppressWarnings アノテーション

このList<MyData> listの上に、アノテーションが付けられています。

```
@SuppressWarnings("unchecked")
```

これは、list変数に付けられているアノテーションで、コンパイル時の警告を抑制します。**"unchecked"**を引数に指定することで、getResultListの戻り値のListが<MyData>の総称型の値として得られているかどうかチェックを行わないようにしています。

このアノテーションは、動作そのものには関係がなく、あくまで「**ビルド時に警告が出ないようにする**」というものですので、記述しなくともかまいません。

コントローラーの実装

では、作成したDAOクラスでMyDataを利用するコントローラーを作成しましょう。HeloControllerクラスを書き換えて対応することにします。

リスト6-3

```
package com.tuyano.springboot;

import javax.annotation.PostConstruct;
import javax.persistence.EntityManager;
import javax.persistence.PersistenceContext;

import org.springframework.beans.factory.annotation.Autowired;
import org.springframework.stereotype.Controller;
import org.springframework.transaction.annotation.Transactional;
import org.springframework.validation.BindingResult;
import org.springframework.validation.annotation.Validated;
import org.springframework.web.bind.annotation.ModelAttribute;
import org.springframework.web.bind.annotation.RequestMapping;
import org.springframework.web.bind.annotation.RequestMethod;
import org.springframework.web.servlet.ModelAndView;
```

```java
import com.tuyano.springboot.repositories.MyDataRepository;

@Controller
public class HeloController {

  @Autowired
  MyDataRepository repository;

  @PersistenceContext
  EntityManager entityManager; //●

  MyDataDaoImpl dao; //●

  @PostConstruct
  public void init(){
    dao = new MyDataDaoImpl(entityManager); //●
    MyData d1 = new MyData();
    d1.setName("tuyano");
    d1.setAge(123);
    d1.setMail("syoda@tuyano.com");
    d1.setMemo("090999999");
    repository.saveAndFlush(d1);
    MyData d2 = new MyData();
    d2.setName("hanako");
    d2.setAge(15);
    d2.setMail("hanako@flower");
    d2.setMemo("080888888");
    repository.saveAndFlush(d2);
    MyData d3 = new MyData();
    d3.setName("sachiko");
    d3.setAge(37);
    d3.setMail("sachico@happy");
    d3.setMemo("070777777");
    repository.saveAndFlush(d3);
  }

  @RequestMapping(value = "/", method = RequestMethod.GET)
  public ModelAndView index(ModelAndView mav) {
    mav.setViewName("index");
    mav.addObject("msg","MyDataのサンプルです。");
    Iterable<MyData> list = dao.getAll(); //●
    mav.addObject("datalist", list);
    return mav;
```

```
    }
}
```

●の付いた文がポイントです。リクエストハンドラそのものは前章で作成したindex
をそのまま使っています。またダミーデータの追加をしている**@PostConstruct**アノテー
ションを指定したinitメソッドにも追加をしています。

> **Note**
>
> @PostConstructについては、第5章のリスト5-14を参照して下さい。

@PersistenceContext について

ここでは、EntityManagerのフィールドを用意していますが、そこに見たことのない
アノテーションが付けられています。この部分ですね。

```
@PersistenceContext
EntityManager entityManager;
```

この「**@PersistenceContext**」というアノテーションは、EntityManagerのBeanを取得
してフィールドに設定します。EntityManagerは、Spring Bootの場合、起動時に自動的
にBeanとしてインスタンスが登録されています。これを@PersistenceContextにより、こ
のフィールドに割り当てているのです。

EntityManagerの取得には、このアノテーションを利用するのがSpring Bootの基本と
考えておきましょう。

index メソッド

ここでは、テンプレート名やメッセージの値を設定した後、MyDataのリストを取得
しています。

```
Iterable<MyData> list = dao.getAll();
mav.addObject("datalist", list);
```

リスト6-2で作成したDAOクラスであるMyDataDaoImplクラスのgetAllを呼び出して、
結果をaddObjectします。これで、保管されているMyDataエンティティの一覧がビュー
テンプレート側に渡されます。DAOにアクセスの処理をまとめておけば、コントローラー
側で実際にアクセスを行う際には、このように単純な呼び出しだけで済みます。

ビューテンプレートの修正

これでJavaのコード関係はすべてそろいました。最後に、書き換えたコントローラー
に合わせてビューテンプレートを変更しましょう。index.htmlを以下のように書き換え
て下さい。

6.1 EntityManager によるデータベースアクセス

リスト6-4

```html
<!DOCTYPE HTML>
<html xmlns:th="http://www.thymeleaf.org">
<head>
  <title>top page</title>
  <meta http-equiv="Content-Type"
    content="text/html; charset=UTF-8" />
  <style>
  h1 { font-size:18pt; font-weight:bold; color:gray; }
  body { font-size:13pt; color:gray; margin:5px 25px; }
  tr { margin:5px; }
  th { padding:5px; color:white; background:darkgray; }
  td { padding:5px; color:black; background:#f0f0f0; }
  .err { color:red; }
  </style>
</head>
<body>
  <h1 th:text="#{content.title}">Helo page</h1>
  <p th:text="${msg}"></p>
  <table>
  <tr><th>ID</th><th>名前</th><th>メール</th><th>年齢</th><th>メモ(tel)</th></tr>
  <tr th:each="obj : ${datalist}">
    <td th:text="${obj.id}"></td>
    <td th:text="${obj.name}"></td>
    <td th:text="${obj.mail}"></td>
    <td th:text="${obj.age}"></td>
    <td th:text="${obj.memo}"></td>
  </tr>
  </table>
</body>
</html>
```

　検索したデータを一覧表示するだけなので、フォームなどはカットしてあります。その代わりに、一覧表示する項目を増やし、エンティティ内の全フィールドの内容が表示されるようにしておきました。

　作業が完了したら、実際にアクセスして動作を確認しておきましょう。アクセスすると、既に保存されているMyData（initメソッドでダミーとして追加したもの）の一覧が表示されます。

295

Chapter 6 データベースアクセスを掘り下げる

図6-4：ブラウザからindexにアクセスする。データベースに追加したダミーデータの一覧が表示される。

サンプルページ

MyDataのサンプルです。

ID	名前	メール	年齢	メモ(tel)
1	tuyano	syoda@tuyano.com	123	090999999
2	hanako	hanako@flower	15	080888888
3	sachiko	sachico@happy	37	070777777

@PersistenceContextは複数置けない！

基本的なEntityManagerとDAOの使い方がこれでわかりました。が、おそらく皆さんの中には、EntityManagerの配置の仕方に疑問を感じた人もいるかもしれません。

ここでは、EntityManagerをMyDataDaoImpl内で利用しています。「**だったら、MyDataDaoImplにあるEntityManagerフィールドに、@PersistenceContextを付けて自動的に割り当てるようにすればいいじゃないか**」と思ったことでしょう。

確かにその通りで、それできちんと動きます。**リスト6-2**のMyDataDaoImplのフィールドを以下のようにしてみて下さい。

```
// import javax.persistence.PersistenceContext; 追加しておく

@PersistenceContext
EntityManager entityManager;
```

そして、HeloControllerにあるentityManagerフィールドを（もちろん@PersistenceContextアノテーションも）削除します。また、MyDataDaoImplフィールドの部分をこのようにします。

```
@Autowired
MyDataDaoImpl dao;
```

最後に、HeloControllerのinitメソッドの冒頭に記述してある以下の文を、削除しておきます。

```
dao = new MyDataDaoImpl(entityManager);
```

これで、MyDataDaoImplにBeanが自動的に割り当てられ、その際にMyDataDaoImpl

296

内にあるEntityManagerにもBeanが割り当てられるようになります。

整理すると、

❶ DAOクラスに、@PersistenceContextでEntityManagerを用意する。
❷ コントローラーには、@AutowiaredでDAOを用意する。

このようにすれば、何ら問題なく動くようになります。注意したいのは、「**DAOは必ず@Autowiaredで割り当てる**」という点です。@Autowiaredで自動的にバインドされる際に、DAO内の@PersistenceContextも自動的に割り当てられます。したがって、DAOを@Autowiaredしないと、DAO内の@PersistenceContextは機能せず、nullとなってしまうので注意して下さい。

このやり方ならば、いちいちDAOのインスタンスを作成し、EntityManagerを割り当てる、なんて作業をする必要もありません。すべてBeanが自動的に割り当てられ、インスタンス作成のコードなど書くことなく使えるようになります。

では、なぜここではこんな面倒なことを行ったのか。それは、「**@PersistenceContextを使ったBeanのバインドは、複数個設定できない**」からです。

▌Beanをバインドできるのは1つだけ！

@PersistenceContextは、アプリケーションによってあらかじめ用意されているBeanを割り付けます。このBeanは、「**1クラスにつき1インスタンス**」しか用意されません。

本書では、この後でもう1つDAOを作成します。このため、両方のDAOクラスに@PersistenceContextを付けるとエラーになってしまうのです。そこで、コントローラー側に@PersistenceContextを用意し、DAOのインスタンスを手作業で作成してEntityManagerを渡す、という変則的な使い方をしています。

DAOクラスを1つにまとめて使うのであれば、DAOに@PersistenceContextでEntityManagerを用意したほうが面倒もなくすっきりします。自動的に割り当てられるBeanは、「**どこで使えばいいか**」をよく考えて利用するのがポイントといえるでしょう。

DAOに検索メソッドを追加する

さて、EntityManager利用の基本がわかったら、もう少しDAOの検索を充実させていきましょう。DAOにどんな機能を追加すればいいか、MyDataDaoインターフェイスを変更して整理してみましょう。

リスト6-5

```
package com.tuyano.springboot;

import java.io.Serializable;
import java.util.List;

public interface MyDataDao<T> extends Serializable {
```

```
    public List<T> getAll();
    public T findById(long id); // ●
    public List<T> findByName(String name); // ●
}
```

getAllは既に用意していましたから、新たに●マークの付いた2つのメソッドを追加したことになります。それぞれ簡単に説明しておきましょう。これらはごく基本的な機能ばかりですから、これらが作成できればエンティティ操作の基本はほぼ理解できるはずです。

public List<T> getAll();

既に作成済みですね。全エンティティを取得します。

public T findById(long id);

ID番号を引数に指定してエンティティを検索し、返します。エンティティ取得の基本となるものです。

public List<T> findByName(String name);

名前からエンティティを検索します。これ自体は、実はCRUDのメソッドでは利用しないのですが、検索の基本ということで用意することにしました。

エンティティの検索

では、エンティティの検索を行う「**findById**」「**findByName**」の2つを作成してみましょう。MyDataDaoImpl.javaを開き、MyDataDaoImplクラスの中に以下のメソッドを追記して下さい。

リスト6-6
```
@Override
public MyData findById(long id) {
  return (MyData)entityManager.createQuery("from MyData where id = "
    + id).getSingleResult();
}


@SuppressWarnings("unchecked")
@Override
public List<MyData> findByName(String name) {
  return (List<MyData>)entityManager.createQuery("from MyData where name = "
    + name).getResultList();
}
```

2つのメソッドとも、内容的には似た形になっています。EntityManagerを作成した後、createQueryでQueryを作成して結果を取り出しreturnする、という流れですね。簡単に整理しましょう。

findById

```
entityManager.createQuery("from MyData where id = "
  + id).getSingleResult();
```

findByIdでは、**"from MyData where id = " + id**という形でJPQLのクエリー文を用意しています。見ればだいたい想像がつくように、id = ○○といった条件を設定してMyDataを取得しているわけです。

注目すべきは、その後にある「**getSingleResult**」というメソッド。これは、Queryから得られるエンティティを1つだけ取り出して返すものです。

Queryの実行結果は通常エンティティのListになっていますが、IDによる検索のように「**1つのエンティティしか検索されない**」ものでは、Listのまま返すより、得られたエンティティをそのまま返したほうが便利です。そこでこのようなメソッドを利用した、というわけです。

findByName

```
entityManager.createQuery("from MyData where name = "
  + name).getResultList();
```

findByNameでは、**"from MyData where name = " + name**という形でクエリー文を用意してあります。これも基本は同じですね。name = ○○という条件を設定してMyDataを取り出す、という作業をしています。

nameは、同じ名前のものが複数存在する可能性もありますので、**getResultList**でListをそのまま返すようにしてあります。「**エンティティ単体か、Listか**」は、このようにどういう用途でエンティティを検索するかによって使い分けましょう。

また、getResultListはListを返すため、findByNameメソッドでは、総称型を使ってList<MyData>を戻り値に指定しています。このとき、戻り値のListには必ずしもMyDataが保管されているかどうかわかりませんから、コンパイル時に警告が発せられます。これを抑えるため、@SuppressWarningsでチェックしないようにしてあります。

このアノテーションは、付けなくても動作に問題はありません。警告が現れるのは気持ち悪いので、これで発生を止めている、ということです。

6.2 JPQLを活用する

　Spring Data JPAでは、「JPQL」と呼ばれるSQLクエリーに似た簡易言語が用意されています。このJPQLの基本的な使い方について説明しましょう。

JPQLの基本

　データベース検索の基本については既に一通り説明しました。**6-1節**でMyDataエンティティを取得するための処理をいくつか作成しましたが、これらは「**JPQL**」というクエリー言語を利用している、と触れました。

　JPQLは、SQLのクエリーと似たクエリー文を実行することでデータベースを操作する簡易言語です。これを利用することで、データベースを柔軟に操作することができます。**6-1節**のサンプルで作成したのは、全エンティティを取得するという単純なものでしたが、本格的な検索処理を実装するなら、このJPQLをしっかりと理解する必要があるでしょう。

図6-5：JPAでは、JPQLという簡易言語のクエリー文を受け取り、それをSQLクエリー文に変換してデータベースにアクセスを行う。

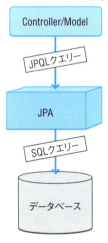

　復習すると、JPQLの利用方法は、ざっと以下のようになります。

■EntityManagerの用意

```
@PersistenceContext
EntityManager entityManager;
```

6.2 JPQLを活用する

■Queryの作成

```
Query 変数 =《EntityManager》.createQuery( クエリー文 );
```

■結果(List)の取得

```
List 変数 =《Query》.getResultList();
```

では、この基本を理解した上で、実際にJPQLによる検索をいろいろと作成していくことにしましょう。まず、ベースとなる検索リクエストの処理を用意しておきましょう。

find.htmlの作成

/findというリクエストを作成してみましょう。最初に、検索用のフォームを表示するビューテンプレートから作成します。

パッケージエクスプローラーから、プロジェクトのsrc/main/resources/templates/フォルダを選択し、＜**File**＞＜**New**＞＜**Other...**＞メニューを選択して下さい。そして現れた「**Select a wizard**」ダイアログウインドウで、「**Web**」内にあるHTML Fileを選択し、次に進みます。

図6-6：「Web」内にある「HTML File」を選択する。

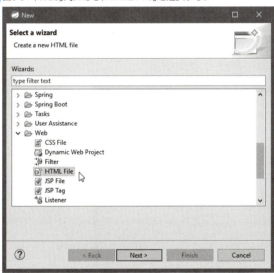

「**Create a new HTML file**」という画面で、「**File name**」に「**find.html**」と入力し、「**templates**」フォルダが選択された状態で次に進みます。

図6-7：find.htmlとファイル名を入力する。

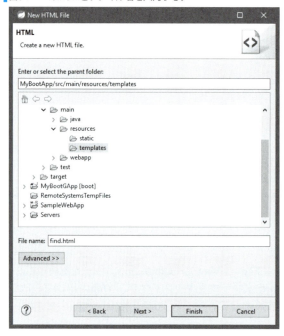

テンプレートの選択画面で、「**New HTML file (5)**」を選択し、そのまま「**Finish**」ボタンで終了します。これで「**templates**」内にfind.htmlが作成されます。

図6-8：テンプレートを選択し、ファイルを作成する。

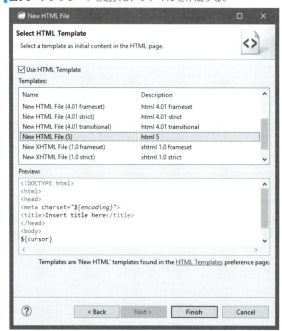

では、作成されたファイル（find.html）を開き、以下のようにソースコードを記述しましょう。

リスト6-7

```html
<!DOCTYPE html>
<html xmlns:th="http://www.thymeleaf.org">
<head>
  <title>find page</title>
  <meta http-equiv="Content-Type"
    content="text/html; charset=UTF-8" />
  <style>
  h1 { font-size:18pt; font-weight:bold; color:gray; }
  body { font-size:13pt; color:gray; margin:5px 25px; }
  tr { margin:5px; }
  th { padding:5px; color:white; background:darkgray; }
  td { padding:5px; color:black; background:#f0f0f0; }
  </style>
</head>
<body>
  <h1 th:text="${title}">find page</h1>
  <p th:text="${msg}"></p>
  <table>
  <form action="/find" method="post">
    <tr><td>FIND:</td>
    <td><input type="text" name="fstr" size="20"
      th:value="${value}"/></td></tr>
    <tr><td></td><td><input type="submit" /></td></tr>
  </form>
  </table>
  <hr/>
  <table>
  <tr><th>ID</th><th>名前</th>
    <th>メール</th><th>年齢</th></tr>
  <tr th:each="obj : ${datalist}">
    <td th:text="${obj.id}"></td>
    <td th:text="${obj.name}"></td>
    <td th:text="${obj.mail}"></td>
    <td th:text="${obj.age}"></td>
  </tr>
  </table>
</body>
</html>
```

検索テキストを送信して検索をするだけですので、<input type="text">タグを1つ持つ

Chapter **6** データベースアクセスを掘り下げる

だけのシンプルなフォームを用意しました。また単純に1つのテキストを送るだけなのでformModelは使わず、**th:value="${value}"** で\<input\>タグに直接変数の値を出力させるようにしてあります。

コントローラーへのリクエストハンドラの追加

では、このビューテンプレートを使った/findリクエストのための**リクエストハンドラ**をコントローラーに追加しましょう。HeloControllerクラスを開き、以下の2つのメソッドをクラスに追加して下さい。

リスト6-8

```
// 以下のimport文を追記
// import java.util.List;
// import javax.servlet.http.HttpServletRequest;

@RequestMapping(value = "/find", method = RequestMethod.GET)
public ModelAndView find(ModelAndView mav) {
  mav.setViewName("find");
  mav.addObject("title","Find Page");
  mav.addObject("msg","MyDataのサンプルです。");
  mav.addObject("value","");
  Iterable<MyData> list = dao.getAll(); //●
  mav.addObject("datalist", list);
  return mav;
}


@RequestMapping(value = "/find", method = RequestMethod.POST)
public ModelAndView search(HttpServletRequest request,
    ModelAndView mav) {
  mav.setViewName("find");
  String param = request.getParameter("fstr");
  if (param == ""){
    mav = new ModelAndView("redirect:/find");
  } else {
    mav.addObject("title","Find result");
    mav.addObject("msg","「" + param + "」の検索結果");
    mav.addObject("value",param);
    List<MyData> list = dao.find(param);//●
    mav.addObject("datalist", list);
  }
  return mav;
}
```

GETアクセスで呼び出されるfindメソッドでは、DAOの「**getAll**」を呼び出し、全エンティ

304

ティのListをそのままビューに渡しています。

これに対し、POSTで呼び出されるsearchメソッドでは、フォームから送られた値を引数にしてDAOの「**find**」というメソッドを呼び出し、その結果をdatalistに設定しています。

つまり、DAO側にfindというメソッドを追加すればいいわけですね。

HttpServletRequest について

searchメソッドでは、フォームから送信された値を受け取って処理を行うことになります。これまで、こうした際には**@RequestParam**アノテーションを使ってきましたが、ここでは「**HttpServletRequest**」を引数に用意してみました。

HttpServletRequestというのは、JSP/サーブレットでお馴染みの、あのHttpServletRequestです。サーブレットでdoGet/doPostする際には必ずお世話になりますね。

これまでフォームをPOSTで受け取るメソッドでは@RequestParamを利用してきました。が、HttpServletRequestが使えないわけではありません。要するに@RequestParamのパラメータというのは、HttpServletRequestの**getParameter**を呼び出してパラメータを受け取る操作を自動的に行い、その結果を引数に設定するものだった、というわけです。

HttpServletRequestと同様に、HttpServletResponseも引数に指定することができます。サーブレットでお馴染みのオブジェクトも、Spring Bootでは使えるのです。

DAOへのfindメソッドの追加

では、DAOにメソッド追加を行いましょう。まずはMyDataDaoインターフェイスクラスです。これに以下の一文を追記します。

リスト6-9

```
public List<T> find(String fstr);
```

続いてMyDataDaoImplクラスにメソッドを追加します。以下のリストのように追加をして下さい。

リスト6-10

```
@Override
public List<MyData> find(String fstr){
  List<MyData> list = null;
  String qstr = "from MyData where id = :fstr";
  Query query = entityManager.createQuery(qstr)
    .setParameter("fstr", Long.parseLong(fstr));
  list = query.getResultList();
  return list;
}
```

これで作業は完了です。できたところで、実際に/findにアクセスして検索処理を行ってみましょう。ここで作ったのは、ID番号で検索するサンプルです。番号を入力フィールドに書いて送信すると、そのエンティティだけが表示されます。既にID番号をintで引数指定して検索するメソッドを作っていますが、JPQLの使い方のサンプルとしていろいろなクエリーを作っていきますので、その一つの例として考えて下さい。

図6-9：/findにアクセスし、ID番号を入力して実行すると、その番号のエンティティを検索して表示する。

JPQLへのパラメータ設定

リスト6-10のサンプルでは、Queryの作成に今までとは違うやり方をしています。前節**リスト6-2**では全エンティティを取り出すだけでしたが、今回は入力した値に応じて検索するJPQLのクエリー文を作らなければいけません。普通に考えれば、例えば、

```
entityManager.createQuery("from MyData where id = " + パラメータ)
```

このように、送られてきた引数の値をつなぎ合わせてクエリー文を作成すればいい、と思うでしょう。もちろん、これでもいいのですが、ここでは以下のようなやり方をしています。

```
String qstr = "from MyData where id = :fstr";
Query query = entityManager.createQuery(qstr).setParameter("fstr",
    Long.parseLong(fstr));
```

クエリー文は、"**from MyData where id = :fstr**"というようにただのテキストです。が、よく見るとテキストの中に「**:fstr**」という変わった書き方が見えます。このように「**:○○**」という形式でJPQLのクエリー文に書かれたものは、**パラメータ用の変数**として扱われるのです。つまり、この後でfstrという変数に値を設定することで、クエリー文を完成させる、というわけです。

それを行っているのが、Queryインスタンスの「**setParameter**」です。これは、第1引数の**変数**に第2引数の**値**を設定する働きをします。この例ならば"fstr"という名前の変数にLong.parseLong(fstr)を設定していた、というわけです。

注目すべきは、setParameterの第2引数がfstrではなく、**Long.parseLong(fstr)**である、という点でしょう。これは、検索しているのがidの**値**であるためです。MyDataクラスでは、idフィールドはlong値として定義されていたため、検索値もlong値にしていたのです。そのままfstrを渡すと、IllegalArgumentException例外が発生するので注意しましょう。必ず検索するフィールドの型に合わせて検索値を指定して下さい。

複数の名前付きパラメータは？

名前付きパラメータは、1つだけしか使えないわけではありません。SQLのクエリー文内にいくつでも埋め込むことができます。実際にやってみましょう。

リスト6-10の検索処理を変更して、IDだけでなく名前やメールアドレスなどでも検索できるようにしてみます。DAOのfindリクエストハンドラを以下のように書き換えて下さい。

リスト6-11

```
@SuppressWarnings("unchecked")
@Override
public List<MyData> find(String fstr){
  List<MyData> list = null;
  String qstr = "from MyData where id = :fid or name like
    :fname or mail like :fmail";
  Long fid = 0L;
  try {
    fid = Long.parseLong(fstr);
  } catch (NumberFormatException e) {
    e.printStackTrace();
  }
  Query query = entityManager.createQuery(qstr).setParameter("fid", fid)
      .setParameter("fname", "%" + fstr + "%")
      .setParameter("fmail", fstr + "@%");
  list = query.getResultList();
  return list;
}
```

図6-10：テキストを送信すると、idまたはnameまたはmailにそのテキストを含むエンティティをすべて検索する。

このサンプルでは、ID、名前の一部、メールアドレスの名前の部分のいずれかを入力フィールドに書いて送信すれば、検索が行えます。例えばID番号 = 1、「**hanako**」という名前で「**hanako@flower**」というメールアドレスだった場合、「**1**」でも「**hana**」でも「**flower**」でも検索することができるようになります。

複数パラメータとメソッドチェーン

では、作成しているJPQLのクエリーを見てみましょう。ここでは、以下のようにテキストを作成していますね。

```
String qstr = "from MyData where id = :fid or name like
  :fname or mail like :fmail";
```

:fid、**:fname**、**:fmail**という3つの変数を埋め込んでいます。そしてQueryインスタンスを作成するところでは以下のように処理を記述しています。

```
Query query = entityManager.createQuery(qstr).setParameter("fid", fid)
  .setParameter("fname", "%" + fstr + "%")
  .setParameter("fmail", fstr + "@%");
```

createQueryの後、**setParameter**が3つ連続して記述されています。QueryインスタンスのsetParameterメソッドは、パラメータを設定済みのQueryインスタンスを返すので、このように**メソッドチェーン**（メソッドの呼び出しを連続して記述する手法）を使っていくつも連ねることができます。このように記述することで、1つのクエリー内にいくつものパラメータを設定できるのです。

「?」による番号指定のパラメータ

クエリー内に埋め込むパラメータ用変数は、名前付きのもののほかに、名前のないものもあります。これは番号指定によって値を設定します。例えば「:fid」と指定していたものを「?1」というように、「?」の後に数字を指定することでパラメータの埋め込み位置を設定します。

こうした数によるパラメータの指定も、値の設定は「setParameter」で行うことができます。第1引数に番号を指定することで、特定の番号の位置に値を埋め込みます。

では、リスト6-11のサンプルを書き換えて、DAOのfindリクエストハンドラを番号指定によるパラメータに変更してみましょう。

リスト6-12

```java
@SuppressWarnings("unchecked")
@Override
public List<MyData> find(String fstr){
  List<MyData> list = null;
  String qstr = "from MyData where id = ?1 or name like ?2 or mail like ?3";
  Long fid = 0L;
  try {
    fid = Long.parseLong(fstr);
  } catch (NumberFormatException e) {
    e.printStackTrace();
  }
  Query query = entityManager.createQuery(qstr).setParameter(1, fid)
    .setParameter(2, "%" + fstr + "%")
    .setParameter(3, fstr + "@%");
  list = query.getResultList();
  return list;
}
```

修正しているのは、クエリー文を変数に代入しているところと、Queryインスタンスを作成している部分です。

■クエリー文の作成

```java
String qstr = "from MyData where id = ?1 or name like ?2 or mail like ?3";
```

■Queryの作成

```java
Query query = manager.createQuery(qstr).setParameter(1, fid)
    .setParameter(2, "%" + fstr + "%")
    .setParameter(3, fstr + "@%");
```

それぞれのパラメータの対応具合を確認しましょう。どのように値が埋め込まれるかよくわかるでしょう。このやり方でも、番号によってそれぞれのパラメータを区別しま

Chapter **6** データベースアクセスを掘り下げる

すので、名前付きと同じように柔軟なパラメータ設定が行えます。

クエリーアノテーション

クエリーは、Queryインスタンスを作成することで比較的簡単に作ることができます。ここまでの説明で、十分自分でクエリー文を作れるようになっていることでしょう。

ただし、この「**クエリー文がDAOクラスのコード内に文字列リテラルとして埋め込まれている**」という状態は、あまりよいものとはいえません。クエリー文そのものをコードから切り離して管理できたほうが、よりメンテナンスもしやすくなるでしょう。

このようなときに覚えておきたいのが「**クエリーアノテーション**」です。これは、クエリーをあらかじめ用意しておくことのできる機能です。中でも、クエリーに名前を設定して利用できる「**名前付きクエリー**」を作成するアノテーションは、クエリーを切り離して管理しやすくしてくれます。

▌ @NamedQuery アノテーション

名前付きクエリーは、「**@NamedQuery**」というアノテーションを使って作ることができます。実際にサンプルを作りながら、このアノテーションの利用の仕方を説明しましょう。まずは**リスト5-7**で作成した**MyData.java**を開き、MyDataクラスの宣言の前〔@Table(name="mydata")の次の行辺り〕に、以下のようにしてアノテーションを用意して下さい。

リスト6-13

```
// import javax.persistence.NamedQuery; を追加

@NamedQuery(
  name="findWithName",
  query="from MyData where name like :fname"
)
```

これが、@NamedQueryアノテーションです。このアノテーションは、クエリー文に名前を付けてエンティティクラスに用意しておきます。以下のように記述をします。

```
@NamedQuery( name=名前 , query=クエリー文 )
```

このように、クエリー文となる文字列テキストに名前を付けて設定しておきます。ここでは、"from MyData where name like :fname"という**クエリー文**に「**findWithName**」という**名前**を付けておいた、というわけです。

このサンプルを見てもわかるように、クエリー文にはパラメータの変数などもそのまま記述することができます。Queryで使っていたクエリー文をそのまま持ってくればいい、と考えて下さい。

310

6.2 JPQL を活用する

　ここでは1つのクエリー文だけを用意しましたが、複数のクエリー文を用意したければ、**@NamedQueries**というアノテーションを使ってすべてをまとめることもできます。

リスト6-14
```
@NamedQueries (
  @NamedQuery(
    name="findWithName",
    query="from MyData where name like :fname"
  )
)
```

　例えば**リスト6-13**の例ならば、このように記述することもできます。@NamedQueriesの()内に@NamedQueryが記述されていることがわかるでしょう。もし複数の@NamedQueryを用意したければ、カンマで区切っていくらでも@NamedQueryを追加することができます。

　では、こうして用意された名前付きクエリーを使って検索を行うよう、DAOのfindメソッドを修正しましょう。

リスト6-15
```java
@SuppressWarnings("unchecked")
@Override
public List<MyData> find(String fstr){
  List<MyData> list = null;
  Long fid = 0L;
  try {
    fid = Long.parseLong(fstr);
  } catch (NumberFormatException e) {
    //e.printStackTrace();
  }
  Query query = entityManager
      .createNamedQuery("findWithName")
      .setParameter("fname", "%" + fstr + "%");
  list = query.getResultList();
  return list;
}
```

　ここでは、Queryインスタンスを作成するのに、「**createNamedQuery**」というメソッドを使っています。

```
《EntityManager》.createNamedQuery( クエリーアノテーション名 );
```

　createNamedQueryメソッドは、このように引数にクエリーアノテーションの名前

311

を指定することで、その名前のクエリー文を取得してQueryインスタンスを作成します。**リスト6-13**の@NamedQueryで、nameに指定した"findWithName"という名前がcreateNamedQueryメソッドの引数に指定されていることがわかるでしょう。

　名前付きクエリーを利用すると、実行するクエリー文をDAOのコードから切り離すことができます。エンティティクラスにクエリー文を置くため、「**このエンティティを操作するのに必要なものはすべてエンティティ自身に用意されている**」という状態になります。また複数のエンティティクラスを作成して利用したとき、同じ働きのクエリー文を同じ名前でそれぞれに置くことで、よりわかりやすい設計が行えるでしょう。

リポジトリと@Query

　ここでは、DAOでEntityManagerを利用するテクニックの一つとして、@NamedQueryを利用する方法を挙げましたが、クエリーアノテーションはこのほかにもあります。
　@NamedQueryの場合、エンティティクラスにあらかじめ定義しておく必要があります。が、実際には、何か検索機能を拡張するたびにエンティティを書き換えるのは、あまりスマートではないでしょう。それより、実際にデータベースアクセスを実行する側にこうしたものを用意できたほうが便利です。

　Spring Bootでは、データベースアクセスはリポジトリを使うのが一般的ですが、**リポジトリとなるインターフェイスに用意できるクエリーアノテーション**があります。「**@Query**」です。これは、リポジトリインターフェイスのメソッド宣言文の前に記述します。

@Query(**クエリーのテキスト**)

　@Queryは、アノテーションを記述したメソッドを呼び出す際に、指定されたクエリーが使われるようになります。実際にやってみましょう。MyDataRepositoryリポジトリに@Queryを使った例を挙げておきます。

リスト6-16

```
package com.tuyano.springboot.repositories;

import java.util.List;

import org.springframework.data.jpa.repository.JpaRepository;
import org.springframework.data.jpa.repository.Query;
import org.springframework.stereotype.Repository;

import com.tuyano.springboot.MyData;

@Repository
public interface MyDataRepository  extends JpaRepository<MyData, Long> {
```

```
    @Query("SELECT d FROM MyData d ORDER BY d.name")
    List<MyData> findAllOrderByName();
}
```

ここでは、findAllOrderByNameというメソッドを宣言しています。このメソッドでは、@Queryの**"SELECT d FROM MyData d ORDER BY d.name"**というクエリーが実行され、その結果がList<MyData>として返されるようになります。「**SELECT d FROM MyData d**」で使われている「**d**」は、MyDataのエイリアス（別名）です。毎回、MyDataと書くのは面倒なので、「**d**」だけで済むようにしてあるのですね。

では、これを呼び出すように、HeloControllerのindexを修正してみましょう。

リスト6-17
```
@RequestMapping(value = "/", method = RequestMethod.GET)
public ModelAndView index(ModelAndView mav) {
    mav.setViewName("index");
    mav.addObject("title","Find Page");
    mav.addObject("msg","MyDataのサンプルです。");
    Iterable<MyData> list = repository.findAllOrderByName(); //dao.getAll(); //●
    mav.addObject("datalist", list);
    return mav;
}
```

図6-11：indexリクエストハンドラで、findAllOrderByNameした結果を表示するようにした。

indexを実行してみると、名前のアルファベット順に並べ替えられた状態でエンティティが表示されます。findAllOrderByNameに用意されている@Queryのクエリーが実行されていることがよくわかるでしょう。

@NamedQueryも@Queryも、内部的に行うJPQLの作業は何ら変わりありません。単に用意する場所が違うだけで、内部的な違いはありません。

@NamedQueryのパラメータ設定

クエリーアノテーションは、クエリーのテキストをあらかじめ登録しておきます。が、詳細な検索を行いたい場合、どうしてもクエリーの中に検索条件のための値を組み込むなどの必要が生じます。

こうした場合には、クエリーアノテーションに設定するクエリーテキストにパラメータを用意しておくこともできます。

例えば、ageの値が一定の範囲内にあるものだけ検索する、というクエリーアノテーションを考えてみましょう。

@NamedQueryの場合は、こうなるでしょう。

リスト6-18

```
@NamedQuery(
    name="findByAge",
    query="from MyData where age > :min and age < :max"
)
```

MyDataクラスの宣言の手前に、こんな形で@NamedQueryを用意しておきます。ここでは、クエリーテキスト内に**:min**と**:max**という2つのパラメータを埋め込んであります。これらに値を渡すようにして呼び出せばいいのです。

では、DAO側からこのfindByAgeクエリーを呼び出す処理を用意してみましょう。

リスト6-19 MyDataDaoに追記

```
public List<MyData> findByAge(int min, int max);
```

リスト6-20 MyDataDaoImplに追記

```
@SuppressWarnings("unchecked")
@Override
public List<MyData> findByAge(int min, int max) {
    return (List<MyData>)entityManager
        .createNamedQuery("findByAge")
        .setParameter("min", min)
        .setParameter("max", max)
        .getResultList();
}
```

これで完成です。例えば、findByAge(10, 20)と呼び出せば、ageの値が10 < x < 20の範囲内のエンティティだけが検索されます。例えばHeloControllerのリクエストハンドラで、

```
Iterable<MyData> list = dao.findByAge(10,40);
```

こんな具合に呼び出せば、10 < x < 40の範囲内でageが設定されているエンティティを

検索します。

図6-12：ageの値が10より大きく40より小さいものを検索する。

Queryインスタンスの作成

```
createNamedQuery("findByAge")
```

　Queryインスタンスの作成は、createNamedQueryを使って行います。引数には、クエリーの名前findByAgeを指定しておきます。

パラメータの設定

```
setParameter("min", min)
  .setParameter("max", max)
```

　そして、setParameterを使い、minとmaxのパラメータに値を設定します。これで、@NamedQueryに用意したクエリーテキストの**:min**と**:max**にそれぞれ値が組み込まれます。後は、getResultListでエンティティを検索するだけです。

@Query利用の場合

　では、@Queryを利用する場合はどうなるでしょうか。これも、基本的には同じです。クエリーテキスト内に変数を埋め込み、これをメソッドの引数で指定します。ただし、このときに「**@Param**」というアノテーションを使い、どの変数がどのパラメータと関連付けられるかを指定する必要があります。

　例えば、@NamedQueryに追加したfindByAgeメソッドを、リポジトリに用意する場合にどうなるか考えてみましょう。MyDataRepositoryインターフェイスに、以下のようにメソッドを追加すればよいでしょう。

Chapter **6** データベースアクセスを掘り下げる

> **リスト6-21**
> ```java
> // import org.springframework.data.repository.query.Param; 追記
>
> @Query("from MyData where age > :min and age < :max")
> public List<MyData> findByAge(@Param("min") int min,
>   @Param("max") int max);
> ```

　MyDataRepositoryに、findByAgeというメソッドを追加し、@Queryアノテーションを追加します。メソッドでは、**@Param("min")**と**@Param("max")**をそれぞれの引数に用意してあります。これにより各引数で渡された値が、クエリーテキストの**:min**と**:max**にはめ込まれて実行されるようになります。

　@NamedQueryと@Queryは、使い方に慣れれば同じクエリーを簡単にどちらの形でも組み込めるようになります。エンティティ自体にクエリーを持たせるほうがいいか、リポジトリに用意するのがいいか。アプリケーションの設計によって、このどちらが便利かを考えながら、使い分けられるようになりましょう。

6.3 Criteria APIによる検索

　Spring Data JPAでは、JPQLのような言語を使わず、メソッドチェーンによってデータベースアクセスを行う機能も用意されています。それが、Criteria APIです。この機能の基本的な使い方を覚え、メソッドによるデータベースアクセスを行ってみましょう。

Criteria APIの基本3クラス

　ここまでの検索は、原則としてJPQLのクエリー文を実行して処理を行いました。これはSQLに非常に近い言語であり、既にSQLを使っているユーザーにはわかりやすいものです。が、「**あまりJavaらしくない方法**」ともいえます。
　JPAを使い、テーブルのデータをエンティティというオブジェクトとして扱うことで、よりJavaらしいデータベース管理が行えるようになったというのに、実際のデータベースアクセスは「**SQLライクな言語でクエリーを書いて発行する**」というのでは、JPAというものを使う利点も半減してしまうでしょう。こうしたSQLっぽい部分をなくしたい、と思う人は多いはずです。

　JPAには「**Criteria API**」という機能があり、これを利用することで、よりJavaらしいデータベースアクセスが行えるようになります。
　Cirteria APIでは、3つのクラスを組み合わせて利用します。

CriteriaBuilderクラス	Criteria APIによるクエリー生成を管理します。
CriteriaQueryクラス	Criteria APIによるクエリー実行のためのクラスです。

Rootクラス	検索されるエンティティのルートとなるものです。ここから必要なエンティティを絞り込んだりするのに用います。

この3つのクラスを使いこなすことで、必要なエンティティを検索したりすることができるようになります。では、利用のための流れを簡単に整理しましょう。

❶ CriteriaBuilderの取得

```
CriteriaBuilder builder =《EntityManager》.getCriteriaBuilder();
```

最初に行うのは、CriteriaBuilderインスタンスの用意です。これはEntityManagerのgetCriteriaBuilderを呼び出すだけです。

❷ CriteriaQueryの作成

```
CriteriaQuery<エンティティ> 変数 = 《CriteriaBuilder 》.createQuery( エンティティ.class );
```

CriteriaQueryは、Criteria API専用のQueryクラスだと考えるとよいでしょう。CriteriaQueryは、Queryと違いクエリー文は使いませんので、引数にクエリー文などは不要です。特定のエンティティにアクセスするには、そのエンティティのclassプロパティを引数に指定します。

❸ Rootの取得

```
Root<エンティティ> 変数 = 《CriteriaQuery》.from(エンティティ.class);
```

RootをCriteriaQueryのfromメソッドで取得します。引数には、検索するエンティティのClass(classプロパティ)を指定します。これで検索の準備が整いました。

❹ CriteriaQueryのメソッドを実行
CriteriaQueryでエンティティを絞り込むためのメソッドを呼び出します。これにはいくつかが用意されており、必要に応じてメソッドチェーンで連続して呼び出していきます。

❺ createQueryして結果を取得

```
List<エンティティ> 変数 = (List<エンティティ>)《EntityManager》.
  createQuery(《CriteriaQuery》).getResultList();
```

最後に、createQueryでQueryを生成し、getResultListで結果のListを取得します。この部分は、通常のQueryによる検索処理と同じですね。違いはただ**createQueryの引数に指定するのがCriteriaQueryである**、という点のみです。

Criteria APIによる全要素の検索

では、実際にCriteria APIを使って検索を行ってみましょう。DAOのメソッドを書き換える形で試してみることにします。最初に、MyDataDaoImpl.javaのソースコードの冒頭に、以下のimport文を追記しておきましょう。

リスト6-22
```java
import javax.persistence.criteria.CriteriaBuilder;
import javax.persistence.criteria.CriteriaQuery;
import javax.persistence.criteria.Root;
```

では、検索を行います。まずは全エンティティの取得（getAllメソッド）を書き換えてみましょう。以下のように変更して下さい。

リスト6-23
```java
@Override
public List<MyData> getAll() {
  List<MyData> list = null;
  CriteriaBuilder builder =
      entityManager.getCriteriaBuilder();
  CriteriaQuery<MyData> query =
      builder.createQuery(MyData.class);
  Root<MyData> root = query.from(MyData.class);
  query.select(root);
  list = (List<MyData>)entityManager
      .createQuery(query)
      .getResultList();
  return list;
}
```

図6-13：indexリクエストハンドラから修正版getAllを呼び出し、全エンティティを取得表示した。

ここでは、Rootインスタンスの作成とCriteriaQueryの検索処理を、以下のように実行しています。

```
Root<MyData> root = query.from(MyData.class);
query.select(root);
```

Rootの取得では、総称型としてMyDataを指定しています。「**from**」メソッドを呼び出すことで、MyDataから取得される、全MyDataを情報として保持したRootインスタンスが得られます。

Root取得後、すべてのMyDataを取得するのに、CriteriaQueryの「**select**」を呼び出しています。引数にMyData.classを指定することで、Rootに保持されている全MyDataを取得するようにCriteriaQueryが設定されます。

後は、このCriteriaQueryを使ってcreateQueryし、getResultListすれば、すべてのMyDataが取得される、というわけです。

Criteria APIによる名前の検索

続いて、DAOのfindメソッドを書き換えてみましょう。これも基本は同じです。ただ絞り込みのためのメソッドの呼び出しが少し違っているだけです。

リスト6-24
```
@Override
public List<MyData> find(String fstr){
  CriteriaBuilder builder =
      entityManager.getCriteriaBuilder();
  CriteriaQuery<MyData> query =
    builder.createQuery(MyData.class);
  Root<MyData> root =
    query.from(MyData.class);
  query.select(root)
    .where(builder.equal(root.get("name"), fstr));
  List<MyData> list = null;
  list = (List<MyData>) entityManager
      .createQuery(query)
      .getResultList();
  return list;
}
```

図6-14：searchリクエストハンドラで修正版findを使って検索したところ。入力したテキストと一致するnameのエンティティだけを検索して表示する。

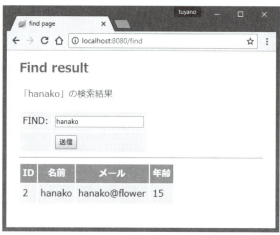

修正したら、/findにアクセスし、検索をしてみましょう。入力したテキストと同じnameのエンティティを検索して表示します。

ここでは、引数のテキストとnameの値が一致するエンティティだけを検索するようにしています。Rootインスタンスを取得した後、取り出すエンティティを絞り込むための処理として、以下のようにメソッドを呼び出しています。

```
query.select(root).where(builder.equal(root.get("name"), fstr));
```

select(root)は**リスト6-23**と同じですが、その後にメソッドチェーンを使って「**where**」というメソッドを呼び出しています。これは単純なようですが、いくつかのメソッドが組み合わせられていることがわかるでしょう。以下に簡単に整理します。

```
where(《Expression<boolean>》)
```

引数に指定するExpressionによって、エンティティを絞り込む処理を行います。Expressionというのは、後述しますが、様々な式の評価を扱います。

```
equal(《Expression》,《Object》)
```

引数に指定したExpressionとObjectにより、両者が等しいかどうかを確認し、結果を**Predicate**というクラスのインスタンスとして返します。これはExpressionのサブクラスです。Predicateという名前からイメージできるかもしれませんが、メソッドによって指定される条件や式などの記述をオブジェクトとして表す役割を果たします。

Predicateは、多数のエンティティがあるところに、絞り込む条件を付加する働きをします。つまり、equalならば、引数に指定したものが等しいという条件を示すPredicateが用意されることになります。これを元にして、その条件に合致するエンティティを絞り込むことができるわけです。

```
get(《String》)
```

Rootにあるメソッドで、エンティティから指定のプロパティの値に関する**Path**インスタンス(これもExpressionのサブクラスです)を返します。

Expression について

Criteria APIが非常に複雑に思えるのは、ここで登場する「**Expression**」がうまくイメージできない、という理由が大きいでしょう。

これは文字通り、「**評価**」を扱うオブジェクトです。whereならば、その引数としてbooleanを総称型として指定されたExpressionが渡されます。これは、一度SQLの考え方に戻って、「**where句はどういう働きをするものか**」を考えるとイメージしやすいでしょう。where句では、その後に記述された式を評価し、その結果がtrueとなるレコードだけを絞り込んで取得する働きをします。

この**where**メソッドも、行っていることはそれと同じです。ただ、クエリー文のテキストではなく、**オブジェクトとして引数を指定する**点が異なっているだけです。ということは、真偽値で評価する式に相当するものがオブジェクトとして渡されるはずだ、ということは想像がつくでしょう。それが、引数の**builder.equal**の戻り値だったのです。

equalは、その名前からもわかるように、ある項目の値が指定の値と等しいかどうかを調べるメソッドです。そのために、第1引数に**root.get**を使ってエンティティのプロパティを、第2引数にチェックする値を用意しています。これにより、エンティティのプロパティの値が指定の値かどうかをチェックする**Predicate**というインスタンスが得られます。

Predicateは、多数のエンティティからさまざまな条件によってデータを絞り込むのに重要な役割を果たします。Criteria APIには、さまざまな条件を示すためのPredicateを返すメソッドが用意されており、これらを使って得られたPredicateを組み合わせて、複雑な絞り込みが行えるようになるのです。

値を比較するCriteriaBuilderのメソッド

Criteria APIをうまく活用するには、CriteriaQueryでエンティティの操作を行うためのメソッド類をいかにしてマスターするか、が重要なことがわかります。これらは1つのクラスでなく、いくつものクラスの機能を組み合わせるため、余計に難しそうに思えてしまいます。まずは必要なものを整理していくことにしましょう。

最初に、whereメソッド内で用いられていたCriteriaBuilderのequalメソッドと同じような働きをするメソッドから整理していきましょう。

equal

```
《CriteriaBuilder》.equal(《Path》,《Object》)
```

リスト6-24で使われたメソッドですね。第1引数のPathで指定されたエンティティの

プロパティが第2引数と等しいかどうかをチェックします。

notEqual

```
《CriteriaBuilder》.notEqual(《Path》,《Object》)
```

equalと反対の働きをします。2つの引数の示すものが等しくないことを調べます。

gt、greaterThan

```
《CriteriaBuilder》.gt(《Path》,《Object》)
《CriteriaBuilder》.greaterThan(《Path》,《Object》)
```

第1引数で指定した要素が、第2引数の値より大きいことをチェックします。基本的には、数値関係のプロパティで使います。2つありますが、どちらも働きは同じです。

ge、greaterThanOrEqualTo

```
《CriteriaBuilder》.ge(《Path》,《Object》)
《CriteriaBuilder》.greaterThanOrEqualTo(《Path》,《Object》)
```

第1引数で指定した要素が、第2引数の値と等しいか大きいことをチェックします。equalとgreaterThanを合わせたものと考えるとよいでしょう。やはり2つメソッドがあり、働きはどちらも同じです。

lt、lessThan

```
《CriteriaBuilder》.lt(《Path》,《Object》)
《CriteriaBuilder》.lessThan(《Path》,《Object》)
```

第1引数で指定した要素が、第2引数の値より小さいことをチェックします。メソッドは2つあり、どちらも働きは同じです。

le、lessThanOrEqualTo

```
《CriteriaBuilder》.le(《Path》,《Object》)
《CriteriaBuilder》.lessThanOrEqualTo(《Path》,《Object》)
```

第1引数で指定した要素が、第2引数の値と等しいか小さいことをチェックします。equalとlessThanを合わせたものです。2つのメソッドは、どちらも同じです。

between

```
《CriteriaBuilder》.between(《Path》,《Object1》,《Object2》)
```

珍しく3つの引数をもったメソッドです。第1引数で指定した要素が、第2引数と第3

引数の間に含まれていることをチェックします。

isNull

```
《CriteriaBuilder》.isNull(《Path》)
```

引数で指定した要素がnullであることをチェックします。

isNotNull

```
《CriteriaBuilder》.isNotNull(《Path》)
```

引数で指定した要素がnullでないことをチェックします。

isEmpty

```
《CriteriaBuilder》.isEmpty(《Path》)
```

引数で指定した要素が空っぽ(空白文字を含む)であることをチェックします。

isNotEmpty

```
《CriteriaBuilder》.isNotEmpty(《Path》)
```

引数で指定した要素が空っぽでないことをチェックします。

like

```
《CriteriaBuilder》.like(《Path》,《String》)
```

第1引数に指定した要素の値が、第2引数の文字列を含んでいるかどうかをチェックします。SQLのlikeと同じく、値の前後に「%」記号を付けると、ワイルドカードで文字列を比較できます。

and

```
《CriteriaBuilder》.and(《Predicate1》,《Predicate2》, ……)
```

2つの式を示すオブジェクトがいずれも成立することをチェックします。引数には、ここに挙げたメソッドを使って作成された式が用意されます。なお、ここでは2つの引数を指定していますが、これは可変引数になっており、いくつでも引数を記述できます。

or

```
《CriteriaBuilder》.or(《Predicate1》,《Predicate2》, ……)
```

Chapter **6** データベースアクセスを掘り下げる

　2つの式を示すオブジェクトのいずれかが成立することをチェックします。andと同様、ここに挙げたメソッドで作られた式を指定します。これも可変引数であり、引数を増やせます。

not

```
《CriteriaBuilder》.not(《Predicate1》)
```

　引数に指定された式が成立しないことをチェックします。

　——このほかにも多数のメソッドがCriteriaBuilderには用意されていますが、とりあえずここに挙げたものが一通りわかれば、基本的な式は作成できるようになるでしょう。これらのメソッドで作られた式をwhereの引数に指定することで、基本的な検索のためのCriteriaQueryはだいたい作れるようになるはずです。

orderByによるエンティティのソート

　検索された結果は、基本的にエンティティを作成した順番（通常はID番号順）に取り出されます。が、エンティティをListとして取得する際、並び順を変更したい場合もあるでしょう。こうした場合に用いられるのが、CriteriaQueryの「**orderBy**」メソッドです。これは以下のように呼び出します。

```
《CriteriaQuery》.orderBy(《Order》);
```

　引数には「**Order**」というクラスのインスタンスを指定します。これはCriteriaBuilderにある以下のメソッドを使って取得するのが一般的です。

昇順の Order を得る

```
《CriteriaBuilder》.asc(《Expression》);
```

降順の Order を得る

```
《CriteriaBuilder》.desc(《Expression》);
```

　引数のExpressionは、CriteriaBuilderの**get**を使い、エンティティのプロパティを示すPathを指定するのが一般的です。では、利用例を挙げましょう。

リスト6-25

```
@Override
public List<MyData> getAll() {
  List<MyData> list = null;
```

324

```
    CriteriaBuilder builder =
        entityManager.getCriteriaBuilder();
    CriteriaQuery<MyData> query =
        builder.createQuery(MyData.class);
    Root<MyData> root = query.from(MyData.class);
    query.select(root)
        .orderBy(builder.asc(root.get("name")));
    list = (List<MyData>)entityManager
        .createQuery(query)
        .getResultList();
    return list;
}
```

図6-15：indexリクエストハンドラから修正版getAllにアクセスしてエンティティを表示したところ。nameの値で昇順に並べ替えているのがわかる。

　リスト6-23で作成した、全エンティティ取得のgetAllメソッドを変更したものです。このメソッドではMyDataエンティティをnameで昇順に並べて表示します。query.selectを実行している文を見ると、このようになっていますね。

```
query.select(root).orderBy(builder.asc(root.get("name")));
```

　selectもCriteriaQueryを返すメソッドですから、このようにselectの後にメソッドチェーンを使って、連続してorderByを記述することができます。orderByの引数には、**builder.asc(root.get("name"))**と指定されています。これで、nameの要素について昇順に並べ替えるPredicateが設定されます。この**builder.asc(root.get(○○))**といった書き方は、orderByの基本と考えておくとよいでしょう。

取得位置と取得個数の設定

Queryには、エンティティを取得するためのメソッドは基本的に2種類しかありません。1つだけを返す**getSingleResult**と、全エンティティをListで返す**getResultList**です。

しかし実際のデータベース利用の際には、「**5番めから10個のデータだけ取り出す**」というようなこともあります。例えば**ページング**（ページ分け）を行うような場合、「**最初から10個取り出す**」「**11番目から10個取り出す**」……といった具合に指定の場所から指定の数だけ取り出す必要があるでしょう。

こうしたエンティの取得位置と取得個数を指定したい場合には、（CriteriaQueryではなく）**Queryインスタンス内のメソッド**を利用します。

指定の位置から取得する

```
Query 変数 = 《Query》.setFirstResult(《int》);
```

引数に整数値を指定します。一番最初のエンティティから取得する場合は「**0**」となり、2番目からは「**1**」、3番目からは「**2**」……という具合に値を指定します。

指定の個数を取得する

```
Query 変数 = 《Query》.setMaxResults(《int》);
```

取得する個数を指定します。「**10**」とすれば10個のエンティティを取り出します。メソッド名からもわかるように、設定されるのは得られる「**最大数**」です。例えばエンティティの数が足りない場合には、あるだけが取り出されます。

では、これらの利用例を挙げましょう。getAllにまた登場してもらいましょう。6番目から5個のエンティティを取り出すようにしてみます。

リスト6-26

```java
@Override
public List<MyData> getAll() {
    int offset = 1; // ●取り出す位置の指定
    int limit = 2; // ●取り出す個数の指定
    List<MyData> list = null;
    CriteriaBuilder builder =
        entityManager.getCriteriaBuilder();
    CriteriaQuery<MyData> query =
        builder.createQuery(MyData.class);
    Root<MyData> root =
        query.from(MyData.class);
    query.select(root);
    list = (List<MyData>)entityManager
```

```
        .createQuery(query)
        .setFirstResult(offset)
        .setMaxResults(limit)
        .getResultList();
    return list;
}
```

図6-16：実行すると、保管しているエンティティの2番めから2項目を取り出して表示する。

変数offsetとlimitで、取り出す位置と個数の値を指定してあります。これらの値をいろいろと変更して、動作を確認してみるとよいでしょう。

setFirstResult と setMaxResults

ここでは、Queryインスタンスを作成し、getResultListでエンティティを取得する部分を、以下のように記述しています。

```
list = (List<MyData>)entityManager
    .createQuery(query)
    .setFirstResult(offset)
    .setMaxResults(limit)
    .getResultList();
```

createQueryの後、メソッドチェーンでsetFirstResultとsetMaxResultsを記述しています。注意したいのは、「**getResultListは一番最後に付ける**」という点。getResultListはQueryを返すのではなく、最終的に作られたQueryからListを得るのですから、getResultListの後にメソッドチェーンはつなげられません。

Chapter **6** データベースアクセスを 掘り下げる

6.4 エンティティの連携

複数のテーブルが関連して動くようなデータベースは、「アソシエーション」と呼ばれる機能により
エンティティどうしを連携して処理します。このアソシエーションの基本について説明しましょう。

連携のためのアノテーション

ここまでは、エンティティが1種類だけのシンプルなデータ構造について説明をして
きました。が、より本格的なアプリケーションを構築するとなると、複数のテーブルを
作り、それらが連携して動くような処理が必要となるでしょう。

こうしたエンティティ間の連携を考えたときに用いられるのが、一般に「**リレーショ
ンシップ**」あるいは「**アソシエーション**」と呼ばれる機能です。SQLの場合、**JOIN**と呼ば
れる機能を使って実装することになり、これはこれでいろいろと考えなければいけない
ことが多いのですが、エンティティの場合、連携の処理は非常に簡単です。なにしろ
Javaのクラスなのですから、**クラスのプロパティとして別のエンティティを持たせてし
まえばいい**のです。

ただし、単にプロパティを用意して関係するエンティティのインスタンスを保管する、
ということだと、関連付けるオブジェクトのプロパティへの保存などをすべて手作業で
行わなければいけません。そこでSpring Frameworkでは、専用のアノテーションを使っ
て簡単に設定が行えるようになっています。

> **Note**
> 「Spring Frameworkでは……」といいましたが、これもやはりJPAの機能の一部です。

専用アノテーションは、エンティティ内に、関連付ける別のエンティティのインスタ
ンスを保管するためのプロパティを用意したときに用いられます。そのプロパティに関
連付けのためのアノテーションを用意することで、必要な処理が行われるようにします。
このアノテーションには、4種類が用意されています。以下に整理しておきましょう。

@OneToOne

2つのエンティティが1対1で対応する連携を示すものです。例えば、生徒のデータと、
図書室の登録カードのデータを考えてみましょう。登録カードは原則として1名につき1
枚発行されます。生徒とカードは必ず1対1で対応しています。こうした関係を示します。

328

図6-17：OneToOneの対応。生徒テーブルと図書室登録カードのテーブルは、1人の生徒につき常に1つの図書カードに対応する。

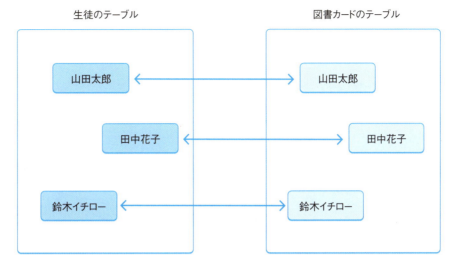

@OneToMany

1つのエンティティに対し、もう一方のエンティティの複数が対応します。これは生徒と貸出図書の関係を考えればいいでしょう。一人の生徒は、一度に何冊でも本を借りることができます。つまり生徒一人に対し、複数の図書が対応するわけです。

@ManyToOne

複数のエンティティに対し、もう一方のエンティティの1つだけが対応します。@OneToManyを逆から考えればいいでしょう。例えば生徒と貸出図書の関係ならば、貸し出された本からすれば、複数の本が1人の生徒に関連付けられることになります。

図6-18：OnetoManyとManyToOneの関係。生徒一人で複数の図書を借りることができる。

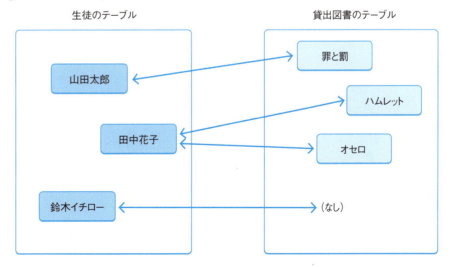

@ManyToMany

複数のエンティティに対し、他方の複数のエンティティが対応する関係です。貸出記録のデータを考えるとわかるでしょう。それぞれの生徒は、たくさんの本をそれまでに借りています。そして本も、たくさんの生徒に借りられています。両者の貸出記録の関係をデータベースとして整理すると、この@ManyToManyになるでしょう。

図6-19：ManyToManyの対応。生徒と図書の貸出し履歴は、複数の生徒と複数の本が互いに関連し合う。

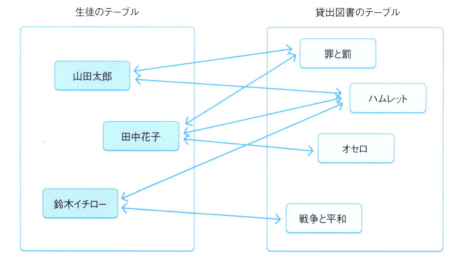

MsgDataエンティティを作る

では、実際の利用例を作ってみます。MyDataに関連付けられる「**MsgData**」というエンティティを考えてみましょう。これは、メッセージを管理します。MyDataで登録されたユーザーがメッセージを送信すると、MsgDataに投稿したメッセージと、投稿者を示すMyDataが保管されるようになります。

＜**File**＞＜**New**＞＜**Class**＞メニューを選び、以下のようにしてMsgDataクラスを作成しましょう。

Source folder	MyBootApp/src/main/java
Package	com.tuyano.springboot
Enclosing type	OFFのまま
Name	MsgData
Modifiers	publicのみ選択
Superclass	java.lang.Object
Interfaces	空白のまま
各種チェックボックス	Inherited abstract methodsのみONにする

6.4 エンティティの連携

図6-20：＜Class＞メニューのダイアログからMsgDataクラスを作成する。

リスト6-27　MsgData.java
```
package com.tuyano.springboot;

import javax.persistence.Column;
import javax.persistence.Entity;
import javax.persistence.GeneratedValue;
import javax.persistence.GenerationType;
import javax.persistence.Id;
import javax.persistence.ManyToOne;
import javax.persistence.Table;
import javax.validation.constraints.NotNull;

import org.hibernate.validator.constraints.NotEmpty;

@Entity
@Table(name = "msgdata")
public class MsgData {

    @Id
    @GeneratedValue(strategy = GenerationType.AUTO)
    @Column
    @NotNull
```

331

```java
  private long id;

  @Column
  private String title;

  @Column(nullable = false)
  @NotEmpty
  private String message;

  @ManyToOne
  private MyData mydata;

  public MsgData() {
    super();
    mydata = new MyData();
  }

  public long getId() {
    return id;
  }

  public void setId(long id) {
    this.id = id;
  }

  public String getTitle() {
    return title;
  }

  public void setTitle(String title) {
    this.title = title;
  }

  public String getMessage() {
    return message;
  }

  public void setMessage(String message) {
    this.message = message;
  }

  public MyData getMydata() {
    return mydata;
  }
```

```
  public void setMydata(MyData mydata) {
    this.mydata = mydata;
  }
}
```

　基本的なプロパティとアクセサはわかりますね。ここでは連携のアノテーションを設定したmydataプロパティの部分だけチェックしておきましょう。

```
@ManyToOne
private MyData mydata;
```

　MsgDataは、一人のメンバーがいくつでもメッセージを投稿できることを考えると、@ManyToOneでMyDataに関連付けられている、と考えることができます。指定するのはわずかにこれだけです。

MyDataを修正する

　続いて、MyDataクラスを修正しましょう。こちらは、MsgDataと関連付けるためのmsgdatasというプロパティを追加することにします。

リスト6-28
```
// 以下のimportを追加
// import java.util.List;
// import javax.persistence.CascadeType;
// import javax.persistence.OneToMany;

@Entity
@Table(name = "mydata")
public class MyData {

  // 以下のフィールドとメソッドを追加
  @OneToMany(cascade=CascadeType.ALL)
  @Column(nullable = true)
  private List<MsgData> msgdatas;

  public List<MsgData> getMsgdatas() {
    return msgdatas;
  }

  public void setMsgdatas(List<MsgData> msgdatas) {
    this.msgdatas = msgdatas;
  }

  ……そのほかのものは変更しないので省略……
}
```

1つのMyDataに複数のMsgDataが関連付けられますから、これは@OneToManyにしておきます。複数のエンティティが対応するわけですから、プロパティの値はコレクションを使うのがよいでしょう。複数回の登録を許すかどうかによりますが、SetかListを使うのが一般的です。ここではListを使っています。

MsgDataDaoの用意

では、作成したMsgDataにアクセスする方法を用意しましょう。アクセスの基本を理解するということで、**リポジトリインターフェイス**と**DAO**クラスの2つを用意し、それぞれからアクセスする方法について説明しましょう。

MsgDataRepository インターフェイス

まずは、リポジトリからです。＜**File**＞＜**New**＞＜**Interface**＞メニューを選び以下のように設定します。

Source folder	MyBootApp/src/main/java
Package	com.tuyano.springboot.repositories
Enclosing type	OFFのまま
Name	MsgDataRepository
Modifiers	publicのみ選択
Extended interfaces	org.springframework.data.jpa.repository.JpaRepository<MsgData, Long>
Generate comments	OFFのまま

図6-21：＜Interface＞メニューのダイアログから、MsgDataRepositoryインターフェイスを作る。

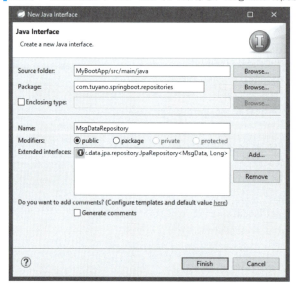

リスト6-29　MsgDataRepository.java

```java
package com.tuyano.springboot.repositories;

import org.springframework.data.jpa.repository.JpaRepository;
import org.springframework.stereotype.Repository;

import com.tuyano.springboot.MsgData;

@Repository
public interface MsgDataRepository
  extends JpaRepository<MsgData, Long> {

}
```

　現時点では、メソッド類は特に用意しません。これでも基本的なアクセス（CRUD関係など）については利用できますから問題ないでしょう。

MsgDataDao インターフェイス

　続いて、MyDataにEntityManager経由でアクセスするためのDAOを作りましょう。まず基本設計となるインターフェイスを作成します。＜**File**＞＜**New**＞＜**Interface**＞メニューを選び以下のように設定しましょう。

Source folder	MyBootApp/src/main/java
Package	com.tuyano.springboot
Enclosing type	OFFのまま
Name	MsgDataDao
Modifiers	publicのみ選択
Extended interfaces	空白のまま
Generate comments	OFFのまま

Chapter 6 データベースアクセスを掘り下げる

図6-22：＜Interface＞メニューのダイアログから、MsgDataDaoインターフェイスを作る。

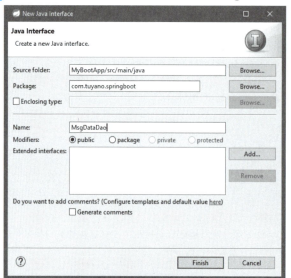

リスト6-30　MsgDataDao.java

```
package com.tuyano.springboot;

import java.io.Serializable;
import java.util.List;

public interface MsgDataDao<T> {

  public List<MsgData> getAll();
  public MsgData findById(long id);

}
```

MsgDataDaoImpl クラス

続いて、インターフェイスの実装クラスです。＜**File**＞＜**New**＞＜**Class**＞メニューを選び、以下のようにクラスを設定して作成します。

Source folder	MyBootApp/src/main/java
Package	com.tuyano.springboot
Enclosing type	OFFのまま
Name	MsgDataDaoImpl
Modifiers	publicのみ選択
Superclass	java.lang.Object

Interfaces	com.tuyano.springboot.MsgDataDao<MsgData>
各種チェックボックス	Inherited abstract methodsのみONにする

図6-23：＜Class＞メニューのダイアログから、MsgDataDao<MsgData>をimplementsした「MsgDataDaoImpl」クラスを作る。

リスト6-31　MsgDataDaoImpl.java

```
package com.tuyano.springboot;

import java.util.List;

import javax.persistence.EntityManager;

import org.springframework.stereotype.Repository;

@SuppressWarnings("rawtypes")
@Repository
public class MsgDataDaoImpl implements MsgDataDao<MsgDataDao> {

    private EntityManager entityManager;

    public MsgDataDaoImpl(){
        super();
```

Chapter **6** データベースアクセスを掘り下げる

```java
  }
  public MsgDataDaoImpl(EntityManager manager){
    entityManager = manager;
  }


  @SuppressWarnings("unchecked")
  @Override
  public List<MsgData> getAll() {
    return entityManager
        .createQuery("from MsgData")
        .getResultList();
  }


  @Override
  public MsgData findById(long id) {
    return (MsgData)entityManager
        .createQuery("from MsgData where id = "
        + id).getSingleResult();
  }
}
```

　基本的には、MyData用に作成したDAOとほぼ同じ作りですので、改めて説明をする
必要もないでしょう。これでMsgDataにアクセスするための基本的な機能は用意できま
した。

ビューテンプレートの用意

　では、実際にMsgDataを利用した表示を作りましょう。まずは登録用のフォームと保
存されたエンティティの一覧を表示する簡単なビューテンプレートから作ります。＜
File＞＜**New**＞＜**Other**＞メニューを選び、現れたダイアログウインドウから「**Web**」内
の「**HTML File**」を選択します。そしてファイル作成のダイアログ画面で以下のように設
定を行っていき、ファイルを作成して下さい。

■新しいHTMLファイルの設定

フォルダの選択	MyBootApp/src/main/resources/templates
File name	showMsgData.html

■テンプレートの設定（次のページ）

New HTML File (5)	選択する

338

6.4 エンティティの連携

図6-24：＜Other＞メニューから「HTML File」を選び、次に進んでNew HTML File (5)テンプレートを選択し、showMsgData.htmlを作成する。

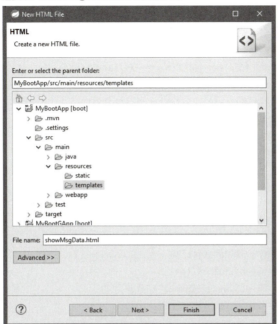

作成したら、キャラクタエンコーディングがUTF-8になっているのを確認し、それから以下のようにソースコーを書き換えて下さい。

リスト6-32　showMsgData.html

```
<!DOCTYPE HTML>
<html xmlns:th="http://www.thymeleaf.org">
<head>
  <title th:text="${title}">top page</title>
  <meta http-equiv="Content-Type"
    content="text/html; charset=UTF-8" />
  <style>
  h1 { font-size:18pt; font-weight:bold; color:gray; }
  body { font-size:13pt; color:gray; margin:5px 25px; }
  tr { margin:5px; }
  th { padding:5px; color:white; background:darkgray; }
  td { padding:5px; color:black; background:#f0f0f0; }
  </style>
</head>
<body>
  <h1 th:text="${title}">MyMsg page</h1>
  <p th:text="${msg}"></p>
  <table>
  <form method="post" action="/msg"
```

339

```
        th:object="${formModel}">
      <input type="hidden" name="id" th:value="*{id}" />
      <tr><td><label for="title">タイトル</label></td>
        <td><input type="text" name="title"
          th:value="*{title}" /></td></tr>
      <tr><td><label for="message">メッセージ</label></td>
        <td><textarea name="message"
          th:text="*{message}"></textarea></td></tr>
      <tr><td><label for="mydata">MYDATA_ID</label></td>
        <td><input type="text" name="mydata" /></td></tr>
      <tr><td></td><td><input type="submit" /></td></tr>
    </form>
    </table>
    <hr/>
    <table>
    <tr><th>ID</th><th>名前</th><th>タイトル</th></tr>
    <tr th:each="obj : ${datalist}">
      <td th:text="${obj.id}"></td>
      <td th:text="${obj.mydata.name}"></td>
      <td th:text="${obj.title}"></td>
    </tr>
    </table>
  </body>
  </html>
```

　基本的には、**リスト5-12**でMyDataの新規作成フォームと一覧表示を行ったindex.htmlとそれほど違いはありません。ただ、投稿者の名前を表示する部分を見ると、**<td th:text="${obj.mydata.name}">**となっていることがわかります。mydataにはMyDataインスタンスが設定されているはずですから、そのnameを取得することで投稿者の名前がわかる、というわけです。

　また、フォームの項目には**<input type="text" name="mydata" />**という入力フィールドが用意されていますね？　これは、投稿者のMyDataにおけるID番号を入力します。後述しますが、Spring Bootでは、関連するエンティティのID番号をフォーム内に用意することで、自動的にそのIDのエンティティを関連付けることができるようになっているのです。

コントローラーを作成する

　では、作成したビューテンプレートを利用して表示とフォーム送信によるエンティティの追加を行うリクエストハンドラをコントローラーに用意しましょう。さすがにHeloControllerに何でも追加するとわかりにくくなってくるので、新しいコントローラークラスを用意することにしましょう。
　＜File＞＜New＞＜Class＞メニューを選び、以下のようにクラスを設定して作成します。

Source folder	MyBootApp/src/main/java
Package	com.tuyano.springboot
Enclosing type	OFFのまま
Name	MsgDataController
Modifiers	publicのみ選択
Superclass	java.lang.Object
Interfaces	空白のまま
各種チェックボックス	Inherited abstract methodsのみONにする

図6-25：＜Class＞メニューのダイアログから、「MsgDataController」クラスを作る。

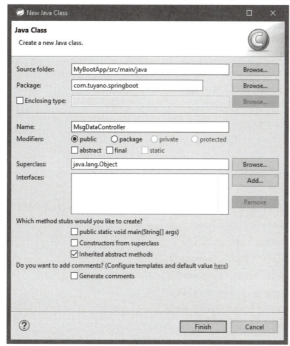

　クラスを作成したら、リクエストハンドラのメソッドを追加しましょう。ここでは、「/msg」というアドレスにアクセスしてページを表示させるようにメソッドを用意します。

リスト6-33
```
package com.tuyano.springboot;

import java.util.List;

import javax.annotation.PostConstruct;
import javax.persistence.EntityManager;
```

Chapter **6** データベースアクセスを掘り下げる

```java
import javax.persistence.PersistenceContext;
import javax.validation.Valid;

import org.springframework.beans.factory.annotation.Autowired;
import org.springframework.stereotype.Controller;
import org.springframework.validation.Errors;
import org.springframework.web.bind.annotation.ModelAttribute;
import org.springframework.web.bind.annotation.RequestMapping;
import org.springframework.web.bind.annotation.RequestMethod;
import org.springframework.web.servlet.ModelAndView;

import com.tuyano.springboot.repositories.MsgDataRepository;

@Controller
public class MsgDataController {

  @Autowired
  MsgDataRepository repository;

  @PersistenceContext
  EntityManager entityManager;

  MsgDataDaoImpl dao;

  @RequestMapping(value = "/msg", method = RequestMethod.GET)
  public ModelAndView msg(ModelAndView mav) {
    mav.setViewName("showMsgData");
    mav.addObject("title","Sample");
    mav.addObject("msg","MsgDataのサンプルです。");
    MsgData msgdata = new MsgData();
    mav.addObject("formModel", msgdata);
    List<MsgData> list = (List<MsgData>)dao.getAll();
    mav.addObject("datalist", list);
    return mav;
  }

  @RequestMapping(value = "/msg", method = RequestMethod.POST)
  public ModelAndView msgform(
      @Valid @ModelAttribute MsgData msgdata,
      Errors result,
      ModelAndView mav) {
    if (result.hasErrors()) {
      mav.setViewName("showMsgData");
      mav.addObject("title", "Sample [ERROR]");
```

```
        mav.addObject("msg", "値を再チェックして下さい!");
        return mav;
      } else {
      repository.saveAndFlush(msgdata);
      return new ModelAndView("redirect:/msg");
      }
    }

    @PostConstruct
    public void init(){
      System.out.println("ok");
      dao = new MsgDataDaoImpl(entityManager);
    }

}
```

MsgDataDaoImplを使い、msgリクエストハンドラではgetAllで全エンティティを取り出し、datalistに設定しています。msgformでは、フォームから送られたMsgDataをsaveAndFlushで保存しています。どちらもMyDataで何度も行った処理ですね。

なお、MsgDataControllerで@PersistenceContextを利用するので、そのほかのクラスで使用している@PersistenceContextは取り除いておいて下さい。

動作をチェックする！

これで基本的なものはすべて揃いました。実際に実行してみましょう。/msgにアクセスし、タイトルとメッセージ、そして投稿者のMyDataでのID番号(ダミーで1〜3のID番号のエンティティが用意されていました)を入力して送信すると、その投稿が保存され、下のリストに表示されるようになります。

図6-26：/msgにアクセスしてフォームを送信すると、送信した内容が下にリスト表示される。

関連付けを持ったエンティティの保存

別のエンティティと関連付けられたエンティティの場合、データの取得についてはそれほど問題はないでしょう。関連付けられているエンティティはそのままフィールドから取り出せるのですから。ここでの例でいえば、MsgDataには、関連付けられているMyDataがフィールドとして用意されていますから、getMyDataするだけで情報を得ることができます。

問題は、こうしたエンティティを保存する場合でしょう。例えばMsgDataの場合、mydataフィールドには関連するMyDataインスタンスが保管されることになっています（**リスト6-27**参照）。となると、MsgData保存時には、それに関連付けるMyDataインスタンスを検索し、MsgDataのmydataに設定しないといけない……と考えるでしょう。
ところが、実際の処理を見てみると、

```
repository.saveAndFlush(msgdata);
```

たったこれだけです。フォームから送信されたMsgDataをそのままリポジトリのsaveAndFlushで保存するだけなのです。
リポジトリのsaveAndFlushでは、保存をする際、ほかのエンティティに関連付けられたフィールドがある場合は、送信された情報を元にインスタンスを取得して自動的に設定します。
例えばこの例では、mydataフィールドとして送られてきたID番号を元にMyDataインスタンスを取得し、それをMsgDataのmydataに設定する、ということを自動的に行ってくれるのです。したがって、プログラマが自分でMyDataインスタンスを設定する処理を書く必要はないのです。

このように、Spring Bootを利用する場合には、「**エンティティの連携**」もほとんど両者の連携を意識することなく使うことができます。
プログラマが自分で「**このエンティティのインスタンスと、こっちのエンティティのインスタンスを……**」といった関連付けの処理を行う必要はありません。ただ、「**モデルできちんとアノテーションを付ける**」「**フォームに正しく関連付けたエンティティの項目を用意する**」という、この2点さえきっちり押さえておき、後はSpring Bootに任せておけばいいのです。

Chapter 7

Spring Bootを
更に活用する

Spring Bootをより使いこなしていくには、まだまだ覚え
ておきたい機能がたくさんあります。最後に、「サービス」「コ
ンポーネント」「構成クラス」「ページネーション」「Thymeleaf
のユーティリティオブジェクト」「MongoDBの利用」といっ
た事柄についてまとめて説明しておきましょう。

Spring Boot 2 プログラミング入門

Chapter **7** Spring Boot を 更に活用する

7.1 サービスとコンポーネント

アプリケーション全体で利用できる機能を構築するため、Spring Bootには「サービス」や「コンポーネント」と呼ばれる機能が用意されています。これらのプログラムの作成と利用の基本について説明しましょう。

サービスとは？

ここまで、JPAを利用したデータベースアクセスについて一通りの説明をしてきましたが、基本的にはすべて「**クラスを定義し、そのインスタンスを作成してメソッドを呼び出す**」というJavaの基本中の基本となるコーディングで進めてきました。

が、Spring Frameworkというのは「**DIによるBean作成**」を中心として構築されているフレームワークです。もっとシンプルで使いやすいプログラムの作り方もありそうなものですね。

実は、ここまでの説明は、「**Springらしい開発スタイル**」をほとんど使わずにいました。リポジトリは非常にSpringらしい機能でしたが、JPAの機能をより掘り下げるために作成したDAOクラスは、お世辞にも「**Springらしい**」とはいえないものでした。

このDAOクラスのようなものも、よりSpringらしいプログラムに作り変えることができます。それには「**サービス**」と呼ばれる機能を利用します。

▌「サービス層」について

ビジネスロジックの中で、アプリケーションから利用できるよう**コンポーネント**化された部分は「**サービス層**」と一般に呼ばれます。コントローラーやモデルを利用するDAOなどとも違い、いつでもどこからでも呼び出して利用できるクラスです。

Spring Bootのプログラムは、個々の**アプリケーション層**（MVCがセットになって構築されるプログラム部分）と、その下にあってプログラム全体で利用される基盤の層（**ドメイン層**）に分けて考えることができます。先に作成したリポジトリなども、このドメイン層にあるものと考えることができます。

346

7.1 サービスとコンポーネント

図7-1：モデルやコントローラーなどのあるアプリケーション層の下に、プログラム全体で利用できるドメイン層がある。リポジトリやサービスは、ここにあるものと考えることができる。

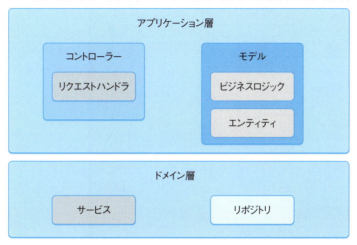

　ドメイン層にあるものは、特定のコントローラーやモデルなどには用意されてはいません。プログラム内にいくつのコントローラーやモデルがあろうと、それらすべてから自由に呼び出せます。「**コントローラーとビジネスロジック（モデル）の両者から自由に呼び出せるもの**」がサービスだ、と考えるとよいでしょう。

　Spring Frameworkでは、このサービス部分をBeanとして登録し、アノテーションを記述するだけでいつでも利用できるようになっています。**リスト6-31**などで利用したMyDataDaoImplやMsgDataDaoImplといったDAOクラスは、必要に応じてインスタンスを作成して利用しましたが、そうした処理も不要です。

MyDataServiceを作る

　では、実際にサービスを作って利用してみることにしましょう。「**MyDataService**」という名前で作成することにします。<**File**><**New**><**Class**>メニューを選び、以下のように設定してクラスを作成して下さい。

Source folder	MyBootApp/src/main/java
Package	com.tuyano.springboot
Enclosing type	OFFのまま
Name	MyDataService
Modifiers	publicのみ選択
Superclass	java.lang.Object
Interfaces	空白のまま
各種チェックボックス	Inherited abstract methodsのみONにする

図7-2：＜Class＞メニューのダイアログで「MyDataService」クラスを作成する。

そして作成されたMyDataService.javaを開き、以下のようにソースコードを変更しましょう。

リスト7-1

```
package com.tuyano.springboot;

import java.util.List;

import javax.persistence.EntityManager;
import javax.persistence.PersistenceContext;
import javax.persistence.criteria.CriteriaBuilder;
import javax.persistence.criteria.CriteriaQuery;
import javax.persistence.criteria.Root;

import org.springframework.stereotype.Service;

@Service
public class MyDataService {

    @PersistenceContext
    private EntityManager entityManager;
```

```java
@SuppressWarnings("unchecked")
public List<MyData> getAll() {
  return (List<MyData>) entityManager
    .createQuery("from MyData").getResultList();
}

public MyData get(int num) {
  return (MyData)entityManager
    .createQuery("from MyData where id = " + num)
    .getSingleResult();
}

public List<MyData> find(String fstr) {
  CriteriaBuilder builder = entityManager.getCriteriaBuilder();
  CriteriaQuery<MyData> query = builder.createQuery(MyData.class);
  Root<MyData> root = query.from(MyData.class);
  query.select(root).where(builder.equal(root.get("name"), fstr));
  List<MyData> list = null;
  list = (List<MyData>) entityManager.createQuery(query).getResultList();
  return list;
}
}
```

　ごく単純なクラスですね。特に何のクラスも継承していないシンプルなPOJOクラスです。ここでは、全エンティティを取得する「**getAll**」、idを指定してエンティティを取得する「**get**」、nameフィールドのテキストを検索してエンティティを取得する「**find**」の3つのメソッドを用意しておきました。

　メソッドの内容には、特に目新しい点はありませんが、それ以外のところで新しいものが登場しています。そう、「**アノテーション**」です。ここでそれらについて整理しましょう。

@Service

　このクラスをサービスとして登録するためのアノテーションです。サービスのクラスは、クラス名の前にこのアノテーションを付けておきます。

@PersistenceContext

　EntityManagerのBeanを自動的に割り当てるためのものです。**リスト6-3**や**リスト6-33**などで、コントローラークラス側にこのアノテーションを使ってEntityManagerを用意していましたが、ここではサービスにEntitiManagerを用意して利用する形にします。

　なお、ここで@PersistenceContextを利用するため、そのほかの場所にある@PersistenceContextはコメントアウトするなどして取り除いておきましょう。

Chapter 7　Spring Boot を 更に活用する

コントローラーでサービスBeanを使う

　では、コントローラーのメソッドを書き換え、DAOからサービスBeanを使ってデータ
ベースアクセスする形にしてみましょう。

リスト7-2

```java
package com.tuyano.springboot;

import java.util.List;

import javax.annotation.PostConstruct;
import javax.servlet.http.HttpServletRequest;

import org.springframework.beans.factory.annotation.Autowired;
import org.springframework.stereotype.Controller;
import org.springframework.web.bind.annotation.RequestMapping;
import org.springframework.web.bind.annotation.RequestMethod;
import org.springframework.web.servlet.ModelAndView;

import com.tuyano.springboot.repositories.MyDataRepository;

@Controller
public class HeloController {

    @Autowired
    MyDataRepository repository;

    @Autowired
    private MyDataService service; //●

    @RequestMapping(value = "/", method = RequestMethod.GET)
    public ModelAndView index(ModelAndView mav) {
        mav.setViewName("index");
        mav.addObject("title","Find Page");
        mav.addObject("msg","MyDataのサンプルです。");
        List<MyData> list = service.getAll(); //●
        mav.addObject("datalist", list);
        return mav;
    }

    @RequestMapping(value = "/find", method = RequestMethod.GET)
    public ModelAndView find(ModelAndView mav) {
        mav.setViewName("find");
        mav.addObject("title","Find Page");
```

350

```java
      mav.addObject("msg","MyDataのサンプルです。");
      mav.addObject("value","");
      List<MyData> list = service.getAll(); //●
      mav.addObject("datalist", list);
      return mav;
    }

    @RequestMapping(value = "/find", method = RequestMethod.POST)
    public ModelAndView search(HttpServletRequest request,
        ModelAndView mav) {
      mav.setViewName("find");
      String param = request.getParameter("fstr");
      if (param == ""){
        mav = new ModelAndView("redirect:/find");
      } else {
        mav.addObject("title","Find result");
        mav.addObject("msg","「" + param + "」の検索結果");
        mav.addObject("value",param);
        List<MyData> list = service.find(param); //●
        mav.addObject("datalist", list);
      }
      return mav;
    }

    @PostConstruct
    public void init(){
      d1.setName("tuyano");
      d1.setAge(123);
      d1.setMail("syoda@tuyano.com");
      d1.setMemo("090999999");
      repository.saveAndFlush(d1);

      ……必要なだけダミーデータを用意……

    }
}
```

図7-3：''/''と''/find''の表示。それぞれMyDataServiceを利用してMyDataを取得している。

"/"のリクエストハンドラの処理を、MyDataServiceのgetAllを利用する形に修正しました。ここでは、以下のようにしてサービスBeanをフィールドに関連付けています。

```
@Autowired
private MyDataService service;
```

@Autowiredは、Spring Frameworkで用意したBeanを、指定の変数に自動的に設定する働きをします。ここでは、**MyDataServiceクラスのprivateフィールドに、自動的にMyDataServiceのBeanインスタンスが設定**されます。

MyDataServiceクラスには、**@Service**アノテーションが記述されていました。これによって、自動的にMyDataServiceはアプリケーション内でBean化され、それが@Autowiredによってフィールドに割り当てられたのです。

もう1つ、"/find"のリクエストハンドラも用意してあります。これは、検索の簡単な

サンプルになります。テンプレートとして、先に作成したfind.htmlを利用しています(内容は、**6-2節**の「**find.htmlの作成**」項で解説した**リスト6-7**を参照)。

いずれのメソッドでも、エンティティの取得にMyDataServiceを利用しています。

■全エンティティの取得
```
List<MyData> list = service.getAll();
```

■エンティティの検索
```
List<MyData> list = service.find(param);
```

コードを見ると、このインスタンス変数**service**には**どこからもオブジェクトが代入されていない**にもかかわらず、**service.getAll();**を呼び出せばちゃんとMyDataを保管するエンティティのコレクションが返されます。**@Autowired**によってMyDataServiceインスタンスが用意され、正常に機能していることがわかるでしょう。

RestControllerを作成する

作成したMyDataServiceは、Spring Bootのアプリケーション内で利用するサービスです。が、Webアプリケーション開発では、「**サービス**」というと一般に「**外部からアクセスして必要な情報を受け取ることのできるWebプログラム**」を意味するでしょう。いわば、MyDataServiceが「**privateなサービス**」とするなら、「**publicなサービス**」に相当しますね。

こうした、外部から利用できるサービスというのもSpring Bootでは作れます。というより、実は既に作っています。覚えていますか?　**第3章**でサンプルとして作成した「**RestController**」(**リスト3-7**参照)は、RESTサービスを作成するためのコントローラーだったのです。

では、RestControllerを作成して、RESTサービスを作ってみましょう。「**MyDataRestController**」というクラスとして作成することにします。＜**File**＞＜**New**＞＜**Class**＞メニューを選び、以下のように設定してクラスを作成して下さい。

Source folder	MyBootApp/src/main/java
Package	com.tuyano.springboot
Enclosing type	OFFのまま
Name	MyDataRestController
Modifiers	publicのみ選択
Superclass	java.lang.Object
Interfaces	空白のまま
各種チェックボックス	Inherited abstract methodsのみONにする

図7-4：＜Class＞メニューのダイアログで「MyDataRestController」クラスを作成する。

作成したら、MyDataRestController.javaを開いて以下のようにソースコードを記述して下さい。

リスト7-3

```
package com.tuyano.springboot;

import java.util.List;

import org.springframework.beans.factory.annotation.Autowired;
import org.springframework.web.bind.annotation.PathVariable;
import org.springframework.web.bind.annotation.RequestMapping;
import org.springframework.web.bind.annotation.RestController;

@RestController
public class MyDataRestController {

    @Autowired
    private MyDataService service;

    @RequestMapping("/rest")
    public List<MyData> restAll() {
        return service.getAll();
    }
```

```
@RequestMapping("/rest/{num}")
public MyData restBy(@PathVariable int num) {
  return service.get(num);
}
}
```

完成したら、実行してみましょう。"/rest"にアクセスすると、全エンティティが、また"/rest/1"というように数字を付けてアクセスするとID = 1のエンティティがそれぞれ表示されます。エンティティは、すべてJSON型式のテキストとして表示されます。

図7-5：/restにアクセスすると全エンティティの内容が、/rest/1とアクセスすると、ID = 1のエンティティの内容がJSON型式で表示される。

JavaScriptからサービスを利用する

では、実際にこのサービスを利用してみましょう。一例として、JavaScriptのスクリプト内からAjaxでMyDataを取り出し、表示させてみます。

サンプルとして、テンプレートであるindex.htmlにスクリプトを追加して利用することにしましょう。ファイルを開き、以下のようにソースコードを修正して下さい。

リスト7-4

```
<!DOCTYPE HTML>
<html xmlns:th="http://www.thymeleaf.org">
<head>
  <title>top page</title>
  <meta http-equiv="Content-Type"
    content="text/html; charset=UTF-8" />
  <script src="https://ajax.googleapis.com/ajax/libs/jquery/3.2.1/jquery.min.js"></script>
```

Chapter 7　Spring Boot を更に活用する

```
    <script th:inline="javascript">
    $(document).ready(function(){
      var num = /*[[${param.id[0]}]]*/;
      $.get("/rest/" + num, null, callback);
    });
    function callback(result){
      $('#obj').append('<li>id: ' + result.id + '</li>');
      $('#obj').append('<li>name: ' + result.name + '</li>');
      $('#obj').append('<li>mail: ' + result.mail + '</li>');
      $('#obj').append('<li>age: ' + result.age + '</li>');
      $('#obj').append('<li>memo: ' + result.memo + '</li>');
    }
    </script>
    <style>
    ……略……
    </style>
</head>
<body>
    <h1 th:text="#{content.title}">Helo page</h1>
    <p   th:text="${msg}"></p>
    <ol id="obj"></ol>
    <table>
    ……略……
    </table>
</body>
</html>
```

　<style>やエンティティの一覧を表示する<table>タグなど、修正の必要がない部分は省略してあります。

　リスト7-4の修正は、

- <head>内にAjax処理のための<script>タグを追記した
- <body>内にオブジェクトの内容を表示するための<ol id="obj">タグを用意した

この2点です。それ以外の部分は変更はありませんので、省略してあります。追記する箇所をよく確認して修正して下さい。

356

図7-6 : "/?id=2"というようにアクセスすると、ID = 2のMyDataを取得し、その内容をリストにまとめて表示する。

Ajaxアクセスの流れをチェック！

ここでは、クエリーテキストとしてID番号を指定してアクセスすると、MyDataRestControllerにアクセスし、指定のMyDataを受け取ってその内容を表示する、といった処理を行っています。では、JavaScriptの流れをざっと説明しておきましょう。

jQueryのロード

```
<script src="https://ajax.googleapis.com/ajax/libs/jquery/3.2.1/jquery.min.js"></script>
```

jQuery 3.2.1を利用しています。GoogleのCDN（Content Delivery Network）を利用してスクリプトを読み込むようにしてありますので、jQueryのインストール等は不要です。

ページロード時にAjax通信する

```
$(document).ready(function(){
  var num = /*[[${param.id[0]}]]*/;
  $.get("/rest/" + num, null, callback);
});
```

AjaxでMyDataRestControllerにアクセスしている部分です。**$(document).ready()**は、ドキュメントのロードが完了した際に実行される処理を用意します。readの引数に設定されている関数内には、2つの文があります。

```
var num = /*[[${param.id[0]}]]*/;
```

クエリーテキストからIDの値を取り出して変数numに設定している部分です。/*[[${param.id[0]}]]*/は、既に説明しましたが、クエリーテキストで渡されたパラメータ(id)の値を書き出しているThymeleafの変数式です。

```
$.get("/rest/" + num, null, callback);
```

$.getはjQueryにある機能で、指定したアドレスにAjax通信を開始します。実行後、第3引数に指定したcallback関数が呼び出され、そこで必要な処理が行われます。

■Ajax通信後の処理

Ajax通信が完了すると、$.getで指定した関数callbackが呼び出されます。ここでは、以下のようにして必要な情報を表示しています。

```
function callback(result){
    $('#obj').append('<li>id: ' + result.id + '</li>');
    $('#obj').append('<li>name: ' + result.name + '</li>');
    $('#obj').append('<li>mail: ' + result.mail + '</li>');
    $('#obj').append('<li>age: ' + result.age + '</li>');
    $('#obj').append('<li>memo: ' + result.memo + '</li>');
}
```

引数のresultには、Ajax通信で受け取った結果が収められていますが、JSONのデータを受け取った場合、jQueryではJavaScriptのオブジェクトとして取り出せるようになっています。したがって、後はそのままオブジェクト内の値を取り出し、表示していくだけです。

appendはjQueryのメソッドで、$('#obj')で指定した対象(id = "obj"のエレメント)にテキストを挿入します。これで、受け取ったMyDataの内容がリストとして表示されます。

このように、Ajaxを利用すれば、RestControllerによるオブジェクトのやり取りが驚くほど簡単になります。何しろ、「**RestController側ではJavaオブジェクトをreturnするだけ**」「**JavaScript側では受け取ったJavaScriptオブジェクトを処理するだけ**」というわけで、面倒なオブジェクトや値の変換などを一切考えることなくやり取りできるのです。

XMLでデータを取得するには？

JSON形式によるデータの取得はだいたいわかりました。では、XMLを利用したい場合はどうすればいいのでしょうか。

XMLは、構造化されたデータを扱うのに多用されます。Webサイトの更新情報を配信するRSSなどもXML型式でデータを用意していますね。

RestControllerでXMLを扱う場合は、XMLのデータ形式を解析して処理するライブラリを用意する必要があります。ここでは「**Jackson DataFormat XML**」というライブラリを使うことにします。

■Maven利用の場合

pom.xmlファイルを開き、<dependencies>タグ内に以下のタグを追加して下さい。

リスト7-5

```
<dependency>
  <groupId>com.fasterxml.jackson.dataformat</groupId>
  <artifactId>jackson-dataformat-xml</artifactId>
</dependency>
```

■Gradle利用の場合

build.gradleファイルを開き、dependenciesの{ }内に以下の文を追記します。追記後、プロジェクトを右クリックし、<**Gradle**><**Refresh Gradle Project**>メニューを選んでプロジェクトを更新して下さい。

リスト7-6

```
compile('com.fasterxml.jackson.dataformat:jackson-dataformat-xml')
```

これで、ライブラリがアプリケーションに組み込まれます。後は、必要な修正をコードに追加していくだけです。それほど大変な作業ではありません。

@XmlRootElement アノテーション

まず、MyDataクラスに修正を行いましょう。MyData.javaファイルを開き、MyDataクラスの宣言の直前に、以下のアノテーションを追加します。

```
// import javax.xml.bind.annotation.XmlRootElement; を追加
@XmlRootElement
```

クラスには、既に複数個のアノテーションが付けられていますが、それらの前後どこでも構いません。

記述をしたら、"/rest"にアクセスしてみましょう。JSONではなく、XMLの構造でテキストが出力されます。

図7-7：''/rest''にアクセスすると、全エンティティがXML型式で表示される。

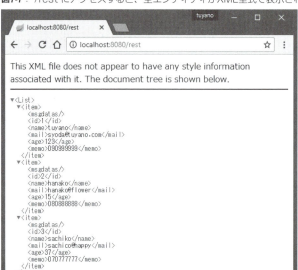

ここでは、**@XmlRootElement**というアノテーションを付ける以外は、コードの修正らしいものはありません。@XmlRootElementは、XMLデータでのルートとなるエレメントであることを示します。

ライブラリを追加し、@XmlRootElementアノテーションを追加すると、RestControllerにアクセスしてreturnされたオブジェクトは、すべてJSONではなく、XML型式のテキストに変わります。

ここでは、/restにアクセスするとXMLでデータが表示されましたが、/restにアクセスした際に実行される**リクエストハンドラ**（MyDataRestControllerクラスのrestAllやrestByメソッド）で行っているのは、MyDataServiceのgetAllやgetを呼び出して結果をreturnすることだけです。取得したオブジェクトの操作などは一切行っておらず、ただ得られたオブジェクトをそのまま返しているだけなのです。

それが、通常ならばJSON形式に変換され、@XmlRootElementが付けられるとXML形式に変換されるようになるのです。アノテーションにより、そのオブジェクトがどのような形に変換され、出力されるかが決まることがわかります。

コンポーネントとBean

外部からアクセスできるサービスについてわかったところで、再びアプリケーション内部でのアクセスに目を向けましょう。

MyDataServiceのようなサービスは、アプリケーション内のプログラムから必要に応じて機能を呼び出せます。こうしたことのできる機能はほかにも用意されています。それは「**コンポーネント**」です。

コンポーネントは、**アプリケーション内に自動生成されるBean**です。作成されるBeanのインスタンスは、@Autowiredでバインドし、利用できるようになります。「**サービスと同じような感じだな**」と思うかもしれませんが、実をいえば**サービスもコンポーネントの一種**なのです。

サービスは、「**サービス層のコンポーネント**」のことだ、と言い換えてもよいでしょう。コンポーネント自体は、どこでも使うことができますが、プログラムの構成などをわかりやすくするため、サービス層のコンポーネントは「**サービス**」という形で扱うことにしたのでしょう。

コンポーネントクラスの作成

では、実際にコンポーネントを作ってみましょう。ここでは、「**MySampleBean**」という名前のクラスとしてコンポーネントを作成します。

コンポーネントは、ごく普通のJavaクラスなのです。＜**File**＞＜**New**＞＜**Class**＞メニューを選び、以下のように設定してクラスを作成して下さい。

Source folder	MyBootApp/src/main/java
Package	com.tuyano.springboot
Enclosing type	OFFのまま
Name	MySampleBean
Modifiers	publicのみ選択
Superclass	java.lang.Object
Interfaces	空白のまま
各種チェックボックス	Inherited abstract methodsのみONにする

図7-8：＜Class＞メニューのダイアログで「MySampleBean」クラスを作成する。

作成したら、MySampleBean.javaを開き、以下のようにソースコードを記述して下さい。

リスト7-7
```
package com.tuyano.springboot;

import java.util.List;

import org.springframework.beans.factory.annotation.Autowired;
import org.springframework.boot.ApplicationArguments;
import org.springframework.stereotype.Component;

@Component
public class MySampleBean {
  private int counter = 0;
  private int max = 10;

  @Autowired
  public MySampleBean(ApplicationArguments args) {
    List<String> files = args.getNonOptionArgs();
    try {
      max = Integer.parseInt(files.get(0));
    } catch (NumberFormatException e) {
```

```
        e.printStackTrace();
    }
  }

  public int count() {
    counter++;
    counter = counter > max ? 0 : counter;
    return counter;
  }
}
```

このサンプルでは、コンストラクタと「**count**」というごくシンプルなメソッドだけを用意してあります。このコンポーネントにある機能は、単に「**数字をカウントしていく**」というだけのものです。デフォルトでは10までカウントしたらまたゼロに戻るようにしてあります。ごく単純な例ですが、コンポーネントの基本的な要素は一通りそろっています。

@Component アノテーション

クラスには、**@Component**というアノテーションが付けられています。これにより、このクラスがコンポーネントとしてアプリケーションに認識されるようになります。コンポーネントクラスでは、必ずこのアノテーションを用意して下さい。@Componentがないと、クラスのインスタンスがBeanとして登録されません。

@Autowired コンストラクタ

コンストラクタには、**@Autowired**アノテーションが付けられています。これも重要です。これにより、このクラスのインスタンスがBeanとして登録される際には、この@Autowiredが指定されたコンストラクタによってインスタンス生成がされるようになります。

@Autowiredの付いたコンストラクタがコンポーネントクラスに用意されていないと、アプリケーション実行時にエラーが発生し、起動に失敗します。このアノテーションは必ず用意して下さい。

ApplicationArguments について

メソッドには、「**ApplicationArguments**」というクラスのインスタンスが引数として用意されています。これはアプリケーションが実行されたとき（@SpringBootApplicationが指定されたクラスで、SpringApplication.runが実行されたとき）に渡された引数を管理します。実行時に渡される引数を利用する場合は、このインスタンスを引数として用意します。

メソッド内では、「**getNonOptionArgs**」というメソッドを呼び出していますが、これでアプリケーション実行時の引数をListとして取り出せます。ここでは、取り出したListの最初の要素を**Integer.parseInt**で整数に変換し、それをmaxフィールドに設定しています。つまり、パラメータを使ってコンポーネントに用意されている最大値のフィールド

（max）を設定できるようにした、というわけです。

この機能を利用するために、MyBootAppApplicationクラスにあるmainメソッドを修正しておきます。例えば、このような感じです。

リスト7-8

```
public static void main(String[] args) {
  SpringApplication.run(
      MyBootAppApplication.class,
      new String[]{"100"});
}
```

これで、maxの値を「**100**」に変更できます。つまり、100までカウントしたらゼロに戻るようになるわけです。

Note

MyBootAppApplicationは、このプロジェクトの起動クラスです。第3章で説明しています。

コンポーネントを利用する

では、コンポーネントを利用してみましょう。ここでは、MyDataRestControllerクラスにリクエストハンドラを追加して使ってみることにします。クラス内に以下を追記して下さい。

リスト7-9

```
@Autowired
MySampleBean bean;


@RequestMapping("/count")
public int count() {
  return bean.count();
}
```

MySampleBeanのフィールドと、countメソッドを追加してあります。MySampleBeanフィールドは、@Autowiredで自動的にバインドされるようにしてあります。countでは、bean.countを呼び出しているだけです。

実際に"/count"にアクセスして、何度かリロードしてみましょう。すると、表示される数字がリロードされるごとに増えていきます。なお、表示がXMLフォーマットになっているのは、Jackson DataFormat XMLライブラリがそのままになっているためです。pom.xmlから、Jackson DataFormat XMLの<dependency>タグを削除すれば、普通に「**1**」とだけテキストが表示されるようになります。

コンポーネントは、@Autowiredすることでどこからでも自由に利用できます。いくつ

ものリクエストハンドラから呼び出す汎用的な機能があれば、とりあえずコンポーネントにまとめておくのが基本といってよいでしょう。

図7-9：/countにアクセスするごとに数字が増えていく。

> **Column** @Controllerも@Repositoryもコンポーネント？
>
> 　ここでは、@Componentアノテーションを使ってコンポーネントを作成しました。これはSpring Bootによってインスタンスが登録され、@Autowiredで自動的に利用できるようになります。こうしたコンポーネントと同じような性質を持つものを、実は既に私たちは使っています。@Controllerや@Repositoryです。これらを付けたクラスは、自動的にインスタンスが生成され、Spring Boot内で利用できるようになっています。
>
> 　実をいえば、@Controllerや@Repositoryも、コンポーネントなのです。@Componentとの違いは、「**それがどういう役割を果たすものか**」という、それぞれのクラスの性質が設定されている、という点です。@Controllerは、コントローラーとしての役割を果たすコンポーネントであり、@Repositoryはデータアクセスのためのコンポーネント、というわけです。
>
> 　@Componentは、そうした特別な役割を持たない、一般的なコンポーネントと考えればいいでしょう。Spring Bootは、このように「**さまざまな種類のコンポーネントによって動いている**」のですね。

7.2 覚えておきたいその他の機能

　Spring Bootを更に使いこなすために、構成クラス、ページネーション、Thymeleafの独自拡張といった機能について、ここでまとめて説明を行いましょう。

構成クラスとBeanの利用

　ここまで、さまざまなBeanを利用してきました。Spring Bootでは、コントローラー、モデル、サービス、リポジトリなど多数のクラスを作成し、それぞれの中から@

Autowiredなどを使ってBeanをバインドしてきました。これまで作成してきたサンプルを見てみれば、Spring Bootでは「**Beanをいかに使いこなすか**」が非常に重要であることがわかるでしょう。

Spring FrameworkやSpring Bootのアプリケーションでは、標準で用意されるBeanがありますが、そうしたものだけでなく、開発者が自分で作成したクラスをBeanとして利用できるようにしたい場合もあります。こうした場合、これまでは「**コンポーネント**」や「**サービス**」として作成してきました。

が、実をいえば、そうした形で定義していなくとも、一般的なクラスであれば、どんなものであれBeanとしてアプリケーションに登録し、コントローラーなど各所で利用することもできます。それは、Spring Frameworkの「**構成クラス**」を作成するのです。

▌構成クラスは「構成ファイル」のクラス版

フレームワークの類いでは、さまざまな設定情報をファイルとして用意することが多いでしょう。多くは、XMLファイルであったり、プロパティファイルであったりしますが、あらかじめ設定を記述したファイルを用意し、それをアプリケーション内から読み込んで利用できるようにしていたのです。

これまでSpring Bootを使っていて、こうした構成ファイルの類いがまったく登場していなかったことに気づいたはずです。あるのは、pom.xmlだけ。これも、アプリケーションをビルドする際に用いるビルドツール（Maven)のためのものであって、Spring Bootアプリケーションが利用するものではありません。「**Spring Bootでは、構成ファイルの類いはないのか？**」と思った人もいるかもしれません。

もちろん、Spring Bootでも、初期設定を用意するための仕組みはあります。それは、ファイルではなく「**クラス**」として用意されるのです。設定のためのクラスを作成することで、Spring Bootアプリケーションに、アプリケーションで利用する各種のBeanを用意しておくことができるようになるのです。

> **Note**
>
> 実をいえば、Spring Frameworkでは、XMLファイルを使って設定を記述することもできます。が、「構成ファイルからアノテーションへ」というSpring Bootの設計思想から考えるなら、「構成ファイルを作る」というやり方はあまり推奨される方法とはいえないでしょう。

構成クラスを作成する

では、実際に簡単な構成ファイルを作成してみましょう。＜**File**＞＜**New**＞＜**Class**＞メニューを選び、以下のように設定してクラスを作成して下さい。

Source folder	MyBootApp/src/main/java
Package	com.tuyano.springboot
Enclosing type	OFFのまま
Name	MyBootAppConfig
Modifiers	publicのみ選択
Superclass	java.lang.Object
Interfaces	空白のまま
各種チェックボックス	Inherited abstract methodsのみONにする

図7-10：＜Class＞メニューのダイアログで「MyBootAppConfig」クラスを作成する。

　作成したら、MyBootAppConfig.javaのソースコードを修正しましょう。まずは構成ファイルの基本的な形を用意しておくことにします。

リスト7-10
```
package com.tuyano.springboot;

import org.springframework.context.annotation.Configuration;

@Configuration
public class MyBootAppConfig {
}
```

構成クラスは、特に何の特殊なクラスも継承していない、ごく一般的なPOJOクラスです。が、このようにクラスの前に「**@Configuration**」というアノテーションを付けておきます。これにより、アプリケーション起動時にこのクラスが構成クラスとしてインスタンス化され、そこに記述されているBeanなどをアプリケーションに登録していきます。

Beanクラスを作成する

では、サンプルとなるBeanクラスを用意しましょう。＜**File**＞＜**New**＞＜**Class**＞メニューを選び、以下のように設定してクラスを作成して下さい。

Source folder	MyBootApp/src/main/java
Package	com.tuyano.springboot
Enclosing type	OFFのまま
Name	MyDataBean
Modifiers	publicのみ選択
Superclass	java.lang.Object
Interfaces	空白のまま
各種チェックボックス	Inherited abstract methodsのみONにする

図7-11：＜Class＞メニューのダイアログで「MyDataBean」クラスを作成する。

7.2 覚えておきたいその他の機能

　作成したら、MyDataBean.javaを開き、ソースコードを以下のように書き換えておき
ましょう。

リスト7-11

```java
package com.tuyano.springboot;

import org.springframework.beans.factory.annotation.Autowired;

import com.tuyano.springboot.repositories.MyDataRepository;

public class MyDataBean {

  @Autowired
  MyDataRepository repository;

  public String getTableTagById(Long id){
    Optional<MyData> opt = repository.findById(id);
    MyData data = opt.get();
    String result = "<tr><td>" + data.getName()
        + "</td><td>" + data.getMail() +
        "</td><td>" + data.getAge() +
        "</td><td>" + data.getMemo() +
        "</td></tr>";
    return result;
  }
}
```

　リスト7-11は、MyDataRepositoryを利用し、指定したIDのMyDataを取得し
て、それをテーブルの<tr><td>タグの形にまとめ直して取り出す機能を提供します。
getTableTagByIdメソッドそのものは、単にMyDataRepositoryの「**findById**」メソッドを呼
び出した結果をHTMLタグのテキストにまとめ直しているだけです。

> **Note**
>
> findByIdは、JpaRepositoryのメソッドで、引数に指定したIDのエンティティを1つだ
> け返します。

　見ればわかるように、このクラスは、何のクラスも継承していませんし、またア
ノテーションなども設定されていません。本当に「**ただのPOJOクラス**」なのです。@
Componentも@Serviceも指定していませんから、このままでは、アプリケーション内か
らBeanとして利用することはできないはずですね。

369

Chapter 7 Spring Boot を 更に活用する

Beanを登録して利用する

では、作成したMyDataBeanを構成クラスでBean登録してみましょう。MyBootAppConfigクラスを開き、以下のようにソースコードを修正してみて下さい。

リスト7-12

```
package com.tuyano.springboot;

import org.springframework.context.annotation.Bean;
import org.springframework.context.annotation.Configuration;

@Configuration
public class MyBootAppConfig {

  @Bean
  MyDataBean myDataBean(){
    return new MyDataBean();
  }
}
```

ここでは、「**myDataBean**」というメソッドが1つ追加になっています。このメソッドは、新しいMyDataBeanインスタンスを作成してreturnするだけのシンプルなものです。

ただし、このメソッド名の上には「**@Bean**」というアノテーションが付けられています。これは、文字通り「**そのメソッドが、Beanとして登録するインスタンスを返す**」ということを示します。要するに、構成クラス内に@Beanを付けてクラスのインスタンスを返すメソッドを用意すれば、それがすべてBeanとして登録されるようになる、というわけです。

コントローラーとテンプレートの用意

では、Bean登録したMyDataBeanをコントローラー内から利用してみましょう。ここでは、HeloControllerクラスに、そのためのリクエストハンドラを追加することにします。

リスト7-13

```
// import org.springframework.web.bind.annotation.PathVariable; 追加

@Autowired
MyDataBean myDataBean;

@RequestMapping(value = "/{id}", method = RequestMethod.GET)
public ModelAndView indexById(@PathVariable long id,
    ModelAndView mav) {
  mav.setViewName("pickup");
  mav.addObject("title","Pickup Page");
```

370

```
    String table = "<table>"
        + myDataBean.getTableTagById(id)
        + "</table>";
    mav.addObject("msg","pickup data id = " + id);
    mav.addObject("data",table);
    return mav;
}
```

　ここでは、@Autowiredを使ってMyDataBeanフィールドにインスタンスを自動設定しています。またクエリーテキストとして渡される値を使ってMyDataBeanのgetTableTagByIdメソッドを呼び出し、その結果をdataに設定しています。

　MyDataBeanが、アプリケーションにBeanとして用意されているなら、このように@Autowiredすればそのインスタンスが自動的にバインドされる、というわけです。

テンプレートの作成

　ここでは、Web画面の表示には「**pickup**」というテンプレートを指定しています。このテンプレートファイルも用意しておきましょう。＜**File**＞＜**New**＞＜**File**＞メニューを選び、File nameに「**pickup.html**」と入力して、「**templates**」フォルダ内にHTMLファイルを作成しましょう。

図7-12：「pickup.html」ファイルを作成する。

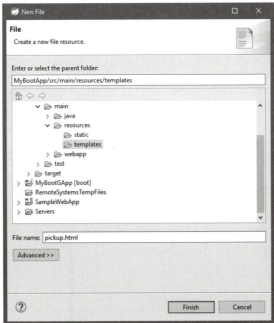

　ファイルが作成されたら、ソースコードを記述します。以下のリストのように内容を記述して下さい。

リスト7-14

```
<!DOCTYPE HTML>
<html xmlns:th="http://www.thymeleaf.org">
<head>
  <title>top page</title>
  <meta http-equiv="Content-Type"
    content="text/html; charset=UTF-8" />
  <style>
  h1 { font-size:18pt; font-weight:bold; color:gray; }
  body { font-size:13pt; color:gray; margin:5px 25px; }
  tr { margin:5px; }
  th { padding:5px; color:white; background:darkgray; }
  td { padding:5px; color:black; background:#f0f0f0; }
  </style>
</head>
<body>
  <h1 th:text="#{content.title}">Helo page</h1>
  <p th:text="${msg}"></p>
  <p th:utext="${data}"></p>
</body>
</html>
```

ここでは、**<p th:utext="${data}">**というようにしてdataの内容をエスケープせずに出力しています。先ほど、コントローラー側で**mav.addObject("data",table)**というようにしてテーブルのHTMLタグを設定していますから、これがそのままこの<p>タグに出力されるわけです。

では、完成したら、"/1"というように、番号を付けてアクセスをしてみましょう。その番号のデータがテーブルとして表示されます。ちゃんとコントローラーに@AutowiredしたMyDataBeanが機能していることが確認できたでしょう。

図7-13：" /1"にアクセスすると、ID ＝ 1のMyDataの内容がテーブルにまとめられて表示される。

7.2 覚えておきたいその他の機能

ページネーションについて

多量のデータを扱う場合、常に「**すべてのデータを一覧表示**」というやり方ができるわけではありません。数万数十万のデータをデータベースに保管するようになれば、データの一部分だけを取り出して順に表示していく、いわゆる「**ページ分け**」の表示を行う必要があります。

こうしたページごとに分けてデータを扱う機能を「**ページネーション**」といいます。Spring Bootでページネーション機能を利用するにはどうすればいいのでしょうか。

Spring Frameworkには、ページ分けのための「**Page**」というクラスが用意されています。これを利用することで、ページネーションの処理を行うことができるようになります。では、実際にやってみましょう。

■ ページ分けしてエンティティを取得する

まず、ページ単位でエンティティを取り出すためのメソッドを作成しましょう。MyDataRepositoryリポジトリにメソッドを追記しておくことにします。MyDataRepositoryインターフェイス内に、以下のメソッドを追加して下さい。

リスト7-15

```
// 以下のimportを追加
// import org.springframework.data.domain.Page;
// import org.springframework.data.domain.Pageable;

public Page<MyData> findAll(Pageable pageable);
```

新たに用意したfindAllメソッドでは、「**Pageable**」という値を引数に持っています。Pageableは、ページネーションに関する各種の情報と取得したページデータなどをまとめて扱うクラスです。Pageableを引数にすることで、ページネーションしたデータを取得するようになります。

戻り値には、Pageというクラスのインスタンスが指定されます。これはコレクションとして機能するクラスで、総称型として保管するエンティティクラスを指定しておきます。これにより、取得されたMyDataインスタンスがPageというコレクションにまとめられた形で返されるようになります。

このように、「**引数にPageable、戻り値にPage**」を指定したメソッドを用意することで、ページネーションを使ったエンティティの取得が行えるようになります。

ここで忘れてはならないのが、「**実装する処理は、ない**」という点でしょう。リポジトリを利用することで、まったくコードを書くことなく、ページネーション利用のメソッドを作成できるのです。

■ リクエストハンドラの作成

では、**リスト7-15**のMyDataRepositoryにあるメソッドを利用する形で、コントローラー

373

Chapter 7 Spring Boot を 更に活用する

のリクエストハンドラを用意しましょう。以下のメソッドを、HeloControllerクラスに
追加して下さい。

リスト7-16

```
@RequestMapping(value = "/page", method = RequestMethod.GET)
public ModelAndView index(ModelAndView mav, Pageable pageable) {
    mav.setViewName("index");
    mav.addObject("title","Find Page");
    mav.addObject("msg","MyDataのサンプルです。");
    Page<MyData> list = repository.findAll(pageable); //●
    mav.addObject("datalist", list);
    return mav;
}
```

"/page"という形でリクエストマッピングをしてあります。この/pageにアクセスする
と、ページネーションしたデータが表示されるようにしています。
　ここでは、メソッドの引数にPageableが追加されています。そして、

```
Page<MyData> list = repository.findAll(pageable);
```

このようにして、**リスト7-15**のfindAllメソッドを呼び出してPageインスタンスを取り出
しています(●の付いた行)。次に、Pageインスタンスをdatalistという名前でテンプレー
トに渡しています。

テンプレートの修正

　index.htmlでは、テーブルでdatalistのデータを一覧表示するようになっていました。
データ一覧表示の部分は以下のようになっています。

リスト7-17

```
<table>
<tr><th>ID</th><th>名前</th><th>メール</th><th>年齢</th><th>メモ(tel)</th></tr>
<tr th:each="obj : ${datalist}">
    <td th:text="${obj.id}"></td>
    <td th:text="${obj.name}"></td>
    <td th:text="${obj.mail}"></td>
    <td th:text="${obj.age}"></td>
    <td th:text="${obj.memo}"></td>
</tr>
</table>
```

　Pageインスタンスがdatalistに渡され、このままで問題なくエンティティがテーブル表
示されます。PageはListのサブクラスであるため、Listと同じ感覚で出力することが可能
です。

ページネーション利用のアクセス

これでページネーションの処理は完成なのですが、ここで一つ、疑問が湧くでしょう。「**ページネーションが使えることはわかったが、何ページ目を表示するのか、1ページにいくつ表示するのか、といったことはどうやって設定するんだ？**」ということです。

1ページにいくつ表示するか、何ページ目を表示するか。これらは、実はアクセスする際にパラメータとして指定することで設定できます。例えば、

```
/page?size=2&page=0
```

このようにアクセスしてみて下さい。これは、「**1ページあたり2つのデータ、その0ページ目（一番最初のページ）**」をアクセスしています。これで、最初の2つのレコードが表示されます。

このように「**size**」「**page**」というパラメータを付けてアクセスすることで、ページのレコード数、表示するページ番号を設定できます。

図7-14：/page?size=2&page=0とアクセスすると、最初のページが表示される。

Pageable のメソッドについて

ページネーションは、Pageableの活用がポイントとなります。この中に、ページネーションに関する各種の情報を得るためのメソッドが用意されており、それらを使うことでページの状態などを知ることができます。

覚えておきたいメソッドを、挙げておきましょう。

■現在のページ番号

```
int 変数 = 《Pageable》.getPageNumber();
```

■ページに表示するレコード数

```
int 変数 = 《Pageable》.getPageSize();
```

Chapter **7** Spring Boot を更に活用する

■最初のPageable

```
Pageable 変数 = 《Pageable》.first();
```

■前のまたは最初のPageable

```
Pageable 変数 = 《Pageable》.previousOrFirst();
```

■次のPageable

```
Pageable 変数 = 《Pageable》.next();
```

first、previousOrFirst、nextは、最初や前後のページを扱うPageableを返します。その場で次のページのデータを調べるようなときに役立つでしょう。

Thymeleafの独自タグを作成する

ページネーションというのは、「**ページ分けしてエンティティが取れればそれでOK**」というわけではありません。ページの前後に移動するなど、ページの表示に関する機能を用意する必要があります。

Pageableでは、"/page?page=番号"という形でアクセスすれば、そのページが表示される形にしてありますから、前後のページへの移動リンクそのものは簡単に作成できるでしょう。"/page?page=番号 + 1"といった形でアドレスを指定すれば次のページへのリンクが作成できますから。

が、こうしたわかりにくい処理を埋め込まないといけないのは、メンテナンス性も落ちますし、あまりスマートなやり方とはいえません。こうした場合には、Thymeleafに用意されている「**ユーティリティオブジェクト**」を利用するとよいでしょう。

ユーティリティオブジェクトとは、Thymeleafの中に埋め込んで利用できる特別なオブジェクトです。Javaのクラスとして定義し、Thymeleaf内からその内部のメソッドを呼び出して結果を出力させることができます。

ユーティリティオブジェクトを使うためには、Thymeleafの属性を処理する「**AttributeTagProcessor**」というクラスと、AttributeTagProcessorをまとめるための「**Dialect**」クラスを用意する必要があります。では、順に作成していきましょう。

MyPageAttributeTagProcessorクラスの作成

まずは、AttributeTagProcessorクラスを作成します。これは、例えば、**th:text="**○○**"**といったThymeleafの独自属性を記述したとき、このtextという属性の処理として値の"○○"を受け取って処理をします。Thymeleafでは、このAttributeTagProcessorを使って独自タグの具体的な処理を用意します。

376

7.2 覚えておきたいその他の機能

ここでは、MyPageAttributeTagProcessorという名前でクラスを作成しましょう。＜File＞＜New＞＜Class＞メニューを選び、クラス作成のダイアログを呼び出して下さい。そして以下のように設定してクラスを作りましょう。

Source folder	MyBootApp/src/main/java
Package	com.tuyano.springboot
Enclosing type	OFFのまま
Name	MyPageAttributeTagProcessor
Modifiers	publicのみ選択
Superclass	org.thymeleaf.processor.element.AbstractAttributeTagProcessor
Interfaces	空白のまま
各種チェックボックス	Inherited abstract methodsのみONにする

■図7-15：＜Class＞メニューのダイアログで「MyPageTagProcessor」クラスを作成する。

MyPageAttributeTagProcessor クラスを記述する

ソースコードファイルが作成されたら、MyPageAttributeTagProcessorクラスを記述しましょう。以下のようにソースコードを記述して下さい。

Chapter 7 Spring Boot を 更に活用する

リスト7-18

```java
package com.tuyano.springboot;

import org.thymeleaf.IEngineConfiguration;
import org.thymeleaf.context.ITemplateContext;
import org.thymeleaf.engine.AttributeName;
import org.thymeleaf.model.IProcessableElementTag;
import org.thymeleaf.processor.element.AbstractAttributeTagProcessor;
import org.thymeleaf.processor.element.IElementTagStructureHandler;
import org.thymeleaf.standard.expression.IStandardExpression;
import org.thymeleaf.standard.expression.IStandardExpressionParser;
import org.thymeleaf.standard.expression.StandardExpressions;
import org.thymeleaf.templatemode.TemplateMode;

public class MyPageAttributeTagProcessor
    extends AbstractAttributeTagProcessor {

  private static final String ATTR_NAME = "mypage";
  private static final int PRECEDENCE = 10000;
  public static int size = 2;

  public MyPageAttributeTagProcessor(final String dialectPrefix) {
    super(TemplateMode.HTML, dialectPrefix, null,
        false, ATTR_NAME, true, PRECEDENCE, true);
  }

  protected MyPageAttributeTagProcessor(TemplateMode templateMode,
      String dialectPrefix, String elementName,
      boolean prefixElementName,
      String attributeName,
      boolean prefixAttributeName,
      int precedence,
      boolean removeAttribute) {
    super(templateMode, dialectPrefix, elementName,
      prefixElementName, attributeName, prefixAttributeName,
      precedence,removeAttribute);
  }

  @Override
  protected void doProcess(ITemplateContext context,
      IProcessableElementTag tag,
      AttributeName attrName,
      String attrValue,
      IElementTagStructureHandler handler) {
```

```
final IEngineConfiguration configuration = context.getConfiguration();
final IStandardExpressionParser parser =
  StandardExpressions.getExpressionParser(configuration);
final IStandardExpression expression =
  parser.parseExpression(context, attrValue);
int value = (int)expression.execute(context);
value = value < 0 ? 0 : value;
handler.setAttribute("href", "/page?size=" + size + "&page=" + value);
  }
}
```

MyPageAttributeTagProcessor クラスについて

AttributeTagProcessorクラスは、**AbstractAttributeTagProcessor**という抽象クラスを継承して作成します。ここにはコンストラクタと、**doProcess**というメソッドが用意されています。このdoProcessが、テンプレートに記述されたThymeleafの属性を処理します。

このメソッドでは、以下の5つの値が引数として渡されます。

ITemplateContext	テンプレートのコンテキストを扱います。ここからテンプレートエンジンや設定情報など、テンプレートの情報を取り出せます。
IProcessableElementTag	エレメントタグを扱うクラスです。タグに組み込まれている属性などの情報を取り出せます。
AttributeName	属性名を扱うクラスです。属性名やプレフィクス（値の前に付けられるテキスト）などを扱います。
String	属性の値です。
IElementTagStructureHandler	エレメントの構造をハンドリングします。これを使ってエレメントに属性などを組み込んだりします。

単純に、用意された属性の値を処理するだけなら、引数のString値を取り出してそのまま処理すればよいでしょう。処理後にエレメントタグに属性を組み込むには、IElementTagStructureHandlerのsetAttributeを使うだけです。これだけなら非常に単純な処埋です。

ただし、実際には、属性の値にThymeleafの変数式などが値に記述されていることもあります。こうした場合は、テンプレートエンジンに組み込まれている**リゾルバ**という値を評価する機能を使って変数式を処理し、結果となる値を取得してから実際の属性処理を行わなければいけません。

そのための処理が、ここでのdoProcessの中心部分となります。具体的には、以下の部分です。

```
final IEngineConfiguration configuration = context.getConfiguration();
final IStandardExpressionParser parser =
  StandardExpressions.getExpressionParser(configuration);
final IStandardExpression expression = parser.parseExpression(context,
  attrValue);
int value = (int)expression.execute(context);
```

やっていることは複雑そうですが、手順は決まりきっているので、「**属性の値を評価した結果を取り出したいときは、こう書く**」と丸暗記してしまうのが一番でしょう。

なお、ここでは最後に**(int)expression.execute(context)**としてint値を取り出していますが、これは整数値を属性に指定するようにしているためです。普通のテキストを値に設定するならば、Stringにキャストして取り出せばいいでしょう。

MyDialectクラスの作成

属性の処理を行うAttributeTagProcessorが用意できたら、これを1つの属性としてまとめるための「**Dialect**」クラスを作成します。＜**File**＞＜**New**＞＜**Class**＞メニューを選び、以下のように設定して作成して下さい。

Source folder	MyBootApp/src/main/java
Package	com.tuyano.springboot
Enclosing type	OFFのまま
Name	MyDialect
Modifiers	publicのみ選択
Superclass	org.thymeleaf.dialect.AbstractProcessorDialect
Interfaces	空白のまま
各種チェックボックス	Inherited abstract methodsのみONにする

図7-16：＜Class＞メニューのダイアログで「MyDialect」クラスを作成する。

MyDialectのソースコードを作成する

ソースコードファイルができたら、記述をしましょう。ここでは以下のように内容を記述して下さい。

リスト7-19
```
package com.tuyano.springboot;

import java.util.HashSet;
import java.util.Set;

import org.thymeleaf.dialect.AbstractProcessorDialect;
import org.thymeleaf.processor.IProcessor;
import org.thymeleaf.standard.StandardDialect;

public class MyDialect extends AbstractProcessorDialect {

    private static final String DIALECT_NAME = "My Dialect";

    public MyDialect() {
        super(DIALECT_NAME, "my", StandardDialect.PROCESSOR_PRECEDENCE);
    }
```

```java
    protected MyDialect(String name, String prefix,
        int processorPrecedence) {
      super(name, prefix, processorPrecedence);
    }


    @Override
    public Set<IProcessor> getProcessors(String dialectPrefix) {
      final Set<IProcessor> processors = new HashSet<IProcessor>();
      processors.add(new MyPageAttributeTagProcessor(dialectPrefix));
      return processors;
    }
}
```

AbstractProcessorDialect について

スーパークラスである**AbstractProcessorDialect**には、「**getProcessors**」というメソッドが用意されています。これは、IProcessorをまとめたSetを取得するメソッドです。**IProcessor**は、**リスト7-18**で作成したAttributeTagProcessorなどでimplementsされているインターフェイスで、Thymeleafの属性などの処理を行うクラス全般を表します。

ここでは、Setインスタンスを作成し、IProcessorを組み込んでreturnする、という処理をしています。

```java
final Set<IProcessor> processors = new HashSet<IProcessor>();
```

Setインスタンスは、このように総称型を使いIProcessorのみが保管されるようにしておきます。そして、MyPageAttributeTagProcessorクラスのインスタンスを追加します。

```java
processors.add(new MyPageAttributeTagProcessor(dialectPrefix));
```

new MyPageAttributeTagProcessorの引数には、プレフィクスを表すdialectPrefix引数をそのまま渡しておきます。ここではIProcessorは1つだけですが、必要であればいくつでもaddして組み込めます。

こうして用意できたSetをそのままreturnすれば、Dialectが設定されます。こちらは比較的簡単ですね。

Beanの登録と利用

これで、AttributeTagProcessorとDialectが用意できました。後は、これらを利用するためのBeanを登録し、使えるようにしておきます。

Dialectは、Thymeleafのテンプレートエンジンに組み込んで使います。Spring Bootでは、テンプレートエンジンは、**SpringTemplateEngine**というクラスとして用意されています。構成クラス内に「**templateEngine**」という名前のBeanとして登録しておくことで、そ

7.2 覚えておきたいその他の機能

のインスタンスがテンプレートエンジンとして使われるようになります。

リスト7-10で、アプリケーションの設定を行うクラス「**MyBootAppConfig**」を作成しました。これに、テンプレートエンジンのBeanを登録しておき、そのBeanにMyDialectを組み込めば、それがテンプレートエンジンで使われるようになります。MyDialectにはMyPageAttributeTagProcessorが登録済みですから、MyDialectを登録すれば、MyPageAttributeTagProcessorも使えるようになります。

では、MyBootAppConfig.javaを開き、クラス内に以下のメソッドを追加しましょう。

リスト7-20　MyBootAppConfig
```
// 以下のimort文を追加
// import org.thymeleaf.spring5.SpringTemplateEngine;
// import org.thymeleaf.templateresolver.ClassLoaderTemplateResolver;

@Bean
public ClassLoaderTemplateResolver templateResolver() {
  ClassLoaderTemplateResolver templateResolver =
      new ClassLoaderTemplateResolver();
  templateResolver.setPrefix("templates/");
  templateResolver.setCacheable(false);
  templateResolver.setSuffix(".html");
  templateResolver.setTemplateMode("HTML5");
  templateResolver.setCharacterEncoding("UTF-8");
  return templateResolver;
}

@Bean
public SpringTemplateEngine templateEngine(){
  SpringTemplateEngine templateEngine = new SpringTemplateEngine();
  templateEngine.setTemplateResolver(templateResolver());
  templateEngine.addDialect(new MyDialect());
  return templateEngine;
}
```

ここでは、2つのBeanを登録しています。SpringTemplateEngineインスタンスを作成し、設定するには、内部で「**テンプレートリゾルバ**」というクラスを設定しておく必要があります。templateResolverメソッドは、このテンプレートリゾルバをBean登録します。

SpringTemplateEngine の作成

まず、テンプレートエンジンを生成するtemplateEngineメソッドから見てみましょう。ここでは、まずSpringTemplateEngineインスタンスを作成します。

```
SpringTemplateEngine templateEngine = new SpringTemplateEngine();
```

Chapter 7　Spring Boot を 更に活用する

引数なしでnewするだけですから簡単ですね。そして、作成したインスタンスに、テンプレートリゾルバを設定します。

```
templateEngine.setTemplateResolver(templateResolver());
```

引数には、templateResolverメソッドを指定しています。templateResolverで作成されたテンプレートリゾルバがこれで設定されます。

これでテンプレートエンジンの用意はできました。後は、既に作成したMyDialectをテンプレートエンジンに組み込むだけです。

```
templateEngine.addDialect(new MyDialect());
```

addDialectでMyDialectインスタンスを追加するだけです。非常に単純ですね。こうして作成したテンプレートエンジンをreturnすれば、それがテンプレートをレンダリングする際に使われるようになります。

ClassLoaderTemplateResolver の作成

続いて、テンプレートリゾルバを作成するtemplateResolverメソッドの処理です。テンプレートリゾルバというのは、テンプレートの具体的な処理を担当する部分です。これは、**ClassLoaderTemplateResolver**というクラスとして作成し、必要な設定をしていきます。

メソッドでは、まずインスタンスを作成します。

```
ClassLoaderTemplateResolver templateResolver = new
    ClassLoaderTemplateResolver();
```

そして、インスタンス内のメソッドを呼び出して、必要な設定を行っていきます。最初に行っているのは、テンプレート名のプレフィクスの設定です。

```
templateResolver.setPrefix("templates/");
```

ここでは、"templates/"を設定しています。これにより、例えば「**index**」というテンプレートならば、templates/indexというように、templatesフォルダ内から検索するようになります。

```
templateResolver.setCacheable(false);
```

これは、キャッシュできるようにするかどうかを設定します。ここではfalseにしてキャッシュしないようにしてあります。

```
templateResolver.setSuffix(".html");
```

これは**サフィックス**(テキストの後に付けるもの)の設定です。ここでは、"**.html**"を指定しています。これにより、例えば「**index**」とテンプレート名が指定されたなら、index.

384

htmlとファイル名が設定されます。

```
templateResolver.setTemplateMode("HTML5");
```

テンプレートモードの設定です。ここでは、HTML5の形式に設定しています。

```
templateResolver.setCharacterEncoding("UTF-8");
```

最後にキャラクタエンコーディングをUTF-8に設定して、設定完了です。

テンプレートの修正

これでテンプレートエンジンが使えるようになりました。後は、MyDialectを使った文をテンプレートに記述して、動作を確認するだけです。

index.htmlを開き、適当なところに以下のようなタグを追記して下さい。

リスト7-21
```
<div>
<a my:mypage="${datalist.getNumber() - 1}">&lt;&lt;prev</a>
|
<a my:mypage="${datalist.getNumber() + 1}">next&gt;&gt;</a>
</div>
```

図7-17：/pageにアクセスすると、前後のページ移動のリンクが表示される。

これは、前後のページに移動するリンクです。**/page?size=2&page=0**にアクセスし、「**next>>**」リンクをクリックすると、次のページに移動します。また、「**<<prev**」をクリックすれば、前のページに戻ります。

ここでは、<a>タグ内に、**my:mypage="${datalist.getNumber() - 1}"**というような形で属性を指定しています。「**my**」がMyDialectを示し、その後の「**mypage**」は、MyDialect

Chapter 7 Spring Boot を 更に活用する

に組み込まれているMyPageAttributeTagProcessorを示します。my:mypageに値を指定することで、その値をMyPageAttributeTagProcessorのdoProcessで処理するようになります。

datalist.getNumber()で、現在のページ番号が得られますから、それに1を加算減算することで前後のページ番号を指定できます。

サンプルでは、単純に前後のページのリンクを書き出すだけの処理を作りましたが、もっとスマートにするならば、<a>タグそのものを出力できるようなTagProcessorも用意することもできます。TagProcessorは、属性を作成するAttributeTagProcessorのほかにもいくつかの種類が用意されています。興味があったならば、そうしたTagProcessorについても学習してみましょう。

7.3 MongoDBの利用

SQL言語を使わないデータベース（NoSQL）の利用が広がっています。ここでは、その代表的なプログラムであるMongoDBを使って、NoSQLの利用について説明をしましょう。

NoSQLとMongoDB

Webアプリケーションとデータベースは、切っても切れない関係にあります。本書でもデータベースを利用するための説明に多くのページを費やしています。が、それらは基本的に「**SQLデータベース**」を前提としてあります。

データベースは、「**SQL**」というデータアクセス言語を利用した製品が広く浸透しています。多くの開発では、データベースの種類こそ違え、たいていはこのSQLデータベースが使われているはずです。

が、最近になって、SQLを使わない、「**NoSQL**」と呼ばれるデータベースも使われるようになりつつあります。

すべてがリレーショナルである必要はない！

SQLデータベースは、「**リレーショナルデータベース**」と呼ばれます。データを表のような形で管理しており、複数のデータの関連付けなどを行って複雑なデータの構造も構築できる、強力なシステムです。

が、実はデータベースが利用されるケースでは、「**そこまで高度な機能はなくてもいい**」ということが多いものです。

リレーショナルデータベースは、複雑な構造に対応しているため、場合によってはデータの読み書きに時間がかかることもあります。が、アプリケーションによっては、「**もっと単純でいいから、とにかく高速にアクセスしたい**」ということもあるでしょう。こうした場合には、SQLは不向きでです。

より単純に、より高速に。そうした需要に対応するためには、SQLに縛られないほう

がいい。そこで、SQLを使わず、シンプルにデータの読み書きが行えるようにしたデータベースとして、「**NoSQL**」というデータベースが利用されるようになってきたのです。

MongDBとドキュメント指向データベース

NoSQLデータベースにも、現在では数多くの製品が登場しています。ここでは、NoSQLの代表的な製品である「**MongoDB**」というデータベースを利用してみることにします。

MongoDBは、「**ドキュメント指向データベース**」と呼ばれます。一般のデータベースは、データをテーブルとレコードという形で保存していきますが、MongoDBでは、データは「**巨大なテキストファイル**」として保存されます。

データベースファイルには、JavaScriptの「**JSON**」のような型式でデータ内容が記述されています。保管されるデータは、いわば「**JSON型式で書かれたオブジェクトのコレクション**」のような形になっているのです。

JSONのような型式であるため、NoSQLとはいってもかなり複雑な構造の値を保存することができます。また、テーブルのような形でレコードの型式を設計する必要がなく、自由な型式で値を保管できます。

MongoDBを準備する

では、早速MongoDBを使ってみましょう。まずは、MongoDBをインストールしましょう。プログラムは以下のアドレスからダウンロードできます。

https://www.mongodb.com/download-center#community

これで、「**MongoDB Download Center**」というページにアクセスできます。ここから、それぞれのプラットフォーム(OS)ごとのMongoDBをダウンロードできます。

図7-18：MongoDBのダウンロードページ。「DOWNLOAD」ボタンをクリックすればダウンロードを開始する。

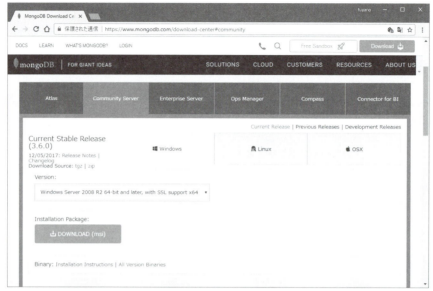

インストールを行う

では、ダウンロードしたインストーラを起動し、インストールを行いましょう。起動すると「**Welcome to the MongoDB ……**」と表示された画面（ウェルカム画面）が現れますので、そのまま「**Next**」ボタンで次に進んで下さい。

図7-19：インストーラのウェルカム画面。そのまま次に進む。

■End-User License Agreement

ライセンス使用許諾契約の画面が現れます。下にある「**I accept the terms in the License agreement**」のチェックをONにし、次に進みます。

図7-20：ライセンス使用許諾契約画面。チェックをONにして次に進む。

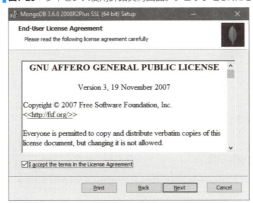

■Choose Setup Type

セットアップ方式を選びます。特に理由がない限り、「**Complete**」ボタンをクリックして下さい。

図7-21：セットアップ方式の選択。「Complete」ボタンをクリックする。

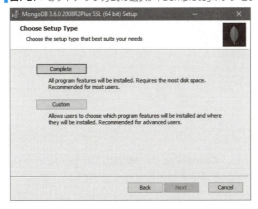

■Install Mongo Compass

続いて、Mongo Compassのインストールを尋ねてきます。これは、GUIによるMongoDBのツールです。利用してみたい人は下のチェックをONにしておきましょう。インストールしなくとも、MongoDBの利用には何ら影響はありません。

図7-22：Mongo Compassのインストールを尋ねてくる。

■Ready to install Mongo DB……

インストールの準備が整いました。「**Install**」ボタンをクリックすれば、インストールを開始します。後は終了するまでただ待つだけです。

図7-23：「Install」ボタンをクリックすると、インストールを開始する。

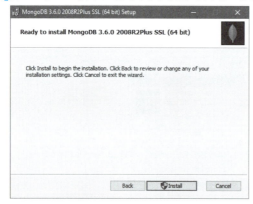

インストールが完了すると、「**Completed the Mongo DB……**」という表示になります。「**Finish**」ボタンでインストーラを終了すれば作業完了です。

MongDBを実行する

では、MongoDBを実行しましょう。MongoDBは、データベースサーバープログラムとして用意されています。サーバープログラムを起動するだけで使えるようになります。といっても、ビジュアルなツールなどが用意されているわけではありません。プログラム内からMongoDBのデータベースにアクセスし、データを追加したり取り出したりする、というわけです。

MongoDBは、「**Program Files**」フォルダ内の「**MongoDB**」フォルダにインストールされます。この中の「**Server**」フォルダ内にあるのが、MongoDB関係のファイルです。ここにあるバージョン番号のフォルダの中から「**bin**」フォルダ内の「**mongod.exe**」という

ファイルを探し、ダブルクリックして起動して下さい。これがデータベース・サーバープログラムです。起動するとコマンドプロンプトが開かれ、MongoDBのサーバープログラムが実行されます。終了するときは、コマンドプロンプトのウインドウを閉じるだけです。

図7-24：mongod.exeを実行すると、コマンドプロンプトが開かれ、サーバープログラムが起動する。

ビルドファイルに追記する

MongoDBを利用するためには、Spring Bootアプリケーションにそのためのライブラリを追加する必要があります。

まずは、Maven利用の場合です。pom.xmlを開き、<dependencies>タグ内に以下のタグを追記して下さい。

リスト7-22
```
<dependency>
    <groupId>org.springframework.boot</groupId>
    <artifactId>spring-boot-starter-data-mongodb</artifactId>
</dependency>
```

続いて、Gradle利用の場合です。build.gradleを開き、dependenciesの{ }内に以下の文を追記して下さい。

リスト7-23
```
compile('org.springframework.boot:spring-boot-starter-data-mongodb')
```

記述後、プロジェクトを右クリックし、<**Gradle**><**Refresh Gradle Project**>メニューを選んでプロジェクトを更新します。
──これでライブラリが組み込まれ、MongoDBを使うための機能がアプリケーションに追加されます。後は、データベースを利用するクラスを書くだけです。

MyDataMongoエンティティを作成する

では、MonoDBで利用するためのエンティティクラスから作成しましょう。MongoDBはドキュメントベースであり、自由な形のデータを保管できます。が、実際に利用する際には、やはり決まった型式でデータを蓄積していかないとうまくデータを扱えません。JPAを利用する場合は、普通のデータベースと同様にエンティティを作成して使うのが一般的です。

STSで＜**File**＞＜**New**＞＜**Class**＞メニューを選び以下のように設定して下さい。

Source folder	MyBootApp/src/main/java
Package	com.tuyano.springboot
Enclosing type	OFFのまま
Name	MyDataMongo
Modifiers	publicのみ選択
Superclass	java.lang.Object
Interface	空のまま
チェックボックス類	Inherited abstract methodsのみON
Generate comments	OFFのまま

■図7-25：＜Class＞メニューのダイアログから、MsgDataRepositoryインターフェイスを作る。

作成したら、ソースコードを記述しましょう。以下のようにMyDataMongoクラスを
作成して下さい。

リスト7-24

```java
package com.tuyano.springboot;

import java.util.Date;

import org.springframework.data.annotation.Id;

public class MyDataMongo {
  @Id
  private String id;

  private String name;
  private String memo;
  private Date date;

  public MyDataMongo(String name, String memo) {
        super();
        this.name = name;
        this.memo = memo;
        this.date = new Date();
  }

  public String getId() {
    return id;
  }
  public String getName() {
    return name;
  }
  public String getMemo() {
    return memo;
  }
  public Date getDate() {
    return date;
  }
}
```

これらの内、**id**は、いわゆる「**プライマリキー**」に相当します。MongoDBでは、idには
Stringを利用することができます。これによりランダムに生成されたキーがデータの識
別用に保存されるようになります。

　クラス自体はそう複雑ではありませんね。とりあえずここではコンストラクタと、
フィールドのGetterメソッドのみ用意しておきました。

また、エンティティクラスであるはずなのに、肝心の**@Entity**アノテーションが付いていないことに気がついた人もいるかもしれません。MongoDBは一般的なMySQLとは違う仕組みで動いていますから、テーブルと関連付けられる@Entityは使わず、ごく一般的なクラスとして作成します。

MongoRepositoryを作成する

Spring Bootでは、データベースへのアクセスはリポジトリを使うのが基本でした。MongoDBを使う場合も、この点は同じです。では、MongDBにアクセスするためのリポジトリを作成しましょう。

先に作成したMyDataMongoエンティティをMongoDBに保存し、アクセスするためのリポジトリを考えてみましょう。＜**File**＞＜**New**＞＜**Interface**＞メニューを選び、以下のように設定します。

Source folder	MyBootApp/src/main/java
Package	com.tuyano.springboot.repositories
Enclosing type	OFFのまま
Name	MyDataMongoRepository
Modifiers	publicのみ選択
Extended interfaces	org.springframework.data.mongodb.repository.MongoRepository<MyDataMongo, String>
Generate comments	OFFのまま

■図7-26：＜Interface＞メニューのダイアログから、MyDataMongoRepositoryインターフェイスを作る。

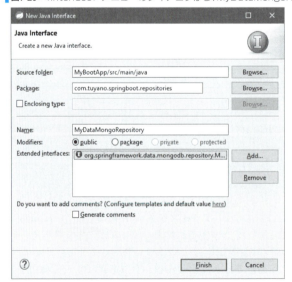

394

作成したら、ソースコードを記述しましょう。といっても、インターフェイスの定義を少し書き換えるだけで、メソッドの宣言などは特にありません。

リスト7-25
```
package com.tuyano.springboot.repositories;

import org.springframework.data.mongodb.repository.MongoRepository;
import org.springframework.stereotype.Repository;

import com.tuyano.springboot.MyDataMongo;

@Repository
public interface MyDataMongoRepository
  extends MongoRepository<MyDataMongo, Long> {

}
```

MongoDB用のリポジトリは、「**MongoRepository**」というインターフェイスを継承して作成します。JpaRepositoryとは違うもので、これは**spring-boot-starter-data-mongodb**によって追加されたライブラリに用意されているクラスです。

JpaRepositoryとは異なりますが、基本的な仕組みや自動生成されるメソッドなどはほぼ同じと考えてよいでしょう。

コントローラーを修正する

では、リポジトリを使ってMongoDBにデータを保存したり、保存したデータを表示したりする処理を作成しましょう。HeloController.javaを開き、以下のようにソースコードを修正して下さい。

リスト7-26
```
package com.tuyano.springboot;

import org.springframework.beans.factory.annotation.Autowired;
import org.springframework.stereotype.Controller;
import org.springframework.transaction.annotation.Transactional;
import org.springframework.web.bind.annotation.RequestMapping;
import org.springframework.web.bind.annotation.RequestMethod;
import org.springframework.web.bind.annotation.RequestParam;
import org.springframework.web.servlet.ModelAndView;

import com.tuyano.springboot.repositories.MyDataMongoRepository;

@Controller
public class HeloController {
```

```
@Autowired
MyDataMongoRepository repository;

@RequestMapping(value = "/", method = RequestMethod.GET)
public ModelAndView index(ModelAndView mav) {
    mav.setViewName("index");
    mav.addObject("title","Find Page");
    mav.addObject("msg","MyDataMongoのサンプルです。");
    Iterable<MyDataMongo> list = repository.findAll();
    mav.addObject("datalist", list);
    return mav;
}

@RequestMapping(value = "/", method = RequestMethod.POST)
@Transactional(readOnly=false)
public ModelAndView form(
    @RequestParam("name") String name,
    @RequestParam("memo") String memo,
    ModelAndView mov) {
    MyDataMongo mydata = new MyDataMongo(name,memo);
    repository.save(mydata);
    return new ModelAndView("redirect:/");
}

}
```

　@AutowiredeでMyDataMongoRepositoryだけを割り当ててあります。ほかのリポジトリやサービスなどは特に使いません。

@RequestParam による受け渡し

　index.htmlにフォームを置いて、それをPOST送信した内容を元にエンティティをMongoDBに保存します。が、MyDataMongoクラスには、nameとmemoの2つだけしかなく、残るIDとDateはインスタンス作成時と保存時に自動的に割り当てられるように設計しています。ですので、フォームには2つの入力フィールドだけを用意しておき、それらの送信内容を元にnew MyDataMongoするようにしておきました。

　フォームから送信された値は、@RequestParamアノテーションを用意することで受け取れます。これらの値を元にMyDataMongoのインスタンスを作成しています。

save による保存

　作成されたインスタンスの保存は、MongoRepositoryに用意されている「**save**」メソッドで行えます。これは、引数に保存するオブジェクトを指定して呼び出すだけです。実に簡単ですね！

テンプレートを修正する

では、最後にテンプレートを修正しましょう。index.htmlを開き、以下のようにソースコードを修正して下さい。

リスト7-27

```
<!DOCTYPE HTML>
<html xmlns:th="http://www.thymeleaf.org">
<head>
  <title>top page</title>
  <meta http-equiv="Content-Type"
    content="text/html; charset=UTF-8" />
  <style>
  h1 { font-size:18pt; font-weight:bold; color:gray; }
  body { font-size:13pt; color:gray; margin:5px 25px; }
  tr { margin:5px; }
  th { padding:5px; color:white; background:darkgray; }
  td { padding:5px; color:black; background:#f0f0f0; }
  table.navi {width:100%; background:white; }
  table.navi tr { background:white; }
  table.navi tr td { background:white; }
  .err { color:red; }
  </style>
</head>
<body>
  <h1 th:text="#{content.title}">Helo page</h1>
  <p th:text="${msg}"></p>
  <table>
  <form method="post" action="/">
  <tr><td><label for="name">名前</label></td>
    <td><input type="text" name="name" /></td></tr>
  <tr><td><label for="memo">メモ</label></td>
  <td><textarea name="memo"
        cols="20" rows="5"></textarea></td></tr>
  <tr><td></td><td><input type="submit" /></td></tr>
  </form>
  </table>
  <hr/>
  <table>
  <tr><th>名前</th><th>メモ</th><th>日時</th></tr>
  <tr th:each="obj : ${datalist}">
    <td th:text="${obj.name}"></td>
    <td th:text="${obj.memo}"></td>
    <td th:text="${obj.date}"></td>
```

```
        </tr>
      </table>
  </body>
</html>
```

"/"にアクセスすると、入力フォームとデータの一覧が表示されます。フォームに名前とメモの内容を書いて送信すると、それがMongoDBに保存されます。保存されているデータは、フォームの下に一覧表示されます。

図7-27：フォームに入力して送信すると、そのデータがMongoDBに保存される。現在、保存されているデータは下に一覧表示される。

検索メソッドを追加する

基本がわかったところで、**リポジトリの自動生成メソッド**を利用してみましょう。ここでは例として、nameを検索するメソッドを追加してみます。

リスト7-25のMyDataMongoRepositoryを開き、以下の文をMyDataMongoRepositoryインターフェイス内に追記して下さい。

リスト7-28
```
// import java.util.List; 追加

public List<MyDataMongo> findByName(String s);
```

7.3　MongoDB の利用

これで、nameから検索を行うメソッドが追加されました。リポジトリですので、例によって具体的な処理の実装は不要です。では、このメソッドを利用した検索ページを作ってみましょう。

■コントローラーの追加

まずコントローラー側の処理から挙げておきましょう。HeloControllerクラスに、以下のようにリクエストハンドラのメソッドを追記して下さい。

リスト7-29

```java
// import java.util.List; 追加

@RequestMapping(value = "/find", method = RequestMethod.GET)
public ModelAndView find(ModelAndView mav) {
  mav.setViewName("find");
  mav.addObject("title","Find Page");
  mav.addObject("msg","MyDataのサンプルです。");
  mav.addObject("value","");
  List<MyDataMongo> list = repository.findAll();
  mav.addObject("datalist", list);
  return mav;
}


@RequestMapping(value = "/find", method = RequestMethod.POST)
public ModelAndView search(
    @RequestParam("find") String param,
    ModelAndView mav) {
  mav.setViewName("find");
  if (param == ""){
    mav = new ModelAndView("redirect:/find");
  } else {
    mav.addObject("title","Find result");
    mav.addObject("msg","「" + param + "」の検索結果");
    mav.addObject("value",param);
    List<MyDataMongo> list = repository.findByName(param);
    mav.addObject("datalist", list);
  }
  return mav;
}
```

POST送信後の処理はsearchメソッドとして用意してあります。また、@RequestParamを引数に指定して、「**find**」という値を受け取るようにしています。ここでは、取り出したparamを使い、

```java
List<MyDataMongo> list = repository.findByName(param);
```

399

Chapter 7 Spring Boot を 更に活用する

このようにしてnameによる検索結果を取得しています。このあたりのリポジトリの使い方は、JpaRepositoryとまったく同じことがわかるでしょう。

テンプレートの修正

では、検索用のテンプレートを修正しておきましょう。find.htmlを開き、ソースコードを修正して下さい。

リスト7-30

```html
<!DOCTYPE html>
<html xmlns:th="http://www.thymeleaf.org">
<head>
  <title>find page</title>
  <meta http-equiv="Content-Type"
    content="text/html; charset=UTF-8" />
  <style>
  h1 { font-size:18pt; font-weight:bold; color:gray; }
  body { font-size:13pt; color:gray; margin:5px 25px; }
  tr { margin:5px; }
  th { padding:5px; color:white; background:darkgray; }
  td { padding:5px; color:black; background:#f0f0f0; }
  </style>
</head>
<body>
  <h1 th:text="${title}">find page</h1>
  <p th:text="${msg}"></p>
  <table>
  <form action="/find" method="post">
    <tr><td>検索:</td>
    <td><input type="text" name="find" size="20"
      th:value="${value}"/></td></tr>
    <tr><td></td><td><input type="submit" /></td></tr>
  </form>
  </table>
  <hr/>
  <table>
  <tr><th>名前</th><th>メモ</th><th>日時</th></tr>
  <tr th:each="obj : ${datalist}">
    <td th:text="${obj.name}"></td>
    <td th:text="${obj.memo}"></td>
    <td th:text="${obj.date}"></td>
  </tr>
  </table>
</body>
</html>
```

400

これで完成です。入力フィールドにテキストを書いて送信してみましょう。MyDataMongoのnameの値がフィールドに記入した値と同じものを検索し、表示します。

図7-28：入力フィールドにテキストを書いて送信すると、nameの値が入力したテキストと一致するものを検索し表示する。

ここでは、フォームの中に、

```
<input type="text" name="find" size="20" th:value="${value}"/>
```

このようにして入力フィールドを用意してあります。この値が、コントローラーのリクエストハンドラでfindという引数として渡されていたのです。

基本的な使い方がわかったら、MyDataMongoRepositoryにいろいろとメソッドを追記して動作を確かめてみましょう。

データベースの種類は違えど、基本的な使い方はSQLデータベースとほとんど同じことがわかるでしょう。MongoRepositoryは、JpaRepositoryと同じように設計されていますので、JpaRepositoryさえきっちりと理解していれば、ほとんど問題なく操作できるようになります。

データベースの種類が違っても、またSQLでもNoSQLでも、「**リポジトリを書いて呼び出す**」という基本さえ押さえておけば、すべて同じように処理できる。これは、Spring Bootの大きなアドバンテージなのです。この機会に、「**一般的なSQLデータベース**」以外のデータベースについても、Spring Bootで体験してみましょう。

Appendix

Spring Tool Suiteの 基本機能

Spring開発で多用されるSpring Tool Suite (STS)は、非常に多くの機能が用意されており、それらの基本的な使い方を覚えることで、より的確に利用できるようになります。ここで、重要な設定や操作についてまとめて説明しましょう。

Spring Boot 2 プログラミング入門

Appendix Spring Tool Suite の 基本機能

A.1 STSの基本設定

STSを使いこなすには、用意されている多くの設定を正しく行えるようになることが大切です。重要な設定項目を整理しておきましょう。

STSの設定について

STSには多くの機能が用意されています。それらの設定は、1つのウインドウとしてまとめられており、いつでも呼び出して変更することができます。この**設定ウインドウ**は、STSを利用する上で非常に重要な役割を果たすものです。

設定ウインドウは、＜**Window**＞メニューの＜**Preferences**＞メニューを選んで呼び出します。このウインドウは、左側に設定の項目が階層的に表示され、そこから項目を選択するとその右側に設定内容が表示されるようになっています。

用意されている設定の項目は非常に多いため、重要なものをピックアップして説明しましょう。

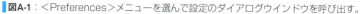
図A-1：＜Preferences＞メニューを選んで設定のダイアログウインドウを呼び出す。

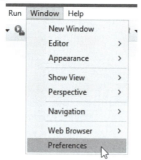

「General」設定

「**General**」は、STSのもっとも基本的な設定をまとめたものです。これは多くのサブ項目を持っていますので、ここでは重要なものだけまとめておきます。

General

STSの基本的な動作に関する設定です。以下のような項目が用意されています。

Always run in background	ソフトウェアの更新など時間のかかる処理をバックグラウンドで実行させるか否かを指定します。
Keep next/previous editor, view and perspectives dialog open	エディタ、ビュー、パースペクティブのダイアログなどを開く際、それまで開いていたものをそのまま保持します。
Show heap status	ヒープメモリの使用量をウインドウ下部に表示します。

404

Workbench save interval	ワークベンチ（現在のSTSの環境）を自動保存する間隔を指定します。
Open mode	ファイルなどを開く操作の設定です。ダブルクリックか、シングルクリックか、またシングルクリックならアイコン上でホバー（マウスを静止）して選択するか、矢印キーで選択できるか、などを指定できます。

図A-2：Generalの設定画面。STSの基本的な設定を行う。

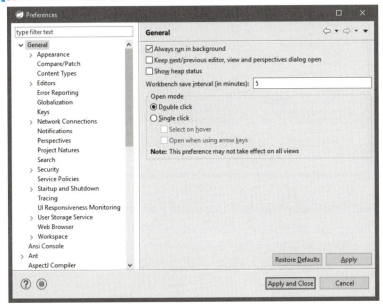

General/Appearance

　ルックアンドフィール（ウインドウの表示デザイン）に関する項目です。テーマ、アニメーション、ラベル関連の設定があります。

Enable theming	テーマを使えるようにします。
Theme	使用するテーマを選択します。ポップアップメニューとしてテーマが用意されています。デフォルトでは「Light」が選択されています。テーマの変更は、メニューを選んだ後、STSをリスタートさせる必要があります。
Color and Font theme	カラーとフォントのテーマを指定します。
Description	選択したテーマの説明です。
Enable animations	アニメーションをON/OFFします。
Use mixed fonts and colors for labels	ラベルの表示でマルチフォントやマルチカラーを使用可にします。
Show most recently used tabs	最近使ったタブが表示されるようにします。

Appendix　Spring Tool Suite の 基本機能

図A-3：Appearance。ルックアンドフィールの基本を設定する。

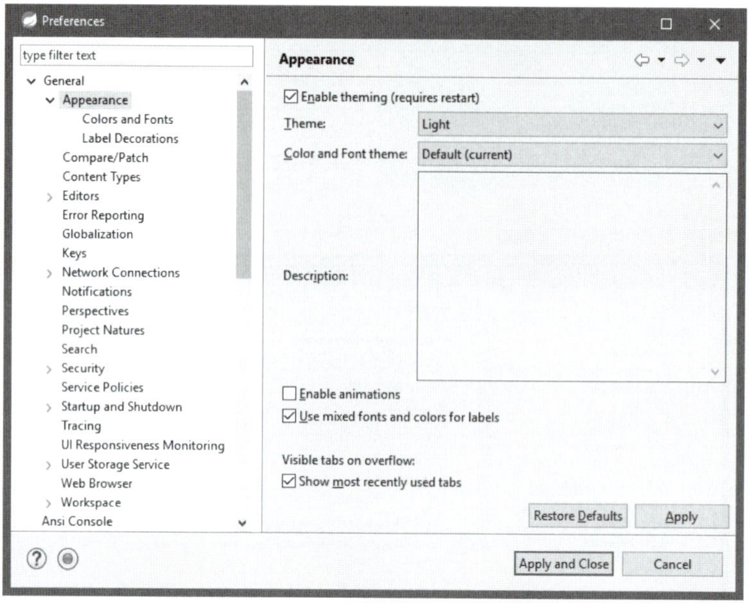

General/Appearance/Colors and Fonts

Appearanceのサブです。STSで表示される各種キストのフォントと色を設定します。

上部には表示の内容に関するリストがあり、ここから編集したい項目を選択するとプレビュー表示が現れるようになっています。設定を編集したい場合は、「**Edit...**」ボタンをクリックし、現れたダイアログで変更を行います。

図A-4：Colors and Fonts。表示フォントと色の設定を行える。

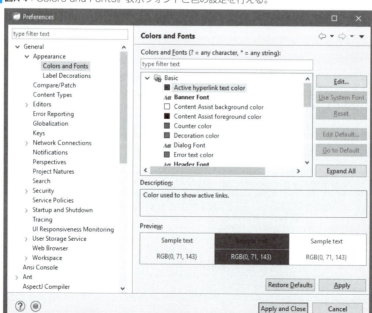

General/Content Types

各種のコンテンツの管理します。ファイルの種類と、利用可能なコンテンツの種類を設定できます。

「**Content types**」というリストにコンテンツの種類が一覧表示されています。ここから項目を選択すると、利用可能なファイルの拡張子が下に表示されます。この設定は、ファイルを開く際に「**どのエディタを利用するか**」を決定する役割を果たします。

図A-5：Content Types。ファイルの種類とコンテンツの種類の設定。

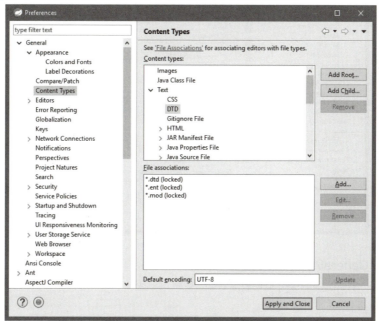

General/Perspectives

パースペクティブに関する設定です。パースペクティブの動作に関するものとして以下の設定が用意されます。

Open a new perspective	パースペクティブを開いたとき、新しいウインドウとして開くかどうかを指定します。
Open the associated perspective when creating a new project	新たにプロジェクトを作成したとき、プロジェクトの種類に関連付けられたパースペクティブに切り替えるかどうかを指定します。

下のリストには、現在登録されているパースペクティブが表示されます。自分で作成したパースペクティブを削除するような場合には、ここから項目を選んで「**Delete**」ボタンを押すと削除されます。

■図A-6：Perspectives。パースペクティブに関する設定。

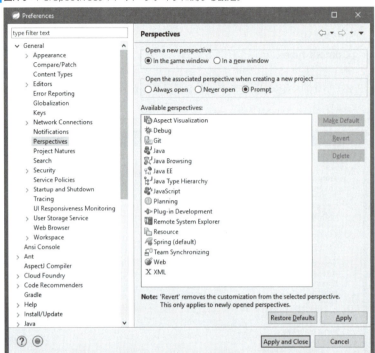

General/Startup and Shutdown

STSの起動・終了時の設定です。3つの項目と、その下にプラグインのリストが表示されています。

Refresh workspace on startup	起動時にワークスペースを更新します。
Show Problems view decorations on startup	起動時にビューの表示に問題があった場合にその内容を表示します。
Confirm exit when closing last window	ウインドウを閉じるとき、確認のアラートダイアログを表示します。
Plug-ins activated on startup	起動時にアクティベートするプラグインを設定します。プラグインのリストの項目ごとにチェックをON/OFFできます。

A.1 STSの基本設定

図A-7：Startup and Shutdown。起動時と終了時の動作を設定する。

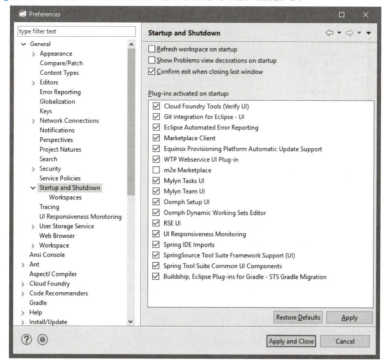

General/Startup and Shutdown/Workspaces

　STSを起動する際、ワークスペースの入力を行いましたが、これに関する項目です（ワークスペース自体の設定は、次項で説明します）。

Prompt for workspace on startup	起動時に、ワークスペースを選択するダイアログを表示します。これがOFFだと自動的に選択されます。
Number of recent workspaces to remember	最近使ったワークスペースをいくつまで記憶しておくかを指定します。
Recent workspaces	最近使ったワークスペースをリスト表示します。ここでもう使わないワークスペースがあれば選択し、右側の「Remove」ボタンでリストから削除できます。

409

図A-8：Workspaces。ワークスペースの設定。

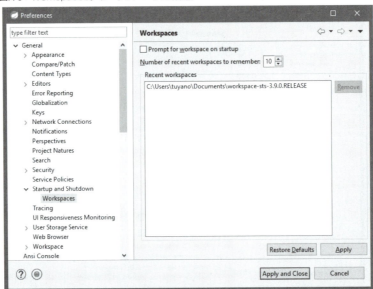

General/Workspace

ワークスペースそのものの設定です。ワークスペースに用意されている機能のON/OFFを中心に設定がまとめられています。

Build automatically	自動的にビルドを実行します。
Refresh using native hooks or polling	ネイティブフック／ポーリングという機能を使ってワークスペースを更新します。
Refresh on access	ワークスペースにアクセスがあったら更新します。
Save automatically before build	ビルドを行う前に自動的にワークスペースを保存します。
Always close unrelated projects without prompt	関連のないプロジェクトをダイアログなしに常に閉じておきます。
Workspace save interval	ワークスペースを保存する間隔です。入力した分数ごとに保存します。
Show workspace name	ワークスペースの名前を表示します。
Workspace name	ワークスペース名を入力します。
Show perspective name	パースペクティブ名を表示します。
Show full workspace path	ワークスペースのフルパスを表示します。
Show product name	プロダクト名を表示します。
Open referenced projects when a project is opened	プロジェクトを開くとき、関連するプロジェクトも常に開くか、開かないか、確認のダイアログを表示するかを決定します。

Command for launching system explorer	エクスプローラー起動のコマンドを設定します。
Text file encoding	デフォルトで使われるテキストエンコーディングです。
New text file line delimiter	新たにテキストファイルを作成するときの改行コードの種類です。

図A-9：Workspace。ワークスペースに用意されている諸機能の設定。

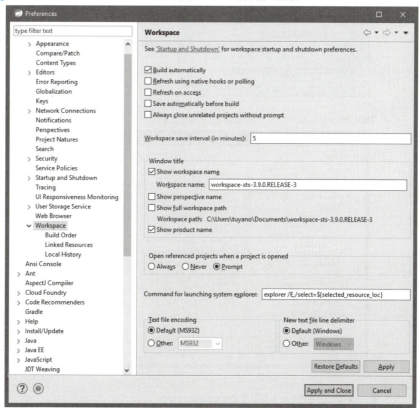

「General/Editors」設定

Generalの中でも特に重要なのが「**Editors**」の項目でしょう。これは、エディタに関する設定をまとめたものです。

エディタの設定を行うとき、注意したいのは「**設定の継承**」です。エディタ関連の設定は、まずエディタ全体の設定があり、個々のエディタは更にそれを継承して独自の設定が追加されます。従って、設定を操作する際には、「**それは、特定のエディタに関するものか、エディタ全般に関するものか**」をよく考えるようにして下さい。

General/Editors

General内にある「**Editor**」は、エディタ全般の設定を行います。この設定は、すべての個別設定で、エディタの基本として用いられます。

Size of recently opened files list	それまで開いたファイルの履歴をいくつまで記憶するかを指定します。
Show multiple editor tabs	エディタタブを複数開けるようにします。
Allow in-place system editors	システムエディタをSTSの中で開けるようにするかどうかです。
Restore editor state on startup	前回開いていたエディタなどの状態を起動時に復元します。
Prompt to save on close even if still open elsewhere	エディタを閉じる際に保存の確認をします。
Close editors automatically	エディタを自動的に閉じるためのものです。これをONにすると、いくつまで開けるか、閉じるときに保存の確認を行うか、などが設定できます。

図A-10：Editors。エディタ全般の基本的な設定を行う。

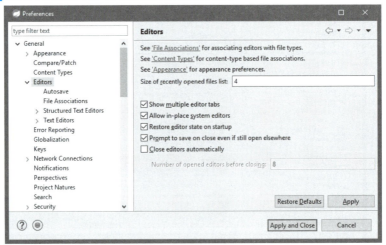

General/Editors/File Associations

これは拡張子ごとにコンテンツの種類を整理して管理します。上部の「**File types**」には拡張子の一覧が表示され、下部の「**Associated editors**」には選択した拡張子に関連付けられているエディタが表示されます。右側にある「**Add...**」ボタンをクリックすることで、拡張子の種類や使用エディタを追加できます。

A.1 STSの基本設定

図A-11：File Associations。ファイルの拡張子とコンテンツの種類を管理する。

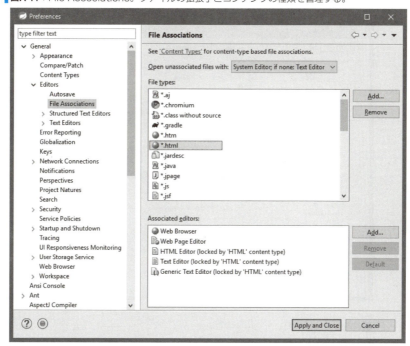

General/Editors/Structured Text Editors

「**構造化テキストエディタ**」の設定です。HTMLやXMLなどのように構造化されたデータを編集するためのエディタです。この構造化テキストエディタ独自の設定がここにまとめられます。

「Appearance」タブ

Highlight matching blackets	選択したタグに対応するタグ（開始タグと終了タグ）をハイライトします。
Report problems as you type	入力した内容に問題があれば「Problems」ビューなどにレポートを出力します。
Inform when unsupported content type is in editor	サポートされないコンテンツをエディタで編集しようとすると知らせます。
Enable folding	ソースコードを構造に応じて折りたためるようにします。
Enable semantic highlighting	ソースコードを解析して状況に応じてハイライトを表示する機能です。例えばある値が選択されていると、同じ値がすべてハイライトされる、などです。
Appearance color options	エディタで自動的に表示されるもの（補完機能やヒント機能など）の表示色を設定します。リストから項目を選ぶと、その色が右側の「Color」ボタンに表示されます。これをクリックすることで色を変更できます。

413

■図A-12：Structured Text Editorsの「Appearance」タブ。構造化テキストエディタの表示に関係する設定。

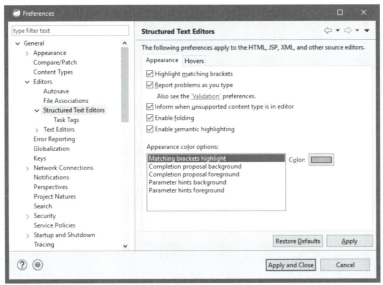

■「Hovers」タブ

テキストの上をホバーする（マウスポインタを静止する）ときの設定です。リストに、ホバーの種類が一覧表示されています。ここから項目を選択すると、同時に割り当てるキーを指定できます。これにより、「**このキーを押したままホバーすると、この機能が呼び出される**」といった設定が行えます。

■図A-13：「Hovers」タブ。テキスト上でホバーした際の動作の設定。

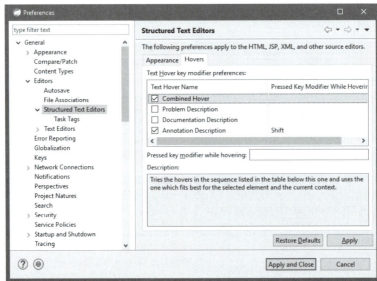

General/Editors/Text Editors

一般的なテキストエディタ全般に関する設定です。テキストやJavaのソースコードなどを編集するためのエディタに関する項目です。

Undo history size	取り消し（アンドゥ）の履歴サイズです。何回取り消しできるか、です。
Displayed tab width	タブのサイズ（幅、半角スペースいくつ分か）を指定します。
Insert spaces for tabs	タブの代わりに半角スペースを挿入します。
Highlight current line	編集中の行をハイライト表示します。
Show print margin	プリントマージン（印刷時の表示文字数）を設定します。
Show line numbers	行番号を表示します。
Show range indicator	レンジインジケーター（選択部分の文法上の構文範囲を左側に表示する機能）をONにします。
Show whitespace characters	ホワイトスペース（半角スペース、タブ、改行文字など）がわかるように表示します。
Show affordance in hover on how to make it sticky	マウスポインタをホバーさせると、その部分の説明がポップアップしますが、そのポップアップ表示を固定表示するためのショートカットの説明を表示します。
When mouse moved into hover	マウスがホバーしている際にポインタを移動したときの挙動に関する項目です。
Enable drag and drop of text	テキストのドラッグ＆ドロップを有効にします。
Warn before editing a derived file	派生ファイル（自動的に生成されるファイル）を編集するとき警告が表示されます。
Smart caret positioning at line start and end	「Home」キーなどで行の先頭に移動するとき、最初ではなく、インデントされたテキストの冒頭に移動させます。
Appearance color options	エディタに表示される要素の色を設定します。リスト表示されている項目を選ぶと、右側のボタンにその色が表示されます。

図A-14：Text Editors。テキストエディタの基本的な動作に関する設定。

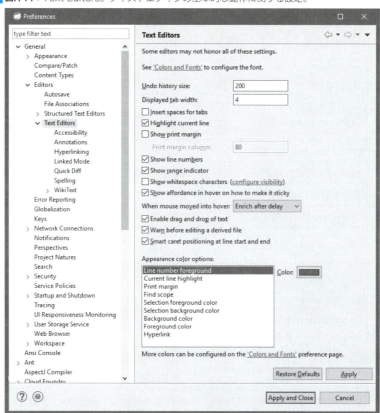

「Java」設定

Springによる開発を行うということは、すなわち「**Javaプログラミング**」を行う、ということでもあります。STSでは、Javaに関連する設定は別に「**Java**」という項目としてまとめられています。

Java

「**Java**」の項目には、Java開発に関するもっとも基本的な設定が用意されています。主にビューやエディタなどでの挙動に関するものになります。

Action on double click in the Package Explorer	パッケージエクスプローラーでJavaソースコードに表示される項目などをダブルクリックした際の挙動を設定します。そのエディタ内でその項目に移動するか、項目を展開表示するかを選びます。
When opening a Type Hierarchy	「Hierarchy」ビューを開く方法を設定します。新たにウィンドウを開き、別ウィンドウでHierarchyビューを表示するか、今のウィンドウ内にHierarchyビューを追加表示するかを指定します。

A.1 STSの基本設定

Refactoring Java code	＜Refactor＞メニューにあるリファクター機能（ソースコードを自動的に書き換える）を使う際、修正前に自動保存するかどうか、ダイアログを出さずに修正を実行するか、について指定します。
Search	内容を整理した検索メニューを表示します。
Java dialogs	さまざまな「以後は表示しないでいい」と設定したダイアログをクリアし、すべて初期状態に戻すためのものです。

図A-15：Java。Javaのもっとも基本的な設定がまとめられている。

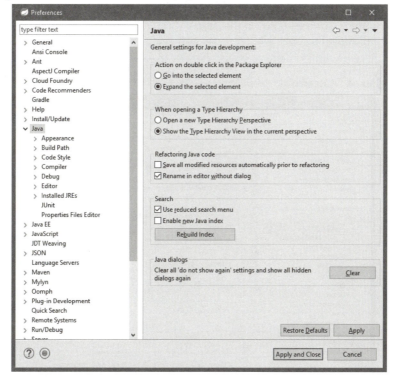

Java/Appearance

Javaの内容について各種のビューで表示される際の表示に関する項目です。以下のような設定がまとめられています。

Show method return types	メソッドの戻り値を表示するか否かを指定します。
Show method type parameters	メソッドの引数について表示するか否かを指定します。
Show categories	カテゴリーを表示します。

417

Appendix　Spring Tool Suite の基本機能

Show members in Package Explorer	パッケージエクスプローラーにクラス内のメンバーを表示します。
Fold empty packages in hierarchical layout in Package and Project Explorer	空のパッケージ（何も要素がないパッケージ）を非表示にします。
Compress all package name segments, except the final segment	パッケージの表示を省略します。これを利用する場合、その下のフィールドに省略のパターンを記述する必要があります。
Abbreviate package names	パッケージの表示を短縮表示します。これを利用する場合、下のフィールドに短縮表示の設定を追加する必要があります。
Stack views vertically in the Java Browsing perspective	Javaのクラスなどをブラウズする「Java Browsing」パースペクティブでのビューの並ぶ方向を指定します。

図A-16：Appearance。Java関連のビューの表示に関する設定。

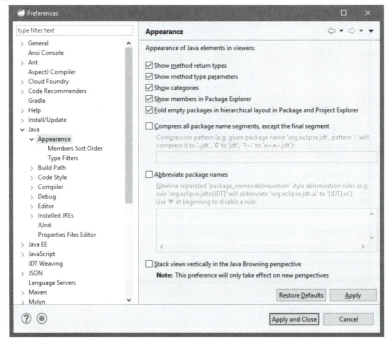

Java/Code Style

Javaのソースコードの記述スタイル（コードスタイル）に関する項目です。ソースコードを自動生成したり修正したりする機能を使うとき、どのような形でコードの表示を整えるかを指定します。

Conventions for variable names	変数の種類ごとにプレフィクス、サフィクスを指定します。

A.1 STSの基本設定

Qualify all generated field accesses with 'this.'	クラスのメンバーを呼び出すコードですべて「this」をつけて記述します。
Use 'is' prefix for getters that return boolean	真偽値のフィールドにアクセスするGetterメソッドを生成する際、「get○○」ではなく「is○○」という名前にします。
Add '@Override' annotation for new overriding methods	メソッドをオーバーライドするとき、@Overrideアノテーションを追加します。
Exception variable name in catch blocks	catchで渡される例外の仮引数名です。

図A-17：Code Style。ソースコードの記述スタイルに関する設定。

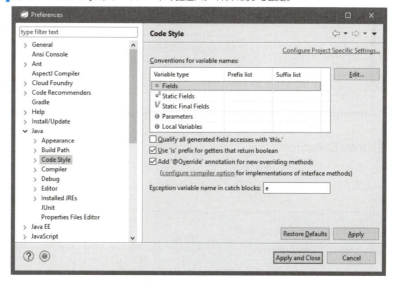

Java/Code Style/Organize Imports

import文の生成に関する設定です。上のリスト欄に、生成するパッケージが用意されます。この並び順に従ってimport文が生成されます。順番は「**Up**」「**Down**」ボタンを使って変更できます。

ほかに、import文の自動生成に関して以下のような設定が用意されています。

Number of imports needed for .*	import文をワイルドカードでまとめるために必要なクラス数を指定します。「1」とすれば、1つのクラスだけしか使わなくともimportはすべてワイルドカードを使って生成するようになります。
Number of static imports needed for .*	static import文をワイルドカードでまとめるために必要なクラス数を指定します。
Do not create imports for types starting with a lowercase letter	小文字で始まる場合にはimport文を自動生成しません。

419

図A-18：Organize Imports。import文の生成に関する設定。

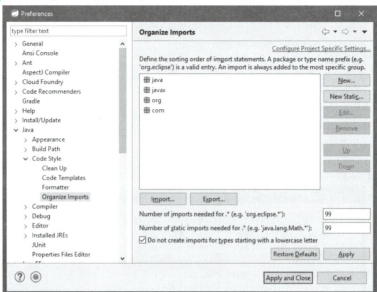

Java/Compiler

　Javaコンパイラの設定です。ソースコードのチェックやビルド時のバージョン設定、生成されるクラスファイルなどに関する設定がまとめられています。

Compiler compliance level	使用するJavaコンパイラのバージョンを指定します。
Use default compliance settings	選択したバージョンのデフォルト設定を使います。OFFにすると細かな設定をカスタマイズできます。
Generated .class files compatibility	生成されるクラスファイルのJDKバージョンを指定します。
Source compatibility	ソースコードファイルのJDKバージョンを指定します。
Disallow identifiers called 'assert'	アサーションで使われる「assert」が変数名やメソッド名などで使われていたら警告を出すか否かを指定します（JDK 1.3以前のみ）。
Disallow identifiers called 'enum'	列挙型で使われる「enum」が変数名・メソッド名などで使われていたら警告を出すかどうか指定します（JDK 1.4以前のみ）。
Add variable attributes to generated class files	クラスのメンバーに関する情報をクラスファイルに追加します。
Add line number attributes to generated class files	行番号の情報をクラスファイルに追加します。

Add source file name to generated class file	ソースコードファイル名をクラスファイルに追加します。
Preserve unused local variables	未使用のローカル変数もクラスファイルに追加します。
Inline finally blocks	finallyブロックをインラインで扱います（JDK 1.5以前のみ）。
Store information about method parameters	メソッドの情報を保持します。

図A-19：Compiler。Javaコンパイラに関する設定。

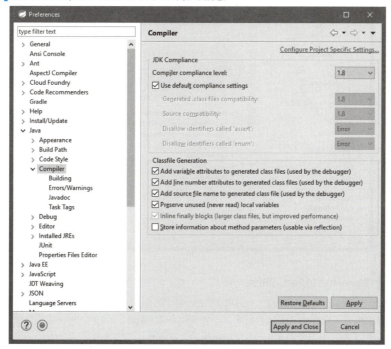

Java/Compiler/Errors/Warnings

　コンパイル時に出力されるエラーや警告に関する設定です。画面には発生する各種の問題に関する対応が一覧表示されており、それぞれの項目について「**Error（エラー）**」「**Warning（警告）**」「**Ignore（無視）**」を選択していくことができます。

図A-20：Errors/Warnings。エラーや警告に関する設定。

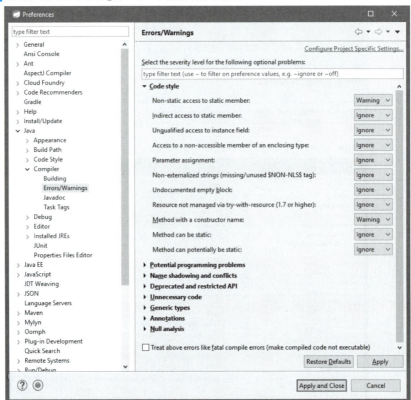

Java/Installed JREs

　インストールされているJRE/JDKに関する設定です。画面には現在登録しているJRE/JDKの一覧がリスト示されます。右側にある「**Add...**」ボタンをクリックし、JDK/JREを選択することでそれをSTS内から利用できるようになります。

図A-21：Installed JREs。STSで利用できるJRE/JDKの登録を行う。

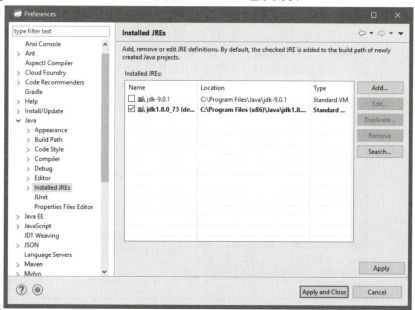

Java/Properties Files Editor

プロパティファイルを編集するための専用エディタの設定です。「**Element**」にプロパティファイルに記述される項目が表示されます。ここで選択し、右側のColorやスタイルのチェックボックスで色やスタイルを設定します。

図A-22：Properties Files Editor。プロパティファイル編集のための設定。

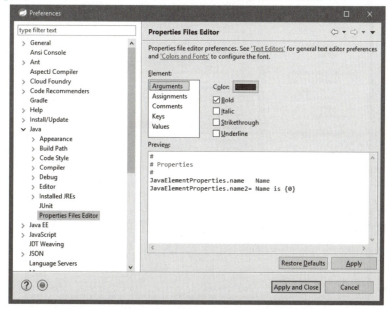

「Java/Editor」設定

エディタに関する設定は、General以外にもいろいろなところに用意されています。「**Java**」内にある「**Editor**」とは、Javaのソースコードエディタに関する設定です。ここでJavaの編集環境を設定していきます。ただし、エディタとしての基本設定は、General/Editorにあるものがそのまま使われますので、そちらを編集する必要がある点には注意して下さい。

Smart caret positioning in Java names	スマートキャレットと呼ばれる機能を使います。
Report problems as you type	コードに問題があればレポートを表示します。
Blacket highlighting	括弧を選択したら、対応する記号（開始記号と終了記号）を自動的にハイライト表示します。
Light bulb for quick assists	クイックアシスト機能を使ってコード修正が可能なところにマークを付けます。
Only show the selected Java element	選択されているJavaの要素だけを表示します。
Appearance color options	リストに表示されている項目ごとに使われるテキストの色を設定します。

図A-23：Editor。Javaのソースコードエディタに関する基本的な設定。

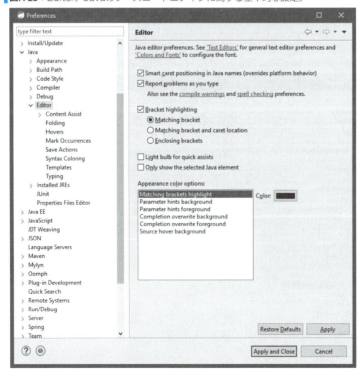

Java/Editor/Content Assist

コンテンツアシスト機能に関する設定です。Javaエディタには、ソースコードの入力を支援するための各種の機能が組み込まれています。それらに関する設定がここにまとめられています。

■「Insertion」

Completion inserts/ Completion overwrites	アシスト機能で表示される候補のテキストをソースコードに追加するか、既にあるテキストに上書きするかを指定します。
Insert single proposals automatically	候補が1つだけの場合、自動的に書き出します。
Insert common prefixes automatically	途中まで同じ名前の候補が複数ある場合、同じ部分まで自動的に書き出します。例えば「getIntValue」「getIntKey」といったメソッドがあった場合、「getI」とタイプした時点で「getInt」までが書き出されます。
Add import instead of qualified name	クラスがimportしたパッケージ内にない場合、パッケージまで記述してクラス名を書くのではなく、自動的にimport文を挿入します。「Use static import」チェックでstatic importについても同様の設定ができます。
Fill method arguments and show guessed arguments	メソッドの引数も自動的に書き出します。このとき、パラメータ名をそのまま書き出すか、最適な変数名を生成するかを指定できます。

■「Sorting and Filtering」

Sort proposals	候補の並び順を指定します。
Show camel case matches	キャメル記法の名前を大文字部分だけで検索します。例えば「OneTwoThree」という名前を「OTT」で検索します。
Show substring matches	フィルター時にテキストが一部マッチするものも表示します。
Hide proposals not visible in the invocation context	その状況でアクセス権のないものを候補から外します。
Hide deprecated references	非推奨のものを候補から外します。

■「Auto Activation」

Enable auto activation	自動アシスト機能（自動的にアシスト機能が起動する）をONにします。
Auto activation delay	アシスト機能が呼び出されるまでの時間をミリ秒単位で指定します。
Auto activation triggers for Java	Javaのコード内で、指定のキャラクタがタイプされたらアシスト機能を呼び出します。
Auto activation triggers for Javadoc	Javadocの記述部分で、指定のキャラクタがタイプされたらアシスト機能を呼び出します。

図A-24：Content Assist。ソースコードのアシスト機能の動作に関する設定。

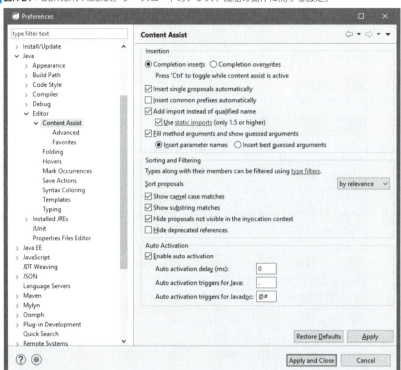

Java/Editor/Mark Occurrences

　これは「**マーク**」機能に関する項目です。Javaエディタでは、インサーションポイントにカッコなどがあると、それに対応する記号を自動的にマークし、色を変えて表示します。これがマーク機能です。
　「Mark occurrences of the selected element in the current file」のチェックをONにすると、マーク機能がONになります。その下には、マークする項目がリスト表示され、それぞれに表示を設定できます。

図A-25：Mark Occurrences。ソースコードで表示されるマーク機能の設定。

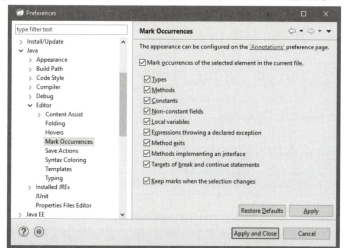

「Spring」設定

　Springに関する設定がまとめられています。ここにあるのは「**Show Spring Tool Tips on startup**」というチェックだけで、これで起動時にSpring Tool Tipsのウインドウを表示させるかどうかを設定できます。そのほかは、サブ項目に用途ごとにまとめられています。

Spring/Auto Configuration

　STSに追加されているサーバー機能の自動設定に関する項目です。自動設定のために用意されている機能拡張をインストールしたりサーバーの組み込まれている場所を指定したりします。

図A-26：Auto Configuration。サーバー機能の自動設定に関するもの。

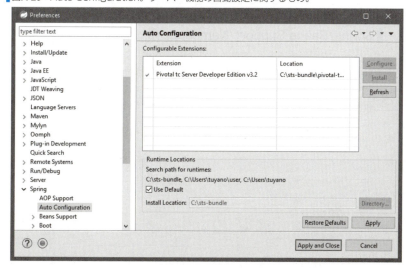

Spring/Beans Support

SpringでBeanクラスが重要な役割を果たします。これはそれに関する設定で、以下のような項目がまとめられています。

Loading Spring configuration files	Spring設定ファイルを読み込む際のタイムアウト時間を指定します。
Default Double Click Action	Beanの項目をSpring Explorerなどでダブルクリックした時の挙動を指定します。
Bean Dependency Graph	STSに用意されている、Beanを解析してビジュアルに表示する機能に関する項目です。
Disable Auto Config Detection	設定の自動解析機能をOFFにします。

図A-27：Beans Support。Springで用いられるBeanの利用に関する設定。

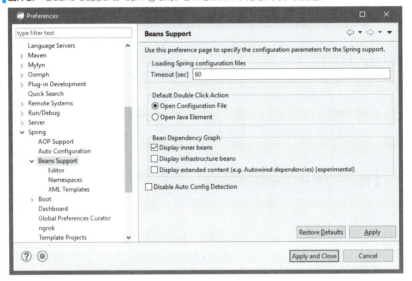

Spring/Beans Support/Namespaces

Springで利用する名前空間に関する項目です。Springでは、各種のXSD（XML Schema Definition、XMLスキーマ定義）を利用していますが、これらXSDの名前空間に関する項目です。上部リストからXSDを選択すると、下に使用するスキーマバージョンが表示されます。これらの設定は下手に行うと正しくプログラムが動かなくなりますので、内容がわかるまでは触れないで下さい。

図A-28：Springで利用するXMLスキーマ定義の名前空間を管理する。

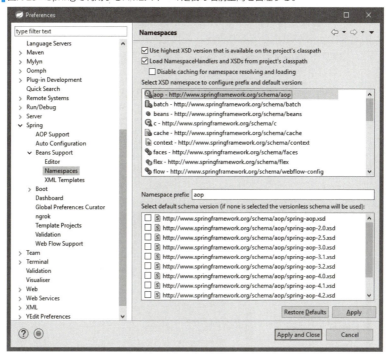

Spring/Dashboard

起動時に表示されるダッシュボードの設定です。「**Use Old Dashboard**」では旧タイプのダッシュボードを使います。「**News Feed Updates**」で、Springからの情報を更新表示するかどうかを設定します。その下の「**RSS Feed URLs**」で、ダッシュボードの情報を取得するアドレスを設定できます。

図A-29：Dashboard。ダッシュボードの表示に関する設定。

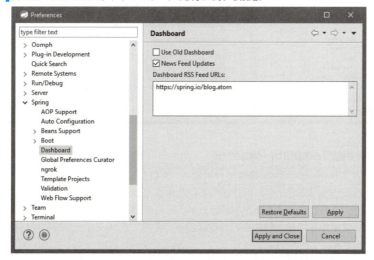

Spring/Global Preferences Curator

STSの自動設定を行います。STSの設定は非常に複雑ですので、あらかじめ使いやすい設定をいくつか用意してあります。それぞれ用意されているボタンをクリックするだけで、自動的に関連する設定がすべて変更されます。

Set/Reset all curated preferences	すべての設定を自動的に行います。また初期状態に戻すこともできます。
JDT preferences	JDT(Java Development Tools、Java開発に関するプログラム)の設定を自動的に行います。
M2E preferences	Mavenに関する部分の設定を自動的に行います。

図A-30：Global Preferences Curator。STS全体の設定をまとめて行う。

Spring/Template Projects

アプリケーション開発時に作成する「**プロジェクト**」のテンプレートを管理します。Springでは、あらかじめ用意されているテンプレートを元に、新たなアプリケーション開発のためのファイル類を生成します。その種類をここで登録します。

デフォルトで基本的なものは登録済みですので、ユーザーが特に操作を行う必要はありません。

図A-31：Template Projects。プロジェクトのテンプレートに関する設定。

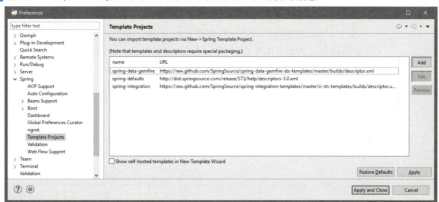

Spring/Validation

　Springで作成される各種ファイル類の内容をチェックする機能（バリデーション）に関する設定です。STSではファイルの生成や修正など、必要に応じて内容をチェックしますが、その際にチェックする内容を指定できます。上部にあるリストに設定項目が階層的にまとめられており、それぞれチェックボックスをON/OFFして設定を行えます。

　ただし、これを適当に変更してしまうと、重要な内容チェックが行われなくなったりしますので、特別な理由がない限りはデフォルトのまま変更しないで下さい。

図A-32：Validation。ファイルの内容に関するバリデーションの設定。

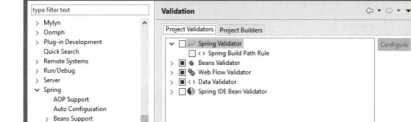

そのほかの設定

STSやJava関連の基本的な設定はこれぐらいで十分でしょう。が、そのほかにもまだ「**これは頭に入れておきたい**」という設定項目がいくつか残っています。ここで簡単にまとめておきましょう。

Run/Debug/Console

「**Run/Debug**」は、プログラムの実行とデバッグに関する設定です。その中にある「**Console**」は、ビルドやデバッグ時に多用されるコンソールの表示に関する設定をまとめています。

Fixed width console	コンソールビューの表示を固定幅（等幅半角文字で何文字分か）にします。下のフィールドに等幅半角文字の文字数を指定します。
Limit console output	コンソールビューに保持される情報（何文字分を保管し表示するか）を指定します。「Console buffer size」フィールドに保持する文字数を指定します。
Displayed tab width	タブ幅の指定です。半角文字何文字分を空けるか指定します。
Show when program writes to standard out	プログラムが標準出力に何か書き出したら自動的にコンソールビューを表示します。
Show when program writes to standard error	プログラムが何らかのエラー出力をしたら自動的にコンソールビューを表示します。
Standard Out text color/Standard Error text color/Standard In text color/Background color	標準出力、エラー出力、入力、背景のそれぞれの色を指定します。

図A-33：Console。コンソールの表示に関する設定。

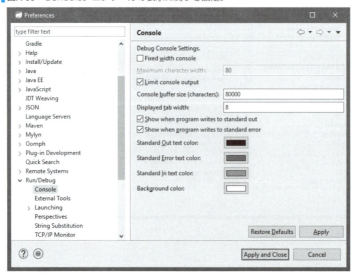

Run/Debug/Perspectives

プロジェクト作成、実行、デバッグ時のパースペクティブの自動切り替えに関する設定です。下のリストにはアプリケーションの種類が表示されており、それぞれに使用するパースペクティブを選択できます。ほかに、以下のような項目があります。

Open the associated perspective when launching	起動時に関連するパースペクティブを開きます。
Open the associated perspective when an application suspends	アプリケーションの作業を再開するときに関連するパースペクティブを開きます。
Application Types/Launchers	下にある一覧リストは、アプリケーションごとの起動に関するリストです。ここから起動するアプリケーションの種類を選び、実行およびデバッグ時のパースペクティブを右側のポップアップメニューから選んで設定できます。

図A-34：Perspectives。プロジェクト実行時のパースペクティブを設定する。

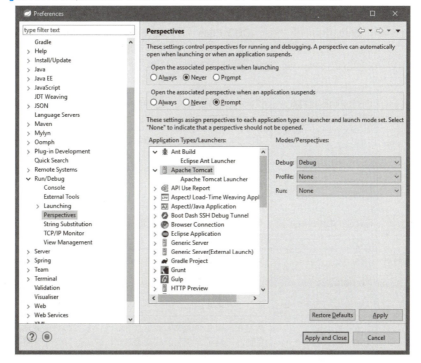

Server/Runtime Environments

「**Server**」は使用するサーバーに関する設定で、その中にある「**Runtime Environments**」は、サーバーの実行環境に関する項目です。ここで、STSから利用できるサーバーの実行環境を登録できます。

デフォルトでは、STSに標準で内蔵されているサーバーのみが表示されていますが、「**Add**」ボタンを使うことで、そのほかのサーバー実行環境を追加できます。

図A-35：Server Runtime Environments。サーバーの実行環境を管理する。

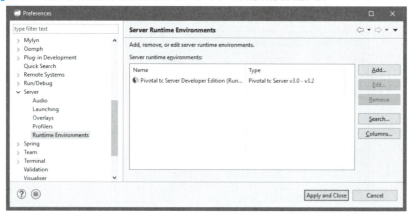

Web

「**Web**」項目の中には、「**CSS Files**」「**HTML Files**」「**JSP Files**」などの項目がまとめられています。これらは、それぞれのファイルの利用に関する設定です。ファイルの種類ごとに、だいたい同じような項目が用意されています。以下に簡単にまとめておきます。

CSS Files/HTML Files/JSP Files	ファイルのデフォルトエンコーディング、使用する拡張子などに関する設定が用意されています。
Content Assist	コンテンツ作成の補完機能に関する設定がまとめられています。「Insertion（自動追加機能）」「Auto Activation（補完機能の自動呼び出し）」「Cycling（候補の項目と並び順など）」といった項目が用意されています。
Syntax Coloring	文法を元に解析したさまざまな要素を色分け表示するための設定です。要素の一覧リストから項目を選択すると色やフォントスタイルが変更できます。
Templates	ソースコードを自動生成するためのテンプレートです。登録されたテンプレートのリストが表示され、クリックするとその内容が表示されます。右側のボタンを使い、内容を編集したりテンプレートを追加したりできます。
Typing	入力を支援する機能の設定です。HTMLであれば開始タグを書いたら自動的に終了タグを追加するなど、タイピングを支援する機能をON/OFFできます。

図A-36：Web内にある「HTML Files」の設定。エンコーディング、コンテンツアシスト、テンプレートなどの設定がまとめられている。Web関係のファイルの種類ごとに設定が用意されている。

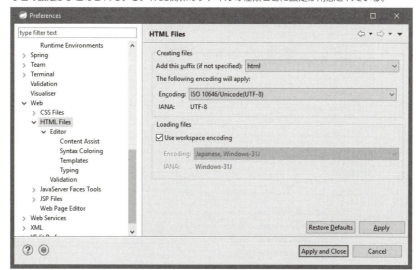

A.2 開発を支援するメニュー

STSにはソースコードの作成を支援するための機能が多数揃っています。それが、＜Source＞メニューと＜Refactor＞メニューです。これらの中から、重要なものをピックアップして使い方を覚えましょう。

＜Source＞メニューについて

STSには開発を支援する機能が多数用意されています。それらの中から、覚えておきたいものをここでピックアップして整理しておきましょう。

まずは、＜**Source**＞メニューに用意されている機能からです。＜**Source**＞メニューには、ソースコードの入力や編集を支援する機能が一通り揃えられています。

Appendix　Spring Tool Suite の 基本機能

図A-37：＜Source＞メニュー。ソースコードの支援機能はここにまとめられている。

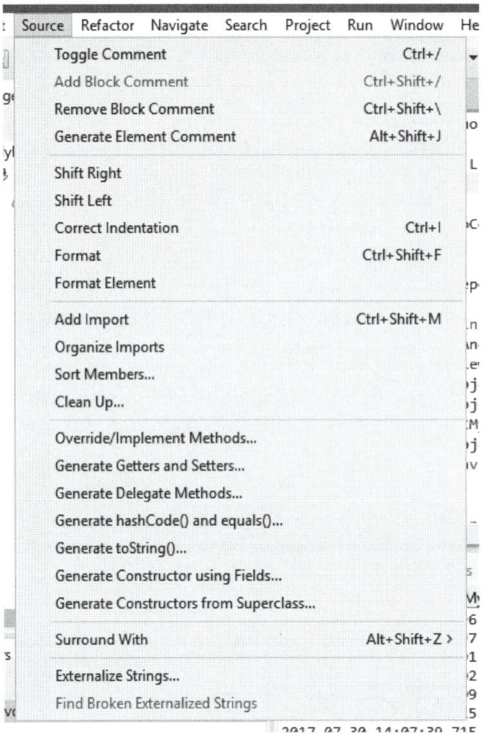

| Source | Refactor | Navigate | Search | Project | Run | Window | He |

- Toggle Comment　　　　　　　　　　　　　　Ctrl+/
- Add Block Comment　　　　　　　　　Ctrl+Shift+/
- Remove Block Comment　　　　　　　Ctrl+Shift+\
- Generate Element Comment　　　　　　Alt+Shift+J

- Shift Right
- Shift Left
- Correct Indentation　　　　　　　　　　　　　Ctrl+I
- Format　　　　　　　　　　　　　　　Ctrl+Shift+F
- Format Element

- Add Import　　　　　　　　　　　　　Ctrl+Shift+M
- Organize Imports
- Sort Members...
- Clean Up...

- Override/Implement Methods...
- Generate Getters and Setters...
- Generate Delegate Methods...
- Generate hashCode() and equals()...
- Generate toString()...
- Generate Constructor using Fields...
- Generate Constructors from Superclass...

- Surround With　　　　　　　　　　　Alt+Shift+Z >

- Externalize Strings...
- Find Broken Externalized Strings

コメントの ON/OFF

　ソースコードに記述されたコメントのON/OFFに関するメニューがいくつか用意されています。ソースコードを選択し、以下のメニューを選んで実行します。

Toggle Comment	選択されたテキスト部分をコメントアウトしたり、元に戻したりします。
Add Block Comment/Remove Block Comment	選択されたテキスト部分をブロックコメント（/* */で囲まれるコメント）に変換したり、元に戻したりします。
Generate Element Comment	選択した要素に関する説明用のコメントを自動生成します。例えばメソッドならば、それぞれの引数の説明などをJavaDoc形式で記述したコメントが自動的に作られます。

図A-38：コメント関連のメニュー。

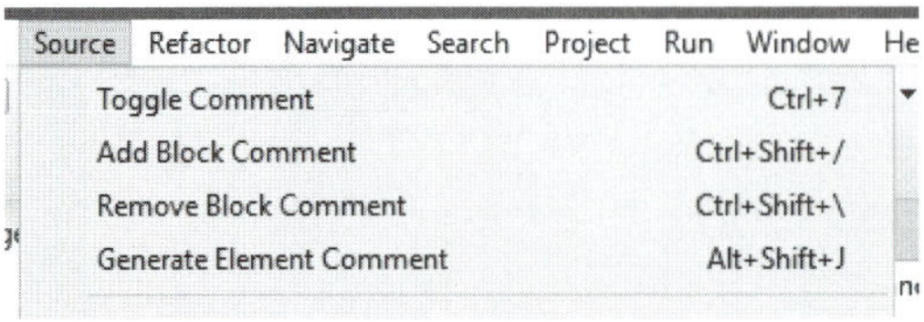

| Source | Refactor | Navigate | Search | Project | Run | Window | He |

- Toggle Comment　　　　　　　　　　　　　　Ctrl+7
- Add Block Comment　　　　　　　　　Ctrl+Shift+/
- Remove Block Comment　　　　　　　Ctrl+Shift+\
- Generate Element Comment　　　　　　Alt+Shift+J

インデント／フォーマット関係

ソースコード全体の表示スタイルを整える「**フォーマット**」機能や、文の開始位置を左右にずらして構造を表す「**インデント**」に関する機能もいろいろと用意されています。

Shift Right/Shift Left	選択したテキスト部分のインデント位置を、左右にタブ1つ分だけ移動します。これを使って手動でインデントを整えることができます。
Correct Indentation	選択したテキスト部分の文法を解析して、最適なインデントを設定します。部分的にインデントを設定したい場合に用います。
Format	ソースコード全体を解析し、STSに設定されている方式でフォーマットし直します。全体を統一したフォーマットにすることができます。
Format Element	選択されている要素だけをフォーマットし直します。特定のメソッドや構文単位でフォーマットし直す場合に用います。

図A-39：インデントおよびフォーマット関係のメニュー。

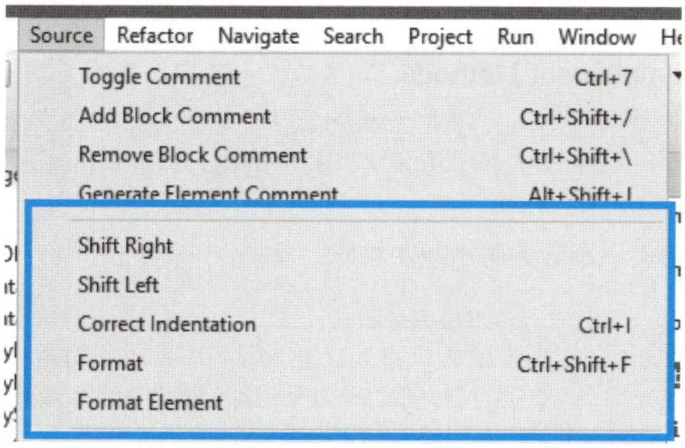

import 文の自動生成

STSでは、Javaのソースコードで記述するimport文を自動的に生成する機能を持っています。また、使わないimport文をチェックして削除することなども自動で行えます。

Add Import	クラスなどを選択してこのメニューを選ぶと、そのクラスのimport文が自動生成されます。
Organize Imports	ソースコードをすべて解析し、そこで必要なimport文をすべて作成します。もし不要なimportがあった場合にはそれらも自動的に削除されます。

図A-40：import関連のメニュー。

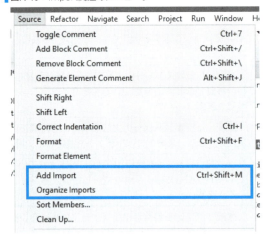

メソッドのオーバーライド

スーパークラスやインターフェイスのメソッドをオーバーライドするコードを自動生成するのが＜**Override/Implement Methods...**＞メニューです。このメニューを選ぶと画面にダイアログが現れ、そのクラスが継承やインプリメントしているクラスの一覧が表示されます。ここからオーバーライドするメソッドを選択し、OKすれば、それらのメソッドが自動的に作成されます。

ダイアログには以下のような設定も用意されています。

Insertion Point	生成されるメソッドの追加場所を指定します。ポップアップメニューから追加位置を指定します。
Generate method comments	生成するメソッドにコメントを追加します。

図A-41：メソッドオーバーライドのダイアログ。

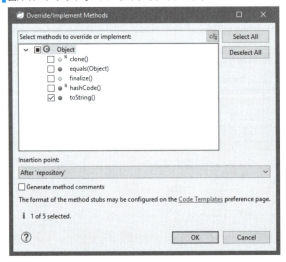

アクセサの生成

フィールドの値を読み書きするアクセサメソッドを作成するのが、＜**Generate Getters and Setters...**＞メニューです。これを選んで現れるダイアログで、アクセサを生成したいフィールドをチェックし、OKすれば、そのためのメソッドが生成されます。

ダイアログにはオプションとして以下の項目が用意されています。

Allow setters for final fields	finalが指定されたフィールドにもsetterを生成できるようにします。
Insertion point	生成されるメソッドの追加場所を指定します。ポップアップメニューから追加位置を指定します。
Sort by	メソッドの並び順を指定します。フィールドごとにGetterとSetterをまとめて並べるか、GetterだけとSetterだけに分けて並べるかを指定できます。
Access modifier	アクセサメソッドのアクセス権を設定します。
Generate method comments	生成するメソッドにコメントを追加します。

図A-42：アクセサの生成ダイアログ。

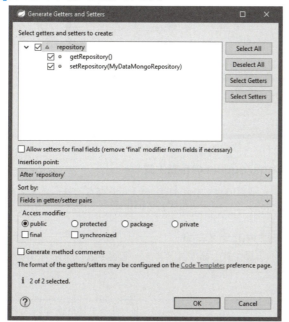

代理メソッドの自動生成

privateフィールドに保管されたオブジェクト内のメンバーにアクセスする「**代理メソッド**」を自動生成するのが＜**Generate Delegate Methods...**＞メニューです。メニューを選ぶと現れるダイアログには、フィールドに保管されるクラスと、その内部のメソッド類が一覧表示されます。ここから代理メソッドを生成したいメソッドを選択し、OKすれば、代理メソッドが生成されます。

ダイアログには以下のオプション設定が用意されています。

Insertion point	生成されるメソッドの追加場所を指定します。
Generate method comments	生成するメソッドにコメントを追加します。

図A-43：代理メソッドの生成ダイアログ。

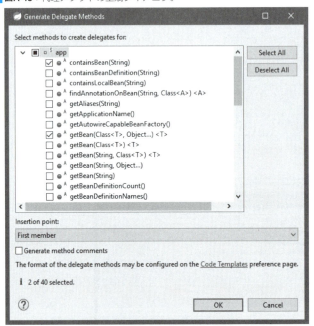

toString/hashCode/equals の自動生成

Beanクラスで必要となるtoString、hashCode、equalsといったメソッドを自動生成するために、以下の2つのメニューが用意されています。

＜Generate toString()...＞メニュー

toStringメソッドを自動生成します。メニューを選ぶと以下のような設定項目が用意されたダイアログが表示されます。

リストの表示部分	クラス内のフィールドや値を返すメソッドの一覧です。そこからフィールドやメソッドのチェックをONにすることで、それらの値をtoStringで書き出すようになります。
Insertion point	生成されるメソッドの追加場所を指定します。
Generate method comments	生成するメソッドにコメントを追加します。
String format	String形式のフォーマットとなるテンプレートを指定します。デフォルトでは1種類しかありません。「Edit」ボタンで編集できます。

Code style	コードスタイル。どういうやり方で文字列を生成するかを選択します。
Skip null values	nullの項目はスキップします。
List contens of arrays……	配列などで保管されている値をリスト化します。
Limit number of items……	配列などで表示する要素の最大数を指定します。

図A-44：toStringメソッドの生成ダイアログ。

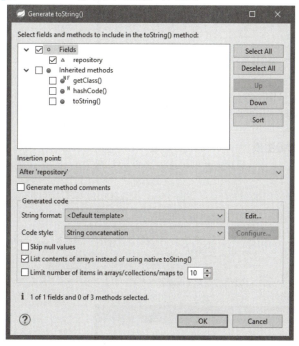

■ ＜Generate hashCode() and equals()...＞メニュー

hashCodeとequalsメソッドを自動生成します。やはりダイアログに以下のような設定が表示されます。

リストの表示部分	クラス内のフィールドの一覧です。そこからハッシュコードやオブジェクトのチェックに使うフィールドを選択します。
Insertion point	生成されるメソッドの追加場所を指定します。
Generate method comments	生成するメソッドにコメントを追加します。
Use 'instanceof' to compare types	タイプが等しいことをチェックするのにinstanceofを使います。
Use blocks in 'if' statements	equalsで値を細かくチェックする部分で、if文にすべて{}を使います。

図A-45：hashCodeとequalsメソッドの生成ダイアログ。

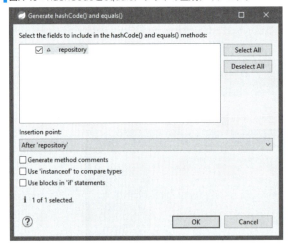

コンストラクタの生成

コンストラクタメソッドを自動生成するメニューです。以下の2種類が用意されています。

＜Generate Constructor using Fields...＞メニュー

フィールドを指定してコンストラクタを生成します。ダイアログから、コンストラクタで値を設定したいフィールドを選択します。

図A-46：フィールドからコンストラクタを生成するダイアログ。スーパークラスのコンストラクタをオーバーライドするものもある。

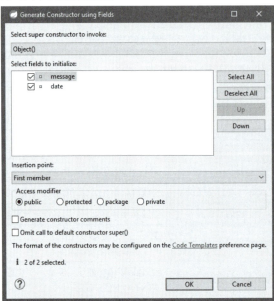

A.2 開発を支援するメニュー

■＜Generate Constructors from Superclass...＞メニュー

スーパークラスにあるコンストラクタをオーバーライドしてコンストラクタを生成します。ダイアログからオーバーライドするコンストラクタを選択します。

図A-47：スーパークラスのコンストラクタをオーバーライドするダイアログ。

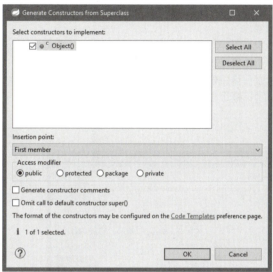

▍try 文の自動生成

例外が発生する処理では、try文による例外処理を行いますが、このtry構文を自動生成してくれるのが＜**Surround With**＞メニューです。例外が発生する処理部分のテキストを選択し、サブメニューから以下のものを選んで使います。

Try/catch Block	選択したテキストをExceptionのcatch句を持つtry構文で囲みます。
Try/multi-catch Block	選択したテキスト部分で発生する例外ごとに複数のcatchを持つtry文で囲みます。

図A-48：＜Surround With＞メニューのサブメニュー。

▍String リテラルの切り出し

ソースコード内でStringリテラルが記述されている場合、後でそれらを修正するのは面倒です。必要なStringリテラルをすべてプロパティファイルに切り出し、そこから必要に応じて値を取得して利用するようにすれば、プログラムに影響を与えずにリテラルを管理できます。

これを行うのが＜**Externalize Strings...**＞メニューです。メニューを選ぶとソースコードを解析し、その中で使われているStringリテラルをすべて探し出して、切り出しのためのダイアログを呼び出します。ここで以下のように処理を行います。

❶ 最初に現れるダイアログでは、ソースコード内で使われているStringリテラルと、それをプロパティとして切り出すときのキーの一覧リストが表示されます。これを確認し、次に進みます。
❷ 切り出しのチェックを行い、問題があれば表示します。その上で次に進みます。
❸ 生成されるファイルと修正されるソースコードが一覧表示されます。上に表示されるファイルのリストから項目を選択すると、そのファイルの生成内容が下に表示されます。これでどのように修正されるかを確認し、OKします。

図A-49：Stringリテラルの切り出しダイアログ。リテラルの一覧を表示し、どれをプロパティファイルに出すか設定する。

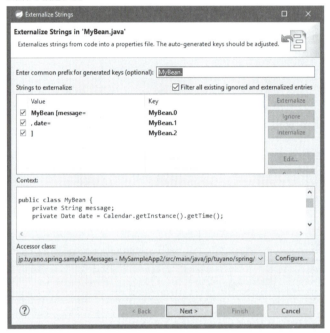

＜Refactor＞メニューについて

　＜**Refactor**＞メニューに用意されている機能は、＜**Source**＞メニューよりも更に高度な変更を行います。単純に何かを置き換えたり、何かのテキストを挿入したりするというだけでなく、一定のルールに従って指定のソースコードファイル、更にはそれを参照するすべてのソースコードまでも更新するような処理を行うのが、＜**Refactor**＞メニューの機能です。
　非常に複雑な書き換えを行うため、働きを知らずに使うと、予想外にソースコードが広範囲に書き換えられて、収拾がつかなくなることもあるかもしれません。このメニューの機能は、働きと使い方をしっかりと理解した上で利用して下さい。

では、重要なものについて、簡単に働きと使い方をまとめておきましょう。

名前の変更

クラスやメソッド、フィールドなどの名称変更は、＜**Rename...**＞メニューで行います。まず変更する対象となるもの（クラス名やメソッド名など）をマウスで選択し、このメニューを選んで下さい。その部分だけがフィールドのように変わり、編集可能な状態になりますので、そのまま書き換えてEnterします。

図A-50：＜Rename...＞メニューを選ぶと、選択部分の名前が変更できるようになる。

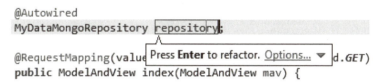

名前の編集を行う際に表示される「**Enter new name……**」といったメッセージの▼アイコンをクリックすると、更にメニューがポップアップして現れ、ここからより高度な名前の変更機能を呼び出せます。ポップアップして現れる＜**Open Rename Dialog...**＞メニューを選ぶと、ダイアログが現れ、そこで、より詳細な設定が行えます。

例えば、メソッドならばそのメソッドを残したまま新たな名前のメソッドを作成することができます。またフィールドやクラスなどでは、それを変更した場合のプレビューを確認した上で変更を行うことができます。

図A-51：Renameのダイアログ。メソッドなどは変更内容をプレビューで確認しながら作業する。

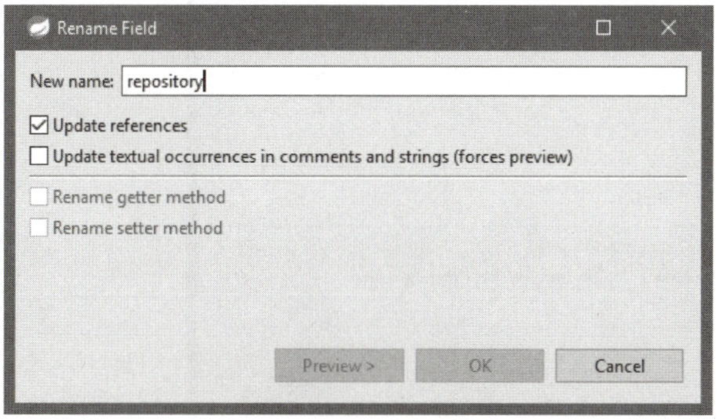

クラスやメンバーの移動

クラス内のメンバーを他のクラスに移動したり、クラスを別のパッケージに移動したりするときに用いるものです。移動したい要素を選択して、＜**Move...**＞メニューを選ぶと、移動のためのダイアログが現れ、そこで移動の設定が行えます。

表示されるダイアログは、移動させる対象が何かによってダイナミックに変化します。メソッドならば移動先のクラスを選択する設定が現れますし、クラスならば移動先のパッケージを選択するようになります。

■図A-52：これはフィールドを移動するダイアログ。移動する対象に応じてダイアログが現れる。

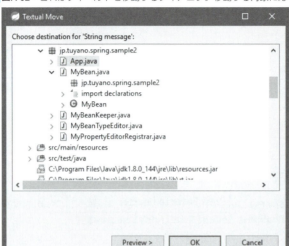

■図A-53：これはクラスを移動するダイアログ。移動先のパッケージを選択する。

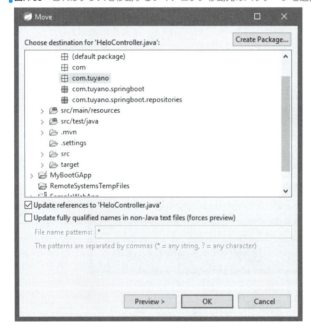

メソッドの改変

　メソッドに用意されている引数や返値などを変更する場合に用いるのが＜Change Method Signature...＞メニューです。これを選ぶとダイアログが現れ、メソッド名、返値、引数のリストなどを編集できるようになります。

図A-54：メソッドの改変ダイアログ。

メソッドの抽出

メソッド内の一部分を別のメソッドとして切り出すのに用意されているのが、＜Extract Method...＞メニューです。これを選ぶと、画面にダイアログが現れ、そこで切り出して新しく作るメソッドの名前と引数リストなどを設定することができます。

図A-55：メソッドの一部を別メソッドとして抽出するダイアログ。

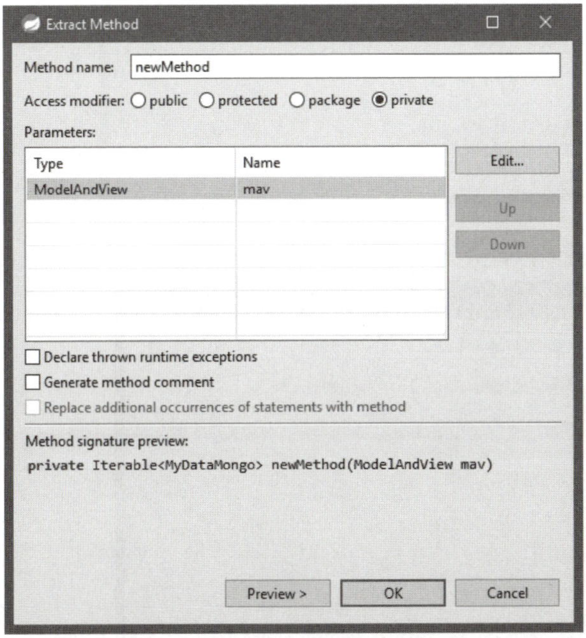

メソッドのインライン化

メソッドの抽出とは反対の作業——あるメソッドを、それを呼び出している別のメソッドの中に組み込む——を行うのが＜**Inline...**＞メニューです。これを選ぶと、インライン化する際に元のメソッドを削除せずに残すかなどを設定するダイアログが現れます。

図A-56：メソッドのインライン化ダイアログ。

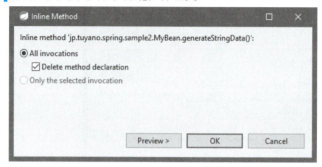

ローカル変数・定数の抽出

メソッドチェーンなどを使い、連続してメソッドの呼び出しなどを行っている部分を、ローカル変数に代入する形に変えるのが＜**Extract Local Variable...**＞メニューと＜**Extract Constant...**＞メニューです。前者が変数に、後者が定数に代入します。メニューを選ぶと、作成する変数(定数)名を入力するダイアログが現れます。

図A-57：ローカル変数の抽出ダイアログ。

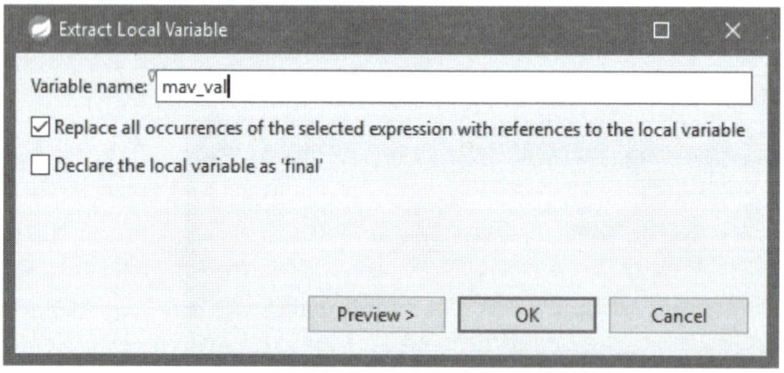

図A-58：定数の抽出ダイアログ。

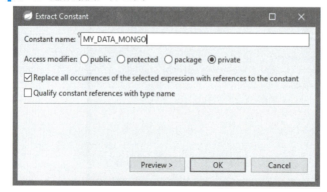

変数・匿名クラスの変換

ローカル変数をフィールドに変換したり、匿名クラスを内部クラスに変換したりするのに用いられるのが、＜**Convert Local Variable to Field...**＞および＜**Convert Anonymous Class to Nested...**＞メニューです。前者はローカル変数をフィールドに、後者は匿名クラスを内部クラスにそれぞれ変換します。変数や匿名クラスを選択してメニューを選び、ダイアログで名前やアクセス権などを設定します。

図A-59：変数のフィールドへの変換ダイアログ。

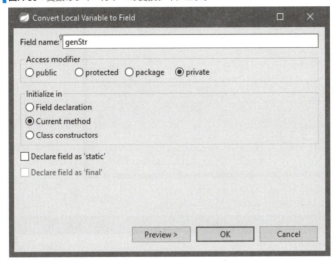

図A-60：匿名クラスを内部クラスに変換するダイアログ。

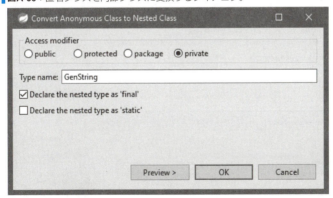

スーパークラス・インターフェイスの抽出

クラス内にあるメソッドをスーパークラスやインターフェイスに切り分けるために用意されているのが、＜**Extract Interface...**＞および＜**Extract Superclass...**＞というメニューです。メニューを選ぶと新たに作成するインターフェイスおよびスーパークラスと、そこに移動するメソッドなどを設定するダイアログが現れます。

■図A-61：インターフェイスの抽出ダイアログ。

■図A-62：スーパークラスのメソッド抽出ダイアログ。

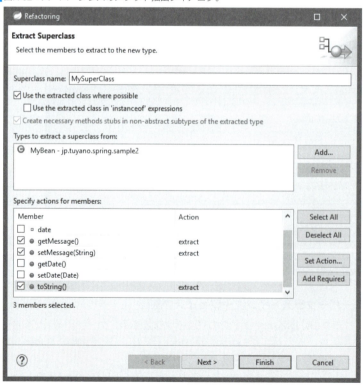

スーパータイプの変更

あるクラスのスーパークラスを変更するために用いるのが＜**Use Super Type Where Possible...**＞メニューです。これを選ぶと、変換するスーパークラスを選択するダイアログが現れます。

図A-63：スーパータイプの変更ダイアログ。

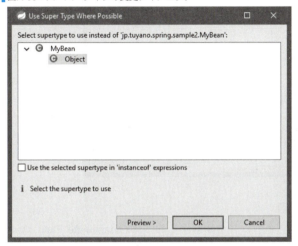

メンバーのプルアップ・プッシュダウン

クラス内にあるメンバーをサブクラスやスーパークラスに移動するのが、＜**Pull Up...**＞および＜**Push Down...**＞メニューです。これらを選ぶと移動先のサブクラスおよびスーパークラスを選択するダイアログが現れます。

図A-64：クラスのメンバーをスーパークラスに移動するPull Upのダイアログ。

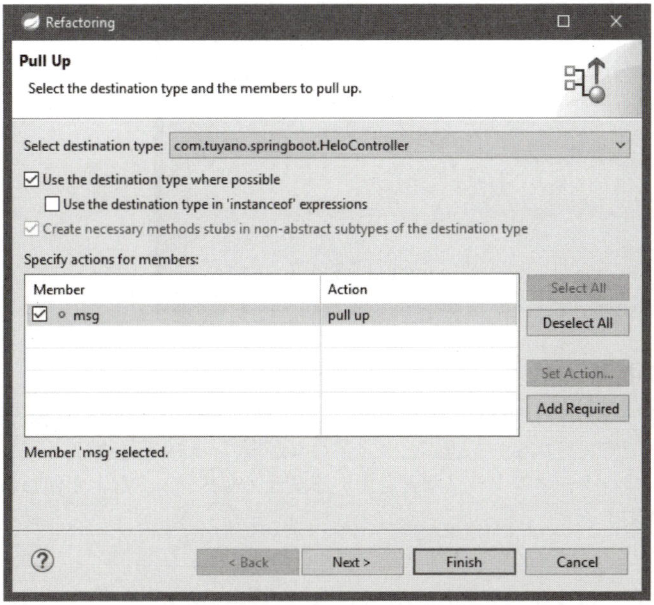

図A-65：クラスのメンバーをサブクラスに移動するPush Downのダイアログ。

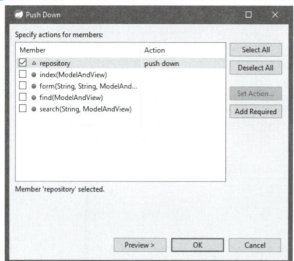

フィールドの隠蔽

privateでないフィールドを隠蔽するのが＜**Encapsulate Field...**＞メニューです。フィールドを選択してメニューを選ぶと、そのフィールドをprivateに変更します。アクセスのためのメソッド（アクセサ）は、メニューを選ぶと現れるダイアログで設定することで自動生成されます。

図A-66：フィールド隠蔽のためのダイアログ。

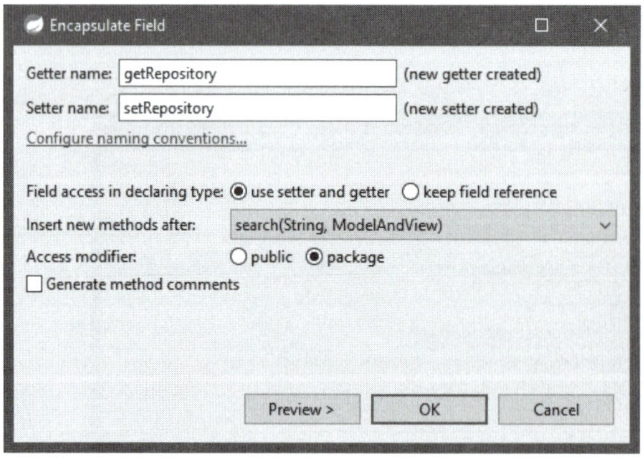

総称型の推測

総称型の推測を行うために用意されているのが＜**Infer Generic Type Arguments...**＞メニューです。メニューを選ぶとダイアログが現れ、総称型を推測してコードを書き換えます。コレクションクラスなどを用いるクラスやメソッドなどが使われている場合に用いられます。

図A-67：総称型の推測ダイアログ。

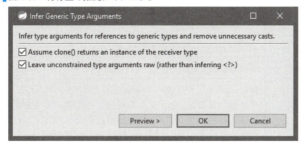

A.3 プロジェクトの利用

　STSでは「プロジェクト」を作って開発を行います。このプロジェクトを利用する上で知っておきたい事柄について、ここでまとめておきましょう。

プロジェクトの設定について

　STSでは、アプリケーション開発を行う際、「**プロジェクト**」を作成します。プロジェクトとは、開発するプログラムで必要となる各種のリソース（ファイルやライブラリなど）をまとめて管理します。現在のプログラムは多くのリソースを組み合わせて作成するため、こうしたリソース管理のための仕組みが必要となります。

　プロジェクトは、作成するプログラムの種類によって、その内容や作成の手順なども変わってきます。が、どんなプロジェクトでも変わらないのが「**プロジェクトの設定**」です。STSでは、プロジェクトごとに各種の設定が行えるようになっており、それによってプロジェクトの実行や利用するファイルの操作などが行えるようになっています。

＜ Properties ＞メニューについて

　プロジェクトの設定は、＜**Project**＞メニューにある＜**Properties**＞メニューを利用して行います。このメニューを選ぶと、プロジェクトの設定を行うウインドウが画面に現れます。これはSTSの設定ウインドウと同じように、左側に設定の項目がリスト表示され、そこから項目を選ぶとその具体的な設定内容が右側に表示される仕組みになっています。
　では、重要な設定項目についてまとめておきましょう。

Resource

　プロジェクトのもっとも基本的な設定です。テキストファイルのエンコーディングや改行コードに関する設定もここで行います。

453

Path	ワークスペース内のパスを示します。
Type	プロジェクトの種類を示します。「Project」になります。
Location	プロジェクトの場所を絶対パスで示します。
Last modified	最終更新日です。
Text file encoding	新たにテキストファイルを作成したとき、デフォルトで設定されるキャラクタエンコーディングを指定します。「Other」ラジオボタンを選び、右側のポップアップから選択すると、エンコードの種類を変更できます。その下の「Store the encoding of……」というチェックボックスは、派生リソースのエンコードに関する項目です。これはOFFのままでOKです。
New text file line delimiter	テキストの改行コードを指定します。通常、使用しているOSの改行コードがそのまま用いられます。特に理由がない限り、そのままでいいでしょう。

図A-68：Resource。エンコーディングや改行コードなどの設定がある。

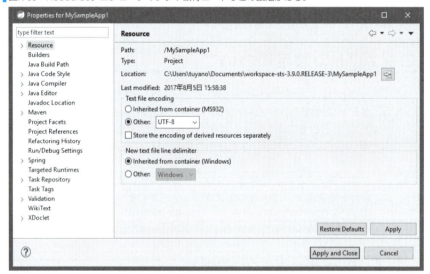

Builders

プロジェクトで使われている「**ビルダー**」と呼ばれる機能に関する項目です。さまざまなコードやファイルなどを作成し、ビルドする機能です。

これを選ぶと、右側にプロジェクトで使っているビルダーのリストが現れます。必要に応じて新たなビルダーを追加したり、不要なビルダーを削除したりできます。

図A-69：Builders。「ビルダー」(ビルドのための機能)を管理する。

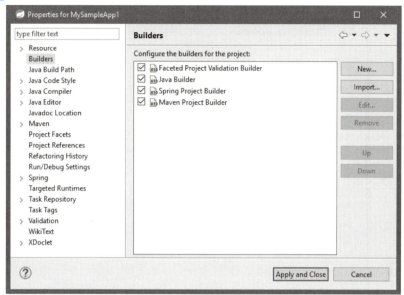

Java Build Path

　プロジェクトで利用しているJavaのソースコードファイルやライブラリの配置に関する項目です。ここには以下の4つのタブがあり、切り替えて設定することができます。

「Source」タブ	ビルド時のソースとなるファイル類の保管場所と、ビルド時のデプロイ先に関する設定がまとめられています。「main」フォルダおよび「test」フォルダ内のソース配置場所ごとにデプロイ先や参照するライブラリなどの設定が記述されていることがわかるでしょう。
「Projects」タブ	ビルド時に併せてビルドするプロジェクトを設定します。複数のプロジェクトが連携して動くような場合にここで設定を行います。デフォルトでは空になっています。
「Libraries」タブ	ビルド時に参照するライブラリを設定します。デフォルトでは、「JRE System Libraries」(JDKのライブラリをまとめたもの)と、「Maven Dependencies」(Mavenによって参照されるライブラリ)が用意されています。
「Order and Export」タブ	ビルドの順番と出力に関する設定です。ビルドの際、どの場所にあるソースからビルド作業を行っていくかをリストの並び順で設定しています。また、チェックをON/OFFすることでビルドの作業にその項目を含めるかどうかを設定できます。例えばJDKのライブラリなどは、ビルドした生成物に組み込む必要はないため、OFFになっています。

Appendix　Spring Tool Suite の 基本機能

■**図A-70**：Java Build Path。4つのタブで、ソースコードやライブラリ、ビルド先などビルドに必要なパスを管理する。

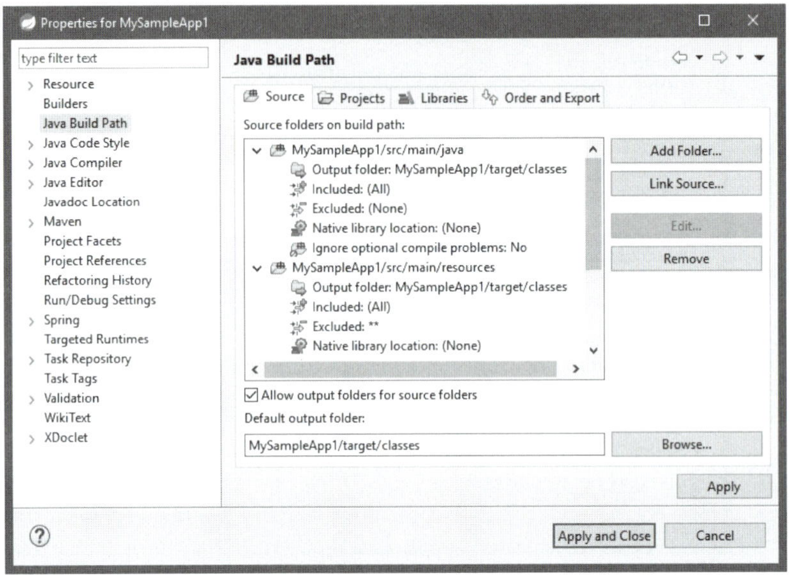

Java Code Style

　Javaソースコードの基本的なフォーマット形式に関する項目です。「**Enable project specific settings**」というチェックボックスをONにすることで、プロジェクト独自の設定が行えるようになります。OFFのままだと、STS標準の設定がそのまま使われます。これは、STSの設定ウインドウで「**Java**」内の「**Code Style**」にあったものと同じです。

■**図A-71**：Java Code Style。Javaソースコードのフォーマット形式に関する設定。

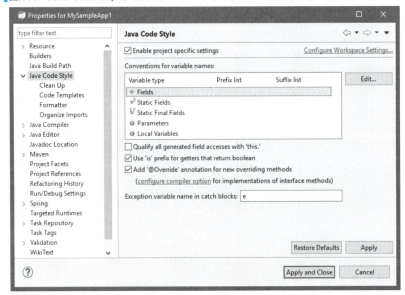

456

Java Compiler

Javaのコンパイルに関する設定です。「**Enable project specific settings**」チェックボックスをONにするとプロジェクト独自の設定が行えるようになっています。これはSTSの設定ウインドウで「**Java**」内の「**Compiler**」にあったものと同じです。

図A-72：Java Compiler。Javaのコンパイルに関する設定を行う。

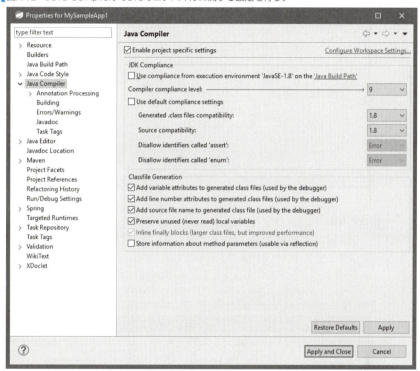

Project Facets

プロジェクトで使用するさまざまなJava関連技術に関する詳細を設定します。設定画面は2つに分かれており、左側に表示されている各種技術のリストから項目を選択すると、その内容が右側に表示されます。

これは、プロジェクト作成時に自動的に組み込まれますので、後から追加や削除をすることはほとんどありませんが、プロジェクトをアップデートする際にこれらの値が書き換わることがあります。そうした場合、ここで設定を元に戻す必要があるでしょう。

■図A-73：Project Facets。プロジェクトで使う各種の技術の組み込みやバージョン等を設定する。

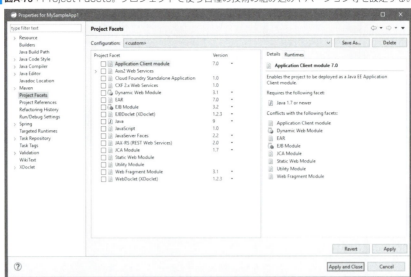

Spring

　Springの設定がまとめられています。画面には「**Enable project specific settings**」というチェックボックスがあり、これをONにすると独自設定が可能となります。内容は、STSの設定ウインドウに用意されている「**Spring**」の設定と同じものです。

■図A-74：Spring。Spring関連の設定。サブ項目が多数用意されている。

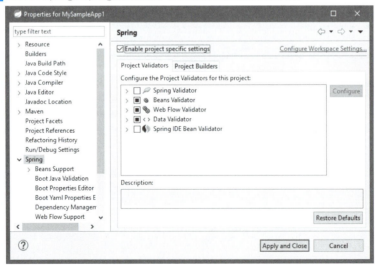

Validation

　ソースコードのバリデーションに関する項目です。「**Enable project specific settings**」をONにするとプロジェクト独自の設定が行えます。ここに用意される内容は、基本的に設定ウインドウの「**Validation**」と同じものです。

図A-75：Validation。ソースコードのチェックに関する設定。

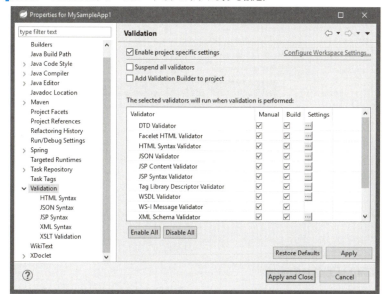

プロジェクトの管理

　プロジェクトは、作成していくとどんどんパッケージエクスプローラーに追加されていきます。STSでは、作業用のスペースとして「**ワークスペース**」と呼ばれる空間が用意されています。これは、作成するプロジェクトなどを配置しておくスペースで、パッケージエクスプローラーに表示されるプロジェクトは、このワークスペースに置かれているものが一覧表示されている、と考えることができます。

　このワークスペースには、いくらでもプロジェクトを置いておけるのですが、あまり数が増えると収集がつかなくなってしまいます。そこで、ワークスペースに配置されるプロジェクトの管理方法を頭に入れておきましょう。

プロジェクトの削除

　これは簡単です。パッケージエクスプローラーからプロジェクトのフォルダを選択し、＜**Edit**＞メニューの＜**Delete**＞を選ぶだけです。あるいは、Deleteキーを押しても同様です。

　メニューを選ぶと、画面にダイアログが現れます。ここでプロジェクトを単にワークスペースから取り除くのか、完全に削除してしまうのかを設定します。ダイアログにある「**Delete project contents on disk**」と表示されたチェックボックスをONにしておくと、プロジェクトを完全に削除できます。
　このチェックがOFFになった状態で「**OK**」ボタンを押すと、ワークスペース内からプロジェクトを削除するだけで、ファイルそのものは削除しなくなります。ワークスペースのフォルダを開いてみると、そこにプロジェクトのフォルダがそのまま保管されていることがわかるでしょう。

Appendix　Spring Tool Suite の基本機能

▎図A-76：パッケージエクスプローラーでプロジェクトを選択し、＜Delete＞メニューを選ぶと削除の確認ダイアログが現れる。

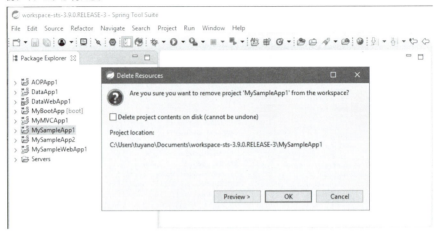

プロジェクトの追加

ワークスペースに外部からプロジェクトを追加する場合は少々面倒です。プロジェクトをインポートするためのメニューを選び、インポートの設定をしていかなければいけません。以下に手順を整理しましょう。

❶ ＜File＞メニューから＜Import...＞メニューを選びます。
❷ 画面にダイアログが現れます。そこに表示されるリストの中から、「**General**」という項目内にある「**Existing Projects into Workspace**」という項目を選び、次に進みます。

▎図A-77：ダイアログから「Existing Projects into Workspace」を選ぶ。

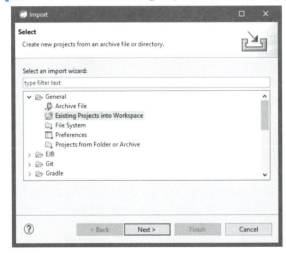

❸「Select root directory」という項目の右側にある「Browse...」ボタンをクリックするとフォルダを選択するダイアログが現れるので、ここからインポートしたいプロジェクト（あるいはプロジェクトが含まれているフォルダ）を選択します。これで、選択した項目内にあるプロジェクトがリストに書き出されます。

❹ この中からインポートしたいプロジェクトのチェックをONにし、Finishします。このとき、「Copy project into workspace」のチェックをONにしておくと、そのプロジェクトそのものではなくそのコピーを作成してプロジェクトに組み込みます。

図A-78：「Browse...」ボタンを押してプロジェクトのフォルダを選択すると、インポートするプロジェクトがリストに表示される。

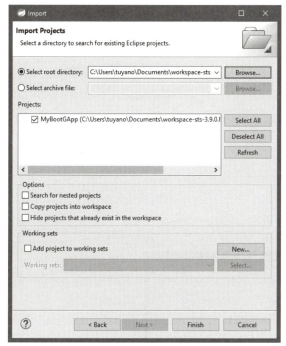

ワーキングセットについて

開発しているプロジェクトの数が増えてくると、必要に応じてそれらを整理することを考えなければならないでしょう。いくつものプロジェクトがワークスペースに配置されていても、それらを常にすべて利用するわけではありません。「**今回の開発では、これとこれだけ**」ということが決まってくるはずです。

こうした場合、「**ワーキングセット**」を使うと、簡単にプロジェクトを整理できます。ワーキングセットは、複数のプロジェクトのセットです。パッケージエクスプローラーでは、ワーキングセットを指定することで、その中にセットされているプロジェクトだけを表示させられます。これを利用して、開発に使うプロジェクトをワーキングセットとして登録しておけば、いつでも表示するプロジェクトを簡単に切り替えることができます。

では、ワーキングセットの基本的な使い方を整理しておきましょう。

Appendix　Spring Tool Suite の基本機能

ワーキングセットの管理

パッケージエクスプローラーの右上に見える▽アイコンをクリックすると、メニューがプルダウンして現れます。ここから、＜**Select Working Set...**＞メニューを選んで下さい。画面にワーキングセットを管理するダイアログが現れます。ワーキングセットの管理は基本的にここで行います。

図A-79：▽アイコンから＜Select Working Set...＞メニューを選ぶ。

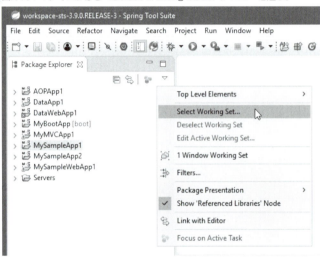

図A-80：現れたダイアログ。ここでワーキングセットを作成する。

A.3 プロジェクトの利用

ワーキングセットの作成

❶「New...」ボタンをクリックすると、ワーキングセットのタイプを選択するダイアログが現れます。ここから、作成するワーキングセットに追加するプロジェクトの種類を選択します。

図A-81：作成するワーキングセットの種類を選ぶ。

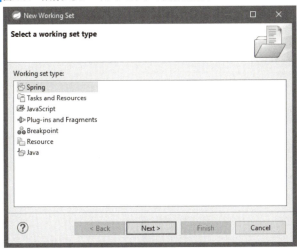

❷ 次に進むと、ワーキングセットの名前と、そこに追加するプロジェクトを設定する画面になります。一番上にある入力フィールドに名前を記入し、その下のリストから追加するプロジェクトのチェックをONにして下さい。

図A-82：ワーキングセット名と、追加するプロジェクトを設定する。

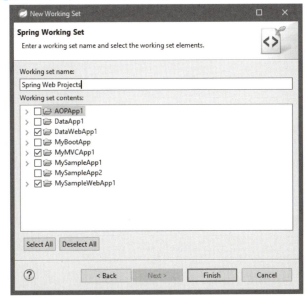

463

❸「Finish」ボタンを押すと、ワーキングセット作成のダイアログが閉じられ、最初に表示されたダイアログのリストにワーキングセットが追加されます。

ワーキングセットの使用

ダイアログにあるラジオボタンから「**Selected Working Set**」を選び、下のリストから使いたいワーキングセットのチェックをONにします。「**OK**」ボタンでダイアログを閉じれば、そのワーキングセットに追加されたプロジェクトだけが表示されます。

なお、一度使ったワーキングセットは、▽アイコンのプルダウンメニューに表示されるようになりますので、2回目以降はここからメニューを選ぶだけで切り替えることができます。

図A-83：ダイアログで使いたいワーキングセットのチェックをONにする。

ワーキングセットから元に戻す

ワーキングセットの使用をやめるには、パッケージエクスプローラーの▽アイコンから＜**Deselect Working Set**＞メニューを選ぶと、ワーキングセットの利用をやめて、全プロジェクトが表示されるようになります。

図A-84：＜Deselect Working Set＞メニューを選ぶと元の表示に戻る。

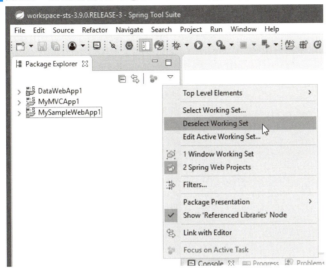

あらかじめ、よく使うプロジェクトのセットを登録したワーキングセットをいくつか作成しておき、開発ごとにそれらを切り替えて使うと、パッケージエクスプローラーの表示もすっきりと見やすくなります。

さくいん

記号

@Autowired 229, 352, 363
@Bean. 370
@Column 224
@Component. 363
@Configuration. 368
@Constraint. 279
@Controller 67, 140
@CreditCardNumber 267
@DecimalMax 265
@DecimalMin 265
@Digits 265
@Documented. 279
@EAN 267
@Email 267
@Entity. 221
@Future 265
@GeneratedValue. 224
@Grab. 67
@Id 224
@interface 273
@Length. 266
@ManyToMany. 330
@ManyToOne 329
@Max 264
@Min 264
@ModelAttribute 235
@NamedQueries. 311
@NamedQuery 310
@NotEmpty 266
@NotNull 264
@Null 264
@OneToMany 329
@OneToOne. 328
@Param 315
@Past 265
@PathVariable. 136
@Pattern 266
@PersistenceContext 294, 349
@PostConstruct 237
@Query. 312
@Range 266
@ReportAsSingleViolation 279
@Repository 228
@RequestMapping 61, 134
@RequestParam 79, 154
@ResponseBody 67
@RestController 133
@RestControllerアノテーション 60

@Retention 279
@Service. 349
@Size. 266
@SpringBootApplication .128
@SuppressWarnings 292
@Table 224
@Target 279
@Transactional 236
@Validated. 258
@XmlRootElement 359
<artifactId> 109
<build> 113
<dependencies> 109
<dependency>. 109
<groupId> 109
<modelVersion> 109
<name> 109
<packaging> 109
<parent>. 112
<plugins> 113
<project> 108
<project.build.sourceEncoding> 109
<properties> 109
<scope> 110
<url> 109
<version>. 109
「Debug」パースペクティブ. 35
「gradle」フォルダ 122
「Java」パースペクティブ 34
「java」フォルダ 51
「main」フォルダ 51, 90
「resources」フォルダ 51
「Resource」パースペクティブ 34
「Spring」パースペクティブ. 33
「src」フォルダ. .50, 90, 103
「target」フォルダ 50, 103
「templates」フォルダ 65
「test」フォルダ 51, 90
「view」フォルダ 51
「webapp」フォルダ 51
「WEB-INF」フォルダ 51
「Web」パースペクティブ 35

A

AbstractAttributeTagProcessor 379
AbstractProcessorDialect .382
addDialect 384
addObject 75
and 323

さくいん

Apache Maven 41
App.java 91
ApplicationArguments 363
application.properties 201
apply plugin 125
Artifact 99
AttributeName 379
AttributeTagProcessor 376

B

between 322
Between 250
BindingResult 258
Boot Dashboard 26
Bootダッシュボード 26
build.gradle 97
buildscript 125

C

ClassLoaderTemplateResolver 384
Console 28
ConstraintValidator 274, 275
Controller 129, 140
createNamedQuery 311
createQuery 291, 317
Criteria API 316
CriteriaBuilder 316
CriteriaQuery 316
CRUD 232

D

dao 342
Dashboard 23
dependencies 125
Dependencies 100
Dependency Injection 8
Description 99
detailedErrors 261
doProcess 379

E

EntityManager 291
equal 321
Expression 320
ext 125

F

findAll 230
first 376
forward: 159
FreeMarker 162
from 317

G

getCriteriaBuilder 317
getNonOptionArgs 363
getPageNumber 375
getPageSize 375
getParameter 305
getProcessors 382
getResultList 292
getSingleResult 299
gradle build 97
gradle init 97
gradlew.bat 97
greaterThan 322
GreaterThan 250
greaterThanOrEqualTo 322
Groovy 55
Groovy Server Pages 163
Group 99
GSP 163

H

h2 219
H2 217
hasErrors 258
Hibernate Validator 266
hsqldb 219
HSQLDB 217
HttpServletRequest 305
HttpServletResponse 305

I

IElementTagStructureHandler 379
In 252
initialize 277
IProcessableElementTag .379
isEmpty 323
isNotEmpty 323
isNotNull 323
IsNotNull 251
isNull 323
IsNull 251
isValid 277
ITemplateContext 379

J

jackson-dataformat-xml .359
Jackson DataFormat XML 358
Java Persistence API 216
JavaScript Object Notation 137
Java transaction API 217
java.util.Optional; 242
Java Version 99
javax.validation 264

467

JPA 216
JpaRepository 228
JPQL 249, 291, 300
JRE System Library 103
JSON 137
JSP 198
JTA 217

L

Language 99
lessThan 322
LessThan 250
lessThanOrEqualTo 322
like 323
Like 251
Location 99

M

Markers 28
Maven Dependencies 103
Maven install 41
message 269
Model 129, 150
ModelAndView 68
MongoDB 386
MongoRepository 395
Mustache 163
MVCアーキテクチャー 129
mvn archetype:generate 86
mvn compile 91
mvn package 92
mvn spring-boot:run 93
mvnw.cmd 103

N

native2ascii 76
next 376
not 324
Not 252
notEqual 322
NotIn 253
NotLike 251
NotNull 251

O

Object-Graph Navigation Language 163
OGNL 163
Optional 242
or 323
orderBy 324
OrderBy 252
Outline 26

P

Package 99
Package Explorer 25
Packaging 99
Page 373
Pageable 373
param 166
Pivotal tc Server Developer Edition 26, 45
Pleiades 18
pom.xml 50, 90, 103, 107
Predicate 320
previousOrFirst 376
Project name 38

Q・R

Query 291
readOnly 236
redirect 159
Refresh Gradle Project 144
repositories 125
RequestMethod 79
RestController 133, 353
RESTコントローラー 60
Root 317
run 128

S

SaveAndFlush 236
select 319
Select Spring version 38
Servers 25
setCacheable 384
setCharacterEncoding 385
setFirstResult 326
setMaxResults 326
setPrefix 384
setSuffix 384
setTemplateMode 385
setTemplateResolver 384
settings.gradle 97
setViewName 68
Simple Spring Web Maven 38
Spring AOP 6, 218
SpringApplication 128
Spring Aspects 218
Spring Batch 6
Spring Boot 6
Spring Boot CLI 56
spring-boot-maven-plugin 113
spring-boot-starter-data-jpa 219
Spring Boot Starter Data JPA 218
spring-boot-starter-data-mongodb 391
spring-boot-starter-groovy-templates 206

spring-boot-starter-parent	112
spring-boot-starter-test	113
spring-boot-starter-thymeleaf	143
spring-boot-starter-web	112
Spring Cloud	6
Spring Cloud Data Flow	6
Spring Data	6
Spring Data JPA	286
Spring Explorer	27
Spring Framework	2
Spring Integration	7
Spring Legacy Project	38
Spring Mobile	7
Spring MVC	6
spring.mvc.view.prefix:	201
spring.mvc.view.suffix:	201
Spring ORM	217
spring run	59
Spring Security	6
Spring Session	7
Spring Shell	7
Spring Social	7
SpringTemplateEngine	383
Spring Tool Suite	5, 9
Spring Web Flow	7
Spring Web Service	6
Springエクスプローラー	27
Springスタータープロジェクト	37, 98
src/main/java	52, 103
src/main/resources	52, 103
src/test/java	52, 103
sts-bundle	13

T

tc Server	45
Templates	38
th:case	182
th:each	184
th:fragment	194
th:if	180
th:include	194
th:inline	190
th:object	173
th:switch	182
th:text	73
th:unless	180
th:utext	177
th:value	78
Thymeleaf	64, 140
thymeleaf-spring5	67
tomcat-embed-jasper	200
Type	99

U・V

Update Project	39
Use default location	38, 99
Version	99
View	129

W・Y

where	320
Working sets	38
yield	72

かな

アーティファクトID	88
アウトライン	26
アソシエーション	328
アノテーションクラス	273
インライン処理	190
エンティティ	220
クエリーアノテーション	310
グループID	87
構成クラス	366
コンソール	28
サーバー	25
サービス	346
条件式	178
ダッシューボード	23
テンプレートフラグメント	194
トランザクション	236
ナビゲーター	25
パースペクティブ	31
パス変数	136
パッケージエクスプローラー	25
バリデーション	255
バリデータクラス	274
ビュー	25
フォワード	158
プリプロセッシング	187
プロジェクト	36
プロジェクトエクスプローラー	25
ページネーション	373
マーカー	28
マーケットプレース	14
メッセージ式	168
リクエストハンドラ	61, 135
リクエストマッピング	61, 134
リゾルバ	379
リダイレクト	158
リテラル置換	175
リポジトリ	225
リレーションシップ	328
リンク式	171

■著者紹介

掌田 津耶乃（しょうだ　つやの）

　日本初のMac専門月刊誌「Mac＋」の頃から主にMac系雑誌に寄稿する。ハイパーカードの登場により「ビギナーのためのプログラミング」に開眼。以後、Mac、Windows、Web、Android、iPhoneとあらゆるプラットフォームのプログラミングビギナーに向けた書籍を執筆し続ける。

■最近の著作

『見てわかるUnity 2017 C#スクリプト超入門』(秀和システム)
『Spring Framework 5プログラミング入門』(秀和システム)
『PHPフレームワーク Laravel入門』(秀和システム)
『Node.js超入門』(秀和システム)
『親子で学ぶはじめてのプログラミング』(マイナビ)
『Unityネットワークゲーム開発実践入門』(共著、ソシム)
『PHPフレームワーク CakePHP 3入門』(秀和システム)

●プロフィールページ
https://plus.google.com/+TuyanoSYODA/

●著書一覧
http://www.amazon.co.jp/-/e/B004L5AED8/

●筆者運営のWebサイト
http://www.tuyano.com
http://blog.tuyano.com
http://libro.tuyano.com
http://card.tuyano.com
https://weaving-tool.appspot.com

●連絡先
syoda@tuyano.com

カバーデザイン　中尾 美由樹(チェスデザイン事務所)

Spring Boot 2 プログラミング入門
スプリング　ブート　　　　　　　　　　　　　　にゅうもん

発行日	2018年　1月31日　　第1版第1刷
著　者	掌田　津耶乃 しょうだ　つやの

発行者　　斉藤　和邦
発行所　　株式会社　秀和システム
　　　　　〒104-0045
　　　　　東京都中央区築地2丁目1-17　陽光築地ビル4階
　　　　　Tel 03-6264-3105(販売)　　Fax 03-6264-3094
印刷所　　図書印刷株式会社

©2018 SYODA Tuyano　　　　　　　　　　　　Printed in Japan
ISBN978-4-7980-5347-9 C3055

定価はカバーに表示してあります。
乱丁本・落丁本はお取りかえいたします。
本書に関するご質問については、ご質問の内容と住所、氏名、
電話番号を明記のうえ、当社編集部宛FAXまたは書面にてお
送りください。お電話によるご質問は受け付けておりませんの
であらかじめご了承ください。